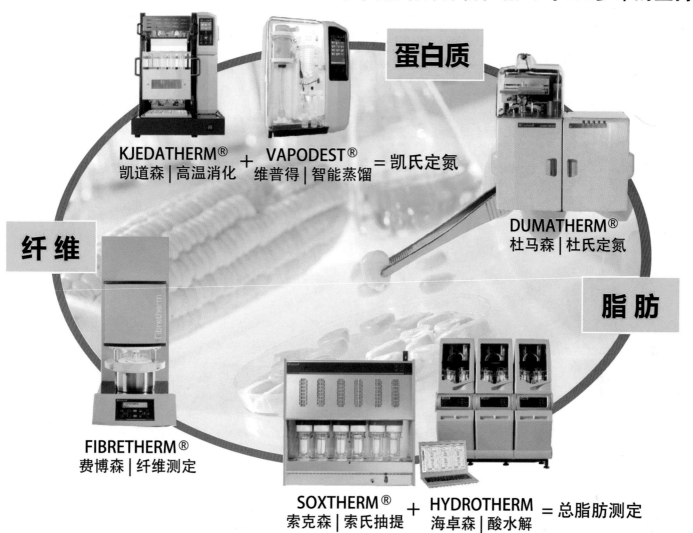

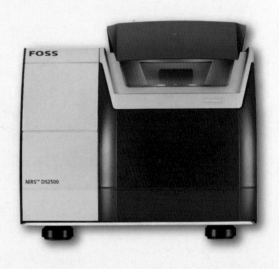

饲料工业标准汇编

（上册）

（第六版）

中国标准出版社　编

中国标准出版社

北　京

图书在版编目(CIP)数据

饲料工业标准汇编．上册/中国标准出版社编．—6版．—北京：中国标准出版社，2019．1

ISBN 978-7-5066-8986-1

Ⅰ．①饲…　Ⅱ．①中…　Ⅲ．①饲料工业—标准—汇编—中国　Ⅳ．①S816．1

中国版本图书馆 CIP 数据核字(2018)第 263148 号

中国标准出版社出版发行
北京市朝阳区和平里西街甲 2 号(100029)
北京市西城区三里河北街 16 号(100045)

网址 www．spc．net．cn
总编室：(010)68533533　发行中心：(010)51780238
读者服务部：(010)68523946
中国标准出版社秦皇岛印刷厂印刷
各地新华书店经销

*

开本 880×1230　1/16　印张 32．75　字数 983　千字
2019 年 1 月第六版　　2019 年 1 月第七次印刷

*

定价 165.00 元

第六版出版说明

本汇编第五版自2017年1月出版以来，所收录的标准已有部分被代替且有一部分新的饲料工业标准陆续发布实施，企业和检测部门急需掌握新的标准以指导生产和提高产品质量。为了更好地满足读者需求，本汇编第六版收录了截至2018年10月底批准发布的现行国家标准267项、国家标准化指导性技术文件4项及行业标准8项。

本汇编分上、中、下三册。上册共收录饲料工业标准61项，其中国家标准49项，国家标准化指导性技术文件4项，行业标准8项，其内容包括综合标准、饲料产品标准、饲料原料标准、饲料有效性与安全性评价标准4个部分。中册共收录饲料工业国家标准81项，其内容为饲料添加剂标准。下册共收录饲料工业国家标准137项，其内容为检测方法标准。

本汇编适合广大饲料生产、使用、销售单位和科研机构技术人员，以及饲料市场监管部门和各级饲料标准化管理部门人员参考使用。

编　者

2018年11月

目　录

综合标准

饲料产品标准

饲料原料标准

饲料有效性与安全性评价标准

综合标准

ICS 65.120
B 46

中华人民共和国国家标准

GB/T 10647—2008
代替 GB/T 10647—1989

饲料工业术语

Feed industry terms

2008-06-17 发布　　2008-10-01 实施

中华人民共和国国家质量监督检验检疫总局
中国国家标准化管理委员会
发布

前　言

本标准代替 GB/T 10647—1989《饲料工业通用术语》。

本标准与 GB/T 10647—1989 相比主要变化如下：

——标准名称改为“饲料工业术语”；

——增加了饲料添加剂、饲料加工工艺术语；

——对饲料营养和饲料原料术语进行了补充，并对部分术语重新定义；

——对饲料产品和饲料质量术语进行了补充，并对部分术语重新定义；

——对饲料质量管理体系和饲料安全管理体系的部分术语作为资料性附录列出，以方便使用和推广。这部分术语直接引自 GB/T 19000—2000 和 GB/T 22000—2006。

本标准的附录 A 为资料性附录。

本标准由中华人民共和国农业部提出。

本标准由全国饲料工业标准化技术委员会归口。

本标准起草单位：中国饲料工业协会、河南工业大学、国家饲料质量监督检验中心(武汉)、国家饲料质量监督检验中心(北京)。

本标准主要起草人：沙玉圣、王卫国、辛盛鹏、牟永义、杨清峰、粟胜兰、姚继承、常碧影、佟建明。

饲料工业术语

1 范围

本标准规定了饲料工业常用术语及定义。

本标准适用于饲料行业科研、教学、生产、贸易及管理。

2 饲料营养术语和定义

2.1

饲料 feed

能提供动物所需营养素，促进动物生长、生产和健康，且在合理使用下安全、有效的可饲物质。

2.2

营养素 nutrient

饲料中的构成成分，以某种形态和一定数量帮助维持动物生命。饲料营养素主要包括蛋白质、脂肪、碳水化合物、矿物元素和维生素。

2.3

总能 gross energy；GE

饲料完全燃烧所释放的热量。

2.4

消化能 digestible energy；DE

从饲料总能中减去粪能后的能值，亦称“表观消化能(apparent digestible energy；ADE)”。

2.5

代谢能 metabolizable energy；ME

从饲料总能中减去粪能和尿能(对反刍动物还要减去甲烷能)后的能值，亦称“表观代谢能(apparent metabolizable energy；AME)”。

2.6

净能 net energy；NE

从饲料的代谢能中减去热增耗(heat increment；HI)后的能值。

2.7

理想蛋白质 ideal protein

饲料中各种氨基酸之间的比例与动物营养需要相一致的蛋白质。

2.8

必需氨基酸 essential amino acid

在动物体内不能合成或能合成但不能满足需要，必须通过外源提供的氨基酸。

2.9

非必需氨基酸 nonessential amino acid

动物生命过程必需，但可在动物体内合成，无需从外源提供即能满足动物需要的氨基酸。

2.10

限制性氨基酸 limiting amino acid

饲料中蛋白质供给的氨基酸量与动物的需要量之比值小于1的必需氨基酸，比值最小的必需氨基酸为第一限制性氨基酸，其次为第二限制性氨基酸等。

2.11

可消化氨基酸 digestible amino acid

饲料中可为动物消化、吸收的氨基酸。

2.12

可利用氨基酸 available amino acid

饲料中可为动物利用的氨基酸。

2.13

氨基酸平衡 amino acid balance

饲料中的各种氨基酸之间在数量和比例上与动物特定需要相协调的状态。

2.14

氨基酸颉颃 amino acid antagonism

由于饲料中某一种或几种氨基酸的过量而降低动物对另一种或另几种氨基酸利用的现象。

2.15

必需脂肪酸 essential fatty acid

在动物体内不能合成或能合成但不能满足需要,必须通过外源提供的脂肪酸。

2.16

必需矿物元素 essential mineral

动物生理和代谢过程需要,且必须由外源提供的矿物元素。

2.17

常量元素 macro-mineral

正常情况下,占动物体活重大于和等于0.01%的矿物元素。

2.18

微量元素 micro-mineral

正常情况下,占动物体活重小于0.01%的矿物元素。

2.19

总磷 total phosphorus;TP

饲料中以无机态和有机态存在的磷的总和。

2.20

有效磷 available phosphorus;AP

饲料总磷中可被饲养动物利用的部分。

2.21

维生素 vitamin

动物代谢必需且需要量极少的一类低分子有机化合物,以辅酶或催化剂的形式参与体内代谢,缺乏时动物会产生缺乏症。分为水溶性维生素和脂溶性维生素两类。

2.22

抗营养因子 anti-nutritional factor

饲料中存在的阻碍营养素消化、吸收和利用的物质。

2.23

营养需要量 nutrient requirement

动物在维持正常生理活动、机体健康和达到特定生产性能时对营养素需要的最低数量,也称最低需要量(minimum requirement)。

2.24

维持需要量 maintenance requirement

动物维持机体健康和体重不变的营养需要量。

3 饲料原料术语和定义

3.1

单一饲料　single feed

饲料原料　feedstuff(s)

以一种动物、植物、微生物和矿物质为来源，经工业化加工或合成(谷物等籽实类可不经加工)，但不属于饲料添加剂的饲用物质。

3.2

饲料组分　feed ingredient

构成饲料产品的各种单一饲料(饲料原料)或饲料添加剂。

3.3

能量饲料　energy feed

干物质中粗蛋白质含量低于20%，粗纤维含量低于18%，每千克饲料干物质含消化能在1.05 MJ以上的饲料原料。

3.4

蛋白质饲料　protein feed

干物质中粗蛋白质含量等于或高于20%，粗纤维含量低于18%的饲料原料。

3.5

矿物质饲料　mineral feed

可供饲用的天然的、化学合成的或经特殊加工的无机饲料原料或矿物元素的有机络合物原料。

3.6

单细胞蛋白　single-cell protein;SCP

通过工业方法增殖培养酵母、非病原细菌以及单细胞藻类等微生物而获得的菌体蛋白质。

3.7

粗饲料　roughage

天然水分含量在60%以下，干物质中粗纤维含量不低于18%的饲料原料，如农作物秸秆、牧草、稻壳等。

3.8

鱼粉　fish meal

以新鲜的全鱼或鱼品加工过程中所得的鱼杂碎为原料，经或不经脱脂，加工制成的洁净、干燥和粉碎的产品。

3.9

豆饼　soybean cake(expeller)

以大豆为原料，经机械压榨法取油后所得的饼状产品。

3.10

豆粕　soybean meal(solvent)

以大豆为原料，经预榨-溶剂浸提法或直接浸提法取油、脱溶剂、干燥后得到的产品。

3.11

棉籽饼　cottonseed cake(expeller)

以棉籽为原料，经脱壳或部分脱壳后再以压榨法取油后所得的饼状产品。

3.12

棉籽粕　cottonseed meal(solvent)

以棉籽为原料，经脱壳或部分脱壳后再以预榨-浸提法或直接浸提法取油、脱溶剂、干燥后得到的产品。

3.13

菜籽饼　rapeseed cake(expeller)

以油菜籽为原料，经压榨法取油后所得的饼状产品。

3.14

菜籽粕　rapeseed meal(solvent)

以油菜籽为原料，再以预榨-浸提法或直接浸提法取油、脱溶剂、干燥后得到的产品。

3.15

骨粉　bone meal

由洁净、新鲜的动物骨骼经高温高压蒸煮灭菌、脱脂和(或)经脱胶、干燥、粉碎后的产品。

3.16

肉骨粉　meat and bone meal

由洁净、新鲜的动物组织和骨骼(不得含排泄物、胃肠内容物及其他外来物质)经高温高压蒸煮灭菌、干燥、粉碎制成的产品。

3.17

血粉　blood meal

洁净、新鲜的动物血液(不得含有毛发、胃内容物及其他外来物质)经干燥等加工处理制成的产品。

3.18

水解羽毛粉　hydrolyzed feather meal

家禽屠宰所得的羽毛，经清洗、水解处理、干燥、粉碎制成的产品。

3.19

乳清粉　dried whey powder

乳清经脱水干燥后的粉状物。

3.20

蚕蛹粉　silkworm pupa meal

蚕蛹经干燥、粉碎后的产品。

3.21

甜菜渣　dried beet pulp

甜菜提取糖分后的残渣，经干燥制成的产品。

3.22

干粗酒糟　distiller's dried grain;DDG

由酵母发酵的某种谷物或谷物混合物蒸馏提取酒精后剩下的残液中分离出的粗渣，经干燥所得的产品。通常应在该名称前标出最主要的谷物名称，如玉米干粗酒糟。

3.23

干酒糟可溶物　distiller's dried solubles;DDS

由酵母发酵的某种谷物或谷物混合物中蒸馏提取酒精后剩下的残液中分离出的细小可溶性物，经浓缩、干燥后所得的产品。通常应在该名称前标出最主要的谷物名称，如玉米干酒糟可溶物。

3.24

干全酒糟　distiller's dried grain with solubles;DDGS

由酵母发酵的某种谷物或谷物混合物中蒸馏提取酒精后，将剩余的残液中至少四分之三的固形物浓缩、干燥后所得的产品。通常应在该名称前标出最主要的谷物名称，如玉米干全酒糟。

4 饲料添加剂术语和定义

4.1

饲料添加剂 feed additive

为满足特殊需要而在饲料加工、制作、使用过程中添加的少量或者微量物质，包括营养性饲料添加剂和非营养性饲料添加剂。

4.2

营养性饲料添加剂 nutritive feed additive

用于补充饲料营养成分的少量或者微量物质，包括饲料级氨基酸、维生素、微量矿物元素、酶制剂、非蛋白氮等。

4.3

非营养性饲料添加剂 non-nutritive feed additive

为保证或改善饲料品质，促进饲养动物生产，保障动物健康，提高饲料利用率而加入饲料中的少量或微量物质，包括一般饲料添加剂和药物饲料添加剂。

4.4

一般饲料添加剂 common feed additive

为保证或改善饲料品质，提高饲料利用率而加入饲料中的少量或微量物质。

4.5

药物饲料添加剂 medical feed additive

为预防动物疾病或影响动物某种生理、生化功能，而添加到饲料中的一种或几种药物与载体或稀释剂按规定比例配制而成的均匀预混物。

4.6

酶制剂 enzyme preparation

为提高动物对饲料的消化、利用效率或改善动物体内的代谢效能而加入饲料中的酶类物质。

4.7

益生菌 probiotic

直接饲喂微生物 direct-fed microbials

活的微生物制剂，当以恰当剂量摄入时，能产生有益于宿主健康的影响。

4.8

益生素 prebiotics

不能被消化的食物成分，能够通过选择性刺激已定植于结肠的某一种或有限几种菌种的生长和(或)活性来改善宿主的健康。

4.9

合生素 synbiotics

益生菌与益生素的混合物，通过促进饲粮中活的微生物补充剂在宿主胃肠道中的生存和定植来产生对宿主健康有益的影响。

4.10

抗氧化剂 antioxidant

为防止饲料中某些成分被氧化变质而加入饲料的添加剂。

4.11

防腐剂 preservative

为延缓或阻止饲料发酵、腐败而加入饲料的添加剂。

4.12

防霉剂　mould inhibitor

为防止饲料中霉菌繁殖而加入饲料的添加剂。

4.13

调味剂　flavoring agent

为改善饲料适口性、增进动物食欲而加入饲料的添加剂。

4.14

着色剂　colorant

为改善动物产品或饲料的色泽而加入饲料的添加剂。

4.15

粘结剂　binder

为增加粉状饲料成型能力或颗粒饲料抗形态破坏能力而加入饲料的添加剂。

4.16

抗结块剂　anti-caking agent

为保持饲料或饲料原料具有良好的流散性而加入饲料的添加剂。

4.17

非蛋白氮　non-protein nitrogen；NPN

为补充反刍动物瘤胃中微生物繁殖所需氮源，节省真蛋白质资源而加入饲料的非蛋白质态含氮化合物。

4.18

稀释剂　diluent

与高浓度组分混合以降低其浓度的可饲物质。

4.19

载体　carrier

能够接受和承载微量活性成分，改善其分散性，并有良好的化学稳定性和吸附性的可饲物质。

4.20

青贮添加剂　silage additive

为防止青贮饲料腐败、霉变并促进乳酸菌系繁殖，提高饲料营养价值而加入饲料的添加剂。

4.21

除臭剂　de-ordoring additive

为减少动物排泄物中臭味而加入饲料的添加剂。

5　饲料加工工艺术语和定义

5.1

清理　cleaning

用筛选、风选、磁选或其他方法除去饲料中所含杂质。

5.2

筛选　screening

利用饲料之间或饲料与杂质之间几何尺寸的差别，用过筛的方法将饲料分级或去除杂质。

5.3

风选　aspirating

利用饲料之间或饲料与杂质之间悬浮速度的差别，用空气（风力）将饲料分级或去除杂质。

5.4

磁选 magnetic separating

利用磁力去除饲料中的磁性金属杂质。

5.5

包衣 coating

给饲料颗粒表面覆盖保护层。

5.6

微胶囊化 micro capsulizing

给微小活性饲料组分颗粒表面覆盖保护层。

5.7

辐射 irradiating

将饲料置于特定辐射环境中进行处理。

5.8

压饼 wafering

将预处理的粗饲料压制成饼状,通常其直径或横截面长度大于厚度。

5.9

碾压 rolling

压片 flaking

利用成对压辊之间的挤压作用改变籽粒状饲料原料的形状和(或)尺寸,可预先进行着水或调质处理。

5.10

干法碾压 dry rolling

干法压片 dry flaking

对未经湿热处理的籽粒状饲料原料直接进行碾压。

5.11

汽蒸 steaming

用蒸汽直接加热饲料,提高物料的温度和水分,以改变其理化特性。

5.12

汽蒸碾压 steam rolling

汽蒸压片 steam flaking

将籽粒状饲料原料先经蒸汽处理,再进行碾压。

5.13

烘烤 toasting

将饲料置于火、热气、电或辐射线等加热环境中,进行烘焙、干燥。

5.14

微波处理 microwaving

将饲料置于微波辐射环境中处理,以改变其理化特性。

5.15

爆裂 popping

在不加水分的条件下,通过加热或烘炒,使谷物熟化、体积膨大、表面出现裂缝。

5.16

脱水 dehydrating

用机械方法或加热方法等去除饲料中的水分。

5.17

干燥　drying

去除饲料中的水分或其他液体成分。

5.18

粉碎　grinding

通过撞击、剪切、磨削等机械作用，使饲料颗粒变小。

5.19

微粉碎　micro-grinding

将饲料粉碎至全部通过0.42 mm筛孔的粉碎操作。

5.20

超微粉碎　super micro-grinding

将饲料粉碎至95%通过0.15 mm筛孔的粉碎操作。

5.21

先配料后粉碎　post-grinding

将饲料原料(组分)按配方计量配料(混合)后再粉碎。

5.22

先粉碎后配料　pre-grinding

将饲料原料(组分)分别粉碎后再按配方计量配料与混合。

5.23

一次粉碎工艺　one-step grinding

对饲料只用一道粉碎工序加工的方法。

5.24

二次粉碎工艺　two-step grinding

采用两道粉碎工序，对第一道粉碎机粉碎的饲料筛分，将筛上物送入第二道粉碎机再次粉碎的加工方法。

5.25

循环粉碎工艺　cycle grinding

属二次粉碎工艺的一种，对粉碎机粉碎的饲料筛分，将筛上物继续送至原粉碎机粉碎的加工方法。

5.26

配料　proportioning

根据饲料配方规定的配比，将两种或两种以上的饲料组分依次计量后堆积在一起或置于同一容器内或同时计量配料。

5.27

容积式配料　proportioning by volume

用计量体积的方式配料。

5.28

重量式配料　proportioning by weight

用称重的方式配料。

5.29

分批配料　batch proportioning

配料过程为周期性作业。

5.30

连续配料　continuous proportioning

配料过程为不间断作业。

5.31

自动配料　automatic proportioning

配料过程完全由机电设备自动完成。

5.32

配料周期　period of proportioning

完成一个批次的完整配料过程(包括各组分计量加料、卸料、关闭秤门)所需的时间。

5.33

自动微量配料　automatic micro-proportioning

使用高精度专用机电配料设备对微量组分进行自动配料。

5.34

混合　mixing

将两种或两种以上的饲料组分拌合在一起,使之达到特定的均匀度的过程。

5.35

冲洗　flushing

在加有药物或药物饲料添加剂的饲料生产后,使用特定数量的流动性好的原料(如玉米粉、麸皮等)冲刷混合机及有关生产线设备,以减少药物残留和交叉污染。

5.36

液体添加　liquid addition

将液体组分(如糖蜜、油脂等)定量、均匀地加入固态饲料中。

5.37

载体预处理　preprocessing of carrier

按照载体的质量要求对载体原料进行粉碎、干燥等加工。

5.38

稀释　diluting

将稀释剂与被稀释物混合,降低被稀释物的浓度。

5.39

预混合　premixing

为有利于某种或某些微量饲料组分能均匀分散在配合饲料中,而先将其与载体和(或)稀释剂进行均匀混合。

5.40

制粒　pelleting

将粉状饲料经(或不经)调质,挤出压模模孔,制成颗粒饲料。

5.41

调质　conditioning

通过湿、热处理改善饲料理化性质。

5.42

冷却　cooling

用强制流动的自然空气降低饲料的温度,同时也降低水分。

5.43

碎粒　crumbling

为适应专门的饲养需要,并为降低能耗,将冷却后的较大颗粒饲料轧碎成小颗粒。

5.44

颗粒分级　pellet grading

将成型颗粒饲料中的过大颗粒和细粉筛出,或将经破碎的颗粒依粒度分成若干部分。

5.45

颗粒液体喷涂　liquid spraying for pellets

在颗粒饲料表面喷涂油脂、糖蜜、维生素或其他液体。

5.46

制块　blocking

将饲料原料或混合料压制或浇注成块状饲料。

5.47

压摺片　crimping

使用对辊将物料压制成波形片。

5.48

挤压膨化　extruding

将饲料经螺杆推进、增压、增温处理后挤出模孔，使其骤然降压膨化，制成特定形状的膨化料。

5.49

干法挤压膨化　dry extruding

将饲料不经调质或添加少量水分后进行挤压膨化，一般出模前物料的水分低于18%。

5.50

湿法挤压膨化　wet extruding

将饲料调质后，再进行挤压膨化，一般出模前物料的水分不低于18%。

5.51

挤压膨胀　expanding

将饲料经螺杆增压挤出环形隙口，使其适度降压而膨大，制成不规则物料。通常，挤压膨胀的压力和温度低于挤压膨化。

5.52

气流膨化　air expanding

将物料送入密闭式容器内加压、加热，调质一定时间，当物料由容器排出时，由于骤然降压而膨化，由此可改善物料的理化性质。

5.53

热喷　steam exploding

将原料装入蒸煮罐内，充入蒸汽使压力、温度升高至额定值，对物料调质一定时间，当卸料闸门打开时，物料被高压气流喷入常压接料罐或室，因骤然降压而膨化，由此可改善物料的理化性质。

5.54

熟化　ripening

蒸煮　cooking

在特定设备中对饲料进行特定时间的湿热和(或)加压处理，使淀粉糊化、蛋白质变性和灭菌。

5.55

舍内风干　barn-curing

在室内对粗饲料进行强制通风干燥。

5.56

装罐　canning

对饲料进行加工、包装、密封、灭菌等处理，以便用罐或类似容器保藏。

5.57

浓缩　condensing

通过去除水分或其他液体成分来增加主体组分的浓度。

5.58

脱氟 defluorinating

将矿物性磷源饲料中的氟含量降至安全水平以下。

5.59

脱胚 degerming

全部或部分分离籽实中的胚。

5.60

干法炼制 dry-rendering

将动物组织残余物在开放式夹套加热容器中蒸煮至水分完全去除，再将脱水残渣经压榨排除脂肪。

5.61

氨化 ammoniated;ammoniating

将粗饲料用氨或氨化物进行处理，改善其品质，提高其利用率。

5.62

青贮 ensiling

将青绿植物切碎，放入容器内压实排气，在缺氧条件下进行乳酸发酵，以供长期储存。

5.63

蒸发 evaporating

通过汽化或蒸馏得到浓缩物质的过程。

5.64

发酵 fermenting

应用酵母、霉菌或细菌在受控制的有氧或厌氧环境条件下，增殖菌体、分解物料或形成特定代谢产物的过程。

5.65

糊化 gelatinizing

通过水、热和压力的复合作用，有时是机械力的作用，使淀粉颗粒完全膨胀破坏的过程。

5.66

均质 homogenizing

将颗粒破碎并分裂成均匀分布的足够小的球粒，使其能长时间保持乳化状态。

5.67

水解 hydrolyzing

复杂的分子在催化剂的作用下，与水进行化学反应，分解成为更简单的分子。

5.68

压榨 pressing

压制 pressed

用压力将饲料压实、成型或将饲料中的液体挤出。

6 饲料产品术语和定义

6.1

配合饲料 formula feed

根据饲养动物的营养需要，将多种饲料原料和饲料添加剂按饲料配方经工业化加工的饲料。

6.2

浓缩饲料 concentrate

主要由蛋白质饲料、矿物质饲料和饲料添加剂按一定比例配制的均匀混合物，与能量饲料按规定比例配合即可制成配合饲料。

6.3

精料补充料　concentrate supplement

为补充以饲喂粗饲料、青饲料、青贮饲料等为主的草食动物的营养，而用多种饲料原料和饲料添加剂按一定比例配制的均匀混合物。

6.4

添加剂预混合饲料　additive premix

由两种(类)或两种(类)以上饲料添加剂与载体或稀释剂按一定比例配制的均匀混合物，是复合预混合饲料、微量元素预混合饲料、维生素预混合饲料的统称。

6.5

复合预混合饲料　compound premix

由微量元素、维生素、氨基酸中任何两类或两类以上的组分与其他饲料添加剂及载体和(或)稀释剂按一定比例配制的均匀混合物。

6.6

微量元素预混合饲料　trace mineral premix

由两种或两种以上微量元素与载体和(或)稀释剂按一定比例配制的均匀混合物。

6.7

维生素预混合饲料　vitamin premix

由两种或两种以上维生素与载体和(或)稀释剂按一定比例配制的均匀混合物。

6.8

液体饲料　liquid feed

可作饲料原料用或可直接饲喂动物的流体物质。

6.9

粉状饲料　mash feed

将多种饲料原料经清理、粉碎、配料和混合工序加工而成的粉状产品。

6.10

颗粒饲料　pelleted feed

硬颗粒饲料　hard pellet

将粉状饲料经调质、挤出压模模孔制成的规则粒状饲料产品。

6.11

软颗粒饲料　soft pellet

有较高液体组分含量的颗粒饲料，需要立即除去粉末和冷却。

6.12

碎粒饲料　crumbles

将颗粒饲料破碎、筛分得到的不规则小粒状饲料产品。

6.13

块状饲料　block

将饲料压制或经化学硬化凝集而成，足以保持块状固体形态的饲料产品。

6.14

膨化颗粒饲料　extruded feed

经调质、增压挤出模孔和骤然降压过程制成的规则膨松颗粒饲料。

6.15

膨胀饲料　expanded feed

经调质、增压挤出环形隙口和适度降压过程制成的不规则膨松饲料。

6.16

沉性颗粒饲料　sinking pellet

因密度较大而在水中发生沉降的颗粒饲料。

6.17

浮性颗粒饲料　floating pellet

因密度较小而可漂浮在水面或悬浮在水中的颗粒饲料。

6.18

片状饲料　flake

由籽粒状谷物或豆类经(或不经)调质、用压辊轧制而成的薄片。

6.19

加药饲料　medicated feed

为满足特殊要求而加有药物饲料添加剂的饲料。

7　饲料质量术语和定义

7.1

水分　moisture

饲料在 103 ℃±2 ℃烘至恒重所失去的游离水等物质。

7.2

干物质　dry matter;DM

从饲料中扣除水分后的物质。

7.3

粗蛋白质　crude protein;CP

饲料中含氮量乘以 6.25。

7.4

真蛋白质　true protein

粗蛋白质中由氨基酸构成的蛋白质部分。

7.5

粗脂肪　ether extract;EE;crude fat

饲料中可溶于石油醚或乙醚的物质的总称,包括脂肪、类脂等。

7.6

粗灰分　crude ash

饲料经 550 ℃灼烧后的残渣。

7.7

粗纤维　crude fiber;CF

饲料经稀酸、稀碱处理后剩下的不溶性有机物,包括纤维素、半纤维素、木质素等。

7.8

无氮浸出物　nitrogen free extract;NFE

饲料中可溶于水或稀酸的碳水化合物。通常由干物质总量减去粗蛋白质、粗脂肪、粗纤维和粗灰分后所得。

7.9

感官指标　sensory index

对饲料原料或饲料产品的色泽、气味、外观、霉变和掺杂等指标所作的规定。

7.10

营养指标　nutritive index

对饲料原料或饲料产品的营养成分含量或营养价值所作的规定。

7.11

卫生指标　hygienic index

为保证动物健康和动物产品对人的安全性及避免环境污染，对饲料中有毒、有害物质及病原微生物等规定的允许量。

7.12

加工质量指标　processing quality index

对饲料原料或饲料产品加工过程中所发生的物理或化学变化所作的规定，如粒度、混合均匀度、糊化度等。

7.13

磁性金属杂质　magnetic metal impurity

混入饲料的危害饲料质量、加工设备和动物健康的磁性金属物。

7.14

粒度　particle size

饲料原料、饲料添加剂或饲料产品的粗细程度。

7.15

混合均匀度　mixing uniformity

饲料产品中各组分分布的均匀程度。

7.16

自动分级　segregation

已混合均匀的饲料产品在贮运过程中引起混合均匀度降低的现象。

7.17

颗粒饲料粉化率　percentage of powdered pellets

在特定测试条件下，颗粒饲料的粉末质量占试样总质量的百分比。

7.18

颗粒饲料水中稳定性　water durability of pellets

在特定测试条件下，颗粒饲料在水中抗溶蚀的能力。

7.19

颗粒饲料硬度　hardness of pellet

在特定测试条件下，颗粒饲料对所受外压力引起变形的抵抗能力。

7.20

有毒有害物质　toxic and harmful substance

饲料中所含有的直接或间接影响动物机体健康、动物产品质量，危害人体健康及污染环境的物质。

7.21

交叉污染　cross contamination

在加工、运输、贮藏过程中不同饲料原料或产品之间，或饲料与周围环境中的其他物质发生的相互污染。

7.22

常规分析　proximate analysis

概略分析　proximate analysis

用常规方法测定饲料中的水分、粗蛋白质、粗脂肪、粗灰分、粗纤维和用差值法计算无氮浸出物含量的方法。

7.23

风干样品　air dried sample

将饲料样品经风干、晾晒或在 65 ℃±2 ℃恒温下烘干后，在室内回潮，使其水分达到相对平衡的样品。

7.24

绝干样品　absolute dry sample

在 103 ℃±2 ℃烘至恒重后的饲料样品。

7.25

实验室样品　laboratory sample

从一批样品中缩分抽取的、代表其质量状况的、为送往实验室做分析检验或其他测试的样品。

7.26

试样　test sample

将实验室样品通过分样器或手工分样，必要时经磨样后的有代表性的样品。

7.27

试料　test portion

从试样(或实验室样品)取得的有代表性的物料。

7.28

保质期　shelf life

在规定的贮存条件下，能保证饲料产品质量的期限。在此期限内，产品的成分、外观等应符合标准的要求。

7.29

产品成分分析保证值　guaranteed values of analyzed composition of product

生产者根据规定的保证值项目，对其产品成分必须作出的明示承诺和保证，保证在保质期内，采用规定的分析方法均能分析得到符合标准要求的产品成分值。

7.30

不合格产品　defective product

质量达不到所执行的产品标准或标签规定的产品。

8　其他术语和定义

8.1

生物学利用率　bioavailability

饲料中某种营养素在动物体内被消化、吸收和利用的程度。

8.2

日粮　ration

单个饲养动物在一昼夜(24 h)内按所需营养确定的应采食的饲料总量。

8.3

日粮配合　ration formulation

根据动物营养需要和各种饲料的特性，将多种饲料原料和饲料添加剂科学搭配组成日粮的过程。

8.4

饲粮　diet

按日粮中各种饲料组分的比例配制的饲料。

8.5

蛋白能量比　protein-calorie ratio

饲料的粗蛋白质(g/kg)与代谢能(MJ/kg)的比值。

8.6

能量蛋白比　calorie-protein ratio

饲料中消化能(kJ/kg)与粗蛋白质(%)的比值。

8.7

饲料转化比　feed conversion ratio;FCR

饲料报酬　feed reward

消耗单位风干饲料质量与所得到的动物产品质量的比值。

8.8

国际雏鸡单位　international chick unit;ICU

以0.025 μg结晶维生素D_3对雏鸡所产生的作用为一个国际雏鸡单位。

8.9

饲料标签　feed label

以文字、图形、符号说明饲料内容的一切附签及其他说明物。

附 录 A
（资料性附录）
饲料质量与安全管理体系部分术语

A.1

质量　quality

一组固有特性满足要求的程度。

注1：术语“质量”可使用形容词如差、好或优秀来修饰。

注2：“固有的”(其反义是“赋予的”)就是指在某事或某物中本来就有的，尤其是那种永久的特性。

[GB/T 19000—2000，定义3.1.1]

A.2

要求　requirement

明示的、通常隐含的或必须履行的需求或期望。

注1：“通常隐含”是指组织、顾客和其他相关方的惯例或一般做法，所考虑的需求或期望是不言而喻的。

注2：特定要求可使用修饰词表示，如产品要求、质量管理要求、顾客要求。

注3：规定要求是经明示的要求，如在文件中阐明。

注4：要求可由不同的相关方提出。

[GB/T 19000—2000，定义3.1.2]

A.3

顾客满意　customer satisfaction

顾客对其要求已被满足的程度的感受。

注1：顾客抱怨是一种满意程度低的最常见的表达方式，但没有抱怨并不一定表明顾客很满意。

注2：即使规定的顾客要求符合顾客的愿望并得到满足，也不一定确保顾客很满意。

[GB/T 19000—2000，定义3.1.4]

A.4

质量管理体系　quality management system

在质量方面指挥和控制组织的管理体系。

[GB/T 19000—2000，定义3.2.3]

A.5

质量方针　quality policy

由组织的最高管理者正式发布的该组织总的质量宗旨和方向。

注1：通常质量方针与组织的总方针相一致并为制定质量目标提供框架。

注2：本标准中提出的质量管理原则可以作为制定质量方针的基础。

[GB/T 19000—2000，定义3.2.4]

A.6

质量目标　quality objective

在质量方面所追求的目的。

注1：质量目标通常依据组织的质量方针制定。

注2：通常对组织的相关职能和层次分别规定质量目标。

[GB/T 19000—2000，定义3.2.5]

A.7

质量管理　quality management

在质量方面指挥和控制组织的协调的活动。

注：在质量方面的指挥和控制活动，通常包括制定质量方针和质量目标以及质量策划、质量控制、质量保证和质量改进。

[GB/T 19000—2000，定义 3.2.8]

A.8

质量策划　quality planning

质量管理的一部分，致力于制定质量目标并规定必要的运行过程和相关资源以实现质量目标。

注：编制质量计划可以是质量策划的一部分。

[GB/T 19000—2000，定义 3.2.9]

A.9

质量控制　quality contorl

质量管理的一部分，致力于满足质量要求。

[GB/T 19000—2000，定义 3.2.10]

A.10

质量保证　quality assurance

质量管理的一部分，致力于提供质量要求会得到满足的信任。

[GB/T 19000—2000，定义 3.2.11]

A.11

质量改进　quality improvement

质量管理的一部分，致力于增强满足质量要求的能力。

注：要求可以是有关任何方面的，如有效性、效率或可追溯性。

[GB/T 19000—2000，定义 3.2.12]

A.12

持续改进　continual improvement

增强满足要求的能力的循环活动。

注：制定改进目标和寻求改进机会的过程是一个持续过程，该过程使用审核发现和审核结论、数据分析、管理评审或其他方法，其结果通常导致纠正措施或预防措施。

[GB/T 19000—2000，定义 3.2.13]

A.13

可追溯性　traceability

追溯所考虑对象的历史、应用情况或所处场所的能力。

注：当考虑产品时，可追溯性可涉及到：

——原材料和零部件的来源；

——加工过程的历史；

——产品交付后的分布和场所。

[GB/T 19000—2000，定义 3.5.4]

A.14

预防措施　preventive action

为消除潜在不合格或其他潜在不期望情况的原因所采取的措施。

注1：一个潜在不合格可以有若干个原因。

注2：采取预防措施是为了防止发生，而采取纠正措施是为了防止再发生。

[GB/T 19000—2000，定义 3.6.4]

A.15

纠正措施　corrective action

为消除已发现的不合格或其他不期望情况的原因所采取的措施。

注1：一个不合格可以有若干个原因。

注 2：采取纠正措施是为了防止再发生，而采取预防措施是为了防止发生。

注 3：纠正和纠正措施是有区别的。

[GB/T 19000—2000，定义 3.6.5]

A.16

质量手册　quality manual

规定组织质量管理体系的文件。

注：为了适应组织的规模和复杂程度，质量手册在其详略程度和编排格式方面可以不同。

[GB/T 19000—2000，定义 3.7.4]

A.17

质量计划　quality plan

对特定的项目、产品、过程或合同，规定由谁及何时应使用哪些程序和相关资源的文件。

注 1：这些程序通常包括所涉及的那些质量管理过程和产品实现过程。

注 2：通常，质量计划引用质量手册的部分内容或程序文件。

注 3：质量计划通常是质量策划的结果之一。

[GB/T 19000—2000，定义 3.7.5]

A.18

食品安全　food safety

食品在按照预期用途进行制备和(或)食用时，不会对消费者造成伤害的概念。

注：食品安全与食品安全危害的发生有关，但不包括与人类健康相关的其他方面，如营养不良。

[GB/T 22000—2006，定义 3.1]

A.19

食品链　food chain

从初级生产直至消费的各环节和操作的顺序，涉及食品及其辅料的生产、加工、分销、贮存和处理。

注 1：食品链包括食源性动物的饲料生产和用于生产食品的动物的饲料生产。

注 2：食品链也包括与食品接触材料或原材料的生产。

[GB/T 22000—2006，定义 3.2]

A.20

食品安全危害　food safety hazard

食品中所含有的对健康有潜在不良影响的生物、化学或物理的因素或食品存在状况。

注 1：术语“危害”不应和“风险”混淆。对食品安全而言，“风险”是食品暴露于特定危害时，对健康产生不良影响的概率(如生病)与影响的严重程度(如死亡、住院、缺勤等)之间构成的函数。风险在 ISO/IEC 导则 51 中定义为伤害发生的概率与其严重程度的组合。

注 2：食品安全危害包括过敏原。

注 3：对饲料和饲料配料而言，相关食品安全危害是指可能存在或出现于饲料和饲料配料中，再通过动物消费饲料转移至食品中，并由此可能导致人类不良健康后果的因素。对饲料和食品的间接操作(如包装材料、清洁剂等的生产者)而言，相关食品安全危害是指按所提供产品和(或)服务的预期用途，可能直接或间接转移到食品中，并由此可能造成人类不良健康后果的因素。

[GB/T 22000—2006，定义 3.3]

A.21

食品安全方针　food safety policy

由组织的最高管理者正式发布的该组织总的食品安全宗旨和方向。

[GB/T 22000—2006，定义 3.4]

A.22

控制措施 control measure

〈食品安全〉能够用于防止或消除食品安全危害或将其降低到可接受水平的行动或活动。

[GB/T 22000—2006,定义 3.7]

A.23

前提方案 prerequisite program;PRP

前提条件 prerequisite

〈食品安全〉在整个食品链中为保持卫生环境所必需的基本条件和活动,以适合生产、处理和提供安全终产品和人类消费的安全食品。

注:前提方案决定于组织在食品链中的位置及类型,等同术语如:良好农业规范(GAP)、良好兽医规范(GVP)、良好操作规范(GMP)、良好卫生规范(GHP)、良好生产规范(GPP)、良好分销规范(GDP)、良好贸易规范(GTP)。

[GB/T 22000—2006,定义 3.8]

A.24

操作性前提方案 operational prerequisite program;operational PRP

为减少食品安全危害在产品或产品加工环境中引入和(或)污染或扩散的可能性,通过危害分析确定基本的前提方案。

[GB/T 22000—2006,定义 3.9]

A.25

关键控制点 critical control point;CCP

〈食品安全〉能够进行控制,并且该控制对防止、消除食品安全危害或将其降低到可接受水平所必需的某一步骤。

[GB/T 22000—2006,定义 3.10]

A.26

关键限值 critical limit;CL

区分可接收和不可接收的判定值。

注:设定关键限值保证关键控制点(CCP)受控。当超出或违反关键限值时,受影响产品应视为潜在不安全产品。

[GB/T 22000—2006,定义 3.11]

参 考 文 献

[1] GB/T 19000—2000/ISO 9000:2000 质量管理体系 基础和术语
[2] GB/T 22000—2006/ISO 22000:2005 食品安全管理体系 食品链中各类组织的要求

中 文 索 引

T

W

X

Y

Z

英 文 索 引

ICS 65.120
B 46

中华人民共和国国家标准

GB 10648—2013
代替 GB 10648—1999

2013-10-10 发布 2014-07-01 实施

中华人民共和国国家质量监督检验检疫总局
中国国家标准化管理委员会 发布

前　言

本标准的全部技术内容为强制性。

本标准按照GB/T 1.1—2009给出的规则起草。

本标准代替GB 10648—1999《饲料标签》。

本标准与GB 10648—1999相比，主要技术内容差异如下：

——修订完善了标准的适用范围(见第1章)。

——增加了饲料、饲料原料、饲料添加剂等术语的定义(见3.2～3.15)；修改了药物饲料添加剂的定义(见3.18)；删除了“保质期”的术语和定义；用“净含量”代替“净重”(见3.17)，并规定了净含量的标示要求(见5.7)。

——增加了标签中不得标示具有预防或者治疗动物疾病作用的内容的规定(见4.4)。

——增加了产品名称应采用通用名称的要求，并规定了各类饲料的通用名称的表述方式和标示要求(见5.2)。

——规定了产品成分分析保证值应符合产品所执行的标准的要求(见5.3.1)。

——将饲料产品成分分析保证值项目分为“饲料和饲料原料产品成分分析保证值项目”和“饲料添加剂产品成分分析保证值项目”两部分；将饲料添加剂产品分为“矿物质微量元素饲料添加剂、酶制剂饲料添加剂、微生物饲料添加剂、混合型饲料添加剂、其他饲料添加剂”；对饲料和饲料原料产品成分分析保证值项目、饲料添加剂产品成分分析保证值项目进行了修订、补充和完善；增加了饲料原料产品成分分析保证值项目为《饲料原料目录》中强制性标识项目的规定；增加了液态饲料添加剂、液态添加剂预混合饲料不需标示水分的规定；增加了执行企业标准的饲料添加剂和进口饲料添加剂应标明卫生指标的规定(见表1、表2)。

——修订、补充和完善了原料组成应标明的内容(见5.4)。

——增加了饲料添加剂、微量元素预混合饲料和维生素预混合饲料应标明推荐用量及注意事项的规定(见5.6)。

——规定了进口产品的中文标签标明的生产日期应与原产地标签上标明的生产日期一致(见5.8.2)。

——保质期增加了一种表示方法，并要求进口产品的中文标签标明的保质期应与原产地标签上标明的保质期一致(见5.9)。

——将贮存条件及方法单独作为一条列出(见5.10)。

——用“许可证明文件编号”代替“生产许可证和产品批准文号”(见5.11)。

——增加了动物源性饲料(见5.13.1)、委托加工产品(见5.13.3)、定制产品(见5.13.4)、进口产品(见5.13.5)和转基因产品(见5.13.6)的特殊标示规定。

——补充规定了标签不得被遮掩，应在不打开包装的情况下，能看到完整的标签内容(见6.2)。

——附录A增加了酶制剂饲料添加剂和微生物饲料添加剂产品成分分析保证值的计量单位。

本标准由全国饲料工业标准化技术委员会(SAC/T 76)归口。

本标准起草单位：中国饲料工业协会、全国饲料工业标准化技术委员会秘书处。

本标准主要起草人：王黎文、沙玉圣、粟胜兰、武玉波、杨清峰、李祥明、严建刚。

本标准所代替标准的历次版本发布情况为：

——GB 10648—1988、GB 10648—1993、GB 10648—1999。

饲 料 标 签

1 范围

本标准规定了饲料、饲料添加剂和饲料原料标签标示的基本原则、基本内容和基本要求。

本标准适用于商品饲料、饲料添加剂和饲料原料(包括进口产品),不包括可饲用原粮、药物饲料添加剂和养殖者自行配制使用的饲料。

2 规范性引用文件

下列文件对于本文件的应用是必不可少的。凡是注日期的引用文件,仅注日期的版本适用于本文件。凡是不注日期的引用文件,其最新版本(包括所有的修改单)适用于本文件。

GB/T 10647 饲料工业术语

GB 13078 饲料卫生标准

3 术语和定义

GB/T 10647 中界定的以及下列术语和定义适用于本文件。

3.1

饲料标签 feed label

以文字、符号、数字、图形说明饲料、饲料添加剂和饲料原料内容的一切附签或其他说明物。

3.2

饲料原料 feed material

来源于动物、植物、微生物或者矿物质,用于加工制作饲料但不属于饲料添加剂的饲用物质。

3.3

饲料 feed

经工业化加工、制作的供动物食用的产品,包括单一饲料、添加剂预混合饲料、浓缩饲料、配合饲料和精料补充料。

3.4

单一饲料 single feed

来源于一种动物、植物、微生物或者矿物质,用于饲料产品生产的饲料。

3.5

添加剂预混合饲料 feed additive premix

由两种(类)或者两种(类)以上营养性饲料添加剂为主,与载体或者稀释剂按照一定比例配制的饲料,包括复合预混合饲料、微量元素预混合饲料、维生素预混合饲料。

3.6

复合预混合饲料 premix

以矿物质微量元素、维生素、氨基酸中任何两类或两类以上的营养性饲料添加剂为主,与其他饲料添加剂、载体和(或)稀释剂按一定比例配制的均匀混合物,其中营养性饲料添加剂的含量能够满足其适用动物特定生理阶段的基本营养需求,在配合饲料、精料补充料或动物饮用水中的添加量不低于0.1%且不高于10%。

3.7

维生素预混合饲料　vitamin premix

两种或两种以上维生素与载体和(或)稀释剂按一定比例配制的均匀混合物,其中维生素含量应满足其适用动物特定生理阶段的维生素需求,在配合饲料、精料补充料或动物饮用水中的添加量不低于0.01%且不高于10%。

3.8

微量元素预混合饲料　trace mineral premix

两种或两种以上矿物质微量元素与载体和(或)稀释剂按一定比例配制的均匀混合物,其中矿物质微量元素含量能够满足其适用动物特定生理阶段的微量元素需求,在配合饲料、精料补充料或动物饮用水中的添加量不低于0.1%且不高于10%。

3.9

浓缩饲料　concentrate feed

主要由蛋白质、矿物质和饲料添加剂按照一定比例配制的饲料。

3.10

配合饲料　formula feed;complete feed

根据养殖动物营养需要,将多种饲料原料和饲料添加剂按照一定比例配制的饲料。

3.11

精料补充料　supplementary concentrate

为补充草食动物的营养,将多种饲料原料和饲料添加剂按照一定比例配制的饲料。

3.12

饲料添加剂　feed additive

在饲料加工、制作、使用过程中添加的少量或者微量物质,包括营养性饲料添加剂和一般饲料添加剂。

3.13

混合型饲料添加剂　feed additive blender

由一种或一种以上饲料添加剂与载体或稀释剂按一定比例混合,但不属于添加剂预混合饲料的饲料添加剂产品。

3.14

许可证明文件　official approval document

新饲料、新饲料添加剂证书,饲料、饲料添加剂进口登记证,饲料、饲料添加剂生产许可证以及饲料添加剂、添加剂预混合饲料产品批准文号的统称。

3.15

通用名称　common name

能反映饲料、饲料添加剂和饲料原料的真实属性并符合相关法律法规和标准规定的产品名称。

3.16

产品成分分析保证值　guaranteed analysis of product

在产品保质期内采用规定的分析方法能得到的、符合标准要求的产品成分值。

3.17

净含量　net content

去除包装容器和其他所有包装材料后内装物的量。

3.18

药物饲料添加剂　medical feed additive

为预防、治疗动物疾病而掺入载体或者稀释剂的兽药的预混合物质。

4 基本原则

4.1 标示的内容应符合国家相关法律法规和标准的规定。

4.2 标示的内容应真实、科学、准确。

4.3 标示内容的表述应通俗易懂。不得使用虚假、夸大或容易引起误解的表述,不得以欺骗性表述误导消费者。

4.4 不得标示具有预防或者治疗动物疾病作用的内容。但饲料中添加药物饲料添加剂的,可以对所添加的药物饲料添加剂的作用加以说明。

5 应标示的基本内容

5.1 卫生要求

饲料、饲料添加剂和饲料原料应符合相应卫生要求。饲料和饲料原料应标有"本产品符合饲料卫生标准"字样,以明示产品符合 GB 13078 的规定。

5.2 产品名称

5.2.1 产品名称应采用通用名称。

5.2.2 饲料添加剂应标注"饲料添加剂"字样,其通用名称应与《饲料添加剂品种目录》中的通用名称一致。饲料原料应标注"饲料原料"字样,其通用名称应与《饲料原料目录》中的原料名称一致。新饲料、新饲料添加剂和进口饲料、进口饲料添加剂的通用名称应与农业部相关公告的名称一致。

5.2.3 混合型饲料添加剂的通用名称表述为"混合型饲料添加剂+《饲料添加剂品种目录》中规定的产品名称或类别",如"混合型饲料添加剂 乙氧基喹啉"、"混合型饲料添加剂 抗氧化剂"。如果产品涉及多个类别,应逐一标明;如果产品类别为"其他",应直接标明产品的通用名称。

5.2.4 饲料(单一饲料除外)的通用名称应以配合饲料、浓缩饲料、精料补充料、复合预混合饲料、微量元素预混合饲料或维生素预混合饲料中的一种表示,并标明饲喂对象。可在通用名称前(或后)标示膨化、颗粒、粉状、块状、液体、浮性等物理状态或加工方法。

5.2.5 在标明通用名称的同时,可标明商品名称,但应放在通用名称之后,字号不得大于通用名称。

5.3 产品成分分析保证值

5.3.1 产品成分分析保证值应符合产品所执行的标准的要求。

5.3.2 饲料和饲料原料产品成分分析保证值项目的标示要求,见表 1。

表 1 饲料和饲料原料产品成分分析保证值项目的标示要求

序号	产品类别	产品成分分析保证值项目	备注
1	配合饲料	粗蛋白质、粗纤维、粗灰分、钙、总磷、氯化钠、水分、氨基酸	水产配合饲料还应标明粗脂肪,可以不标明氯化钠和钙
2	浓缩饲料	粗蛋白质、粗纤维、粗灰分、钙、总磷、氯化钠、水分、氨基酸	
3	精料补充料	粗蛋白质、粗纤维、粗灰分、钙、总磷、氯化钠、水分、氨基酸	
4	复合预混合饲料	微量元素、维生素和(或)氨基酸及其他有效成分、水分	

表 1（续）

序号	产品类别	产品成分分析保证值项目	备注
5	微量元素预混合饲料	微量元素、水分	
6	维生素预混合饲料	维生素、水分	
7	饲料原料	《饲料原料目录》规定的强制性标识项目	
序号1、2、3、4、5、6产品成分分析保证值项目中氨基酸、维生素及微量元素的具体种类应与产品所执行的质量标准一致。 液态添加剂预混合饲料不需标示水分。			

5.3.3　饲料添加剂产品成分分析保证值项目的标示要求，见表2。

表 2　饲料添加剂产品成分分析保证值项目的标示要求

序号	产品类别	产品成分分析保证值项目	备注
1	矿物质微量元素饲料添加剂	有效成分、水分、粒（细）度	若无粒（细）度要求时，可以不标
2	酶制剂饲料添加剂	有效成分、水分	
3	微生物饲料添加剂	有效成分、水分	
4	混合型饲料添加剂	有效成分、水分	
5	其他饲料添加剂	有效成分、水分	
执行企业标准的饲料添加剂产品和进口饲料添加剂产品，其产品成分分析保证值项目还应标示卫生指标。 液态饲料添加剂不需标示水分。			

5.4　原料组成

5.4.1　配合饲料、浓缩饲料、精料补充料应标明主要饲料原料名称和（或）类别、饲料添加剂名称和（或）类别；添加剂预混合饲料、混合型饲料添加剂应标明饲料添加剂名称、载体和（或）稀释剂名称；饲料添加剂若使用了载体和（或）稀释剂的，应标明载体和（或）稀释剂的名称。

5.4.2　饲料原料名称和类别应与《饲料原料目录》一致；饲料添加剂名称和类别应与《饲料添加剂品种目录》一致。

5.4.3　动物源性蛋白质饲料、植物性油脂、动物性油脂若添加了抗氧化剂，还应标明抗氧化剂的名称。

5.5　产品标准编号

5.5.1　饲料和饲料添加剂产品应标明产品所执行的产品标准编号。

5.5.2　实行进口登记管理的产品，应标明进口产品复核检验报告的编号；不实行进口登记管理的产品可不标示此项。

5.6　使用说明

配合饲料、精料补充料应标明饲喂阶段。浓缩饲料、复合预混合饲料应标明添加比例或推荐配方及注意事项。饲料添加剂、微量元素预混合饲料和维生素预混合饲料应标明推荐用量及注意事项。

5.7 净含量

5.7.1 包装类产品应标明产品包装单位的净含量;罐装车运输的产品应标明运输单位的净含量。
5.7.2 固态产品应使用质量标示;液态产品、半固态或粘性产品可用体积或质量标示。
5.7.3 以质量标示时,净含量不足1 kg的,以克(g)作为计量单位;净含量超过1 kg(含1 kg)的,以千克(kg)作为计量单位。以体积标示时,净含量不足1 L的,以毫升(mL或ml)作为计量单位;净含量超过1 L(含1 L)的,以升(L或l)作为计量单位。

5.8 生产日期

5.8.1 应标明完整的年、月、日。
5.8.2 进口产品中文标签标明的生产日期应与原产地标签上标明的生产日期一致。

5.9 保质期

5.9.1 用“保质期为____天(日)或____月或____年”或“保质期至:____年____月____日”表示。
5.9.2 进口产品中文标签标明的保质期应与原产地标签上标明的保质期一致。

5.10 贮存条件及方法

应标明贮存条件及贮存方法。

5.11 行政许可证明文件编号

实行行政许可管理的饲料和饲料添加剂产品应标明行政许可证明文件编号。

5.12 生产者、经营者的名称和地址

5.12.1 实行行政许可管理的饲料和饲料添加剂产品,应标明与行政许可证明文件一致的生产者名称、注册地址、生产地址及其邮政编码、联系方式;不实行行政许可管理的,应标明与营业执照一致的生产者名称、注册地址、生产地址及其邮政编码、联系方式。
5.12.2 集团公司的分公司或生产基地,除标明上述相关信息外,还应标明集团公司的名称、地址和联系方式。
5.12.3 进口产品应标明与进口产品登记证一致的生产厂家名称,以及与营业执照一致的在中国境内依法登记注册的销售机构或代理机构名称、地址、邮政编码和联系方式等。

5.13 其他

5.13.1 动物源性饲料

5.13.1.1 动物源性饲料应标明源动物名称。
5.13.1.2 乳和乳制品之外的动物源性饲料应标明“本产品不得饲喂反刍动物”字样。

5.13.2 加入药物饲料添加剂的饲料产品

5.13.2.1 应在产品名称下方以醒目字体标明“本产品加入药物饲料添加剂”字样。
5.13.2.2 应标明所添加药物饲料添加剂的通用名称。
5.13.2.3 应标明本产品中药物饲料添加剂的有效成分含量、休药期及注意事项。

5.13.3 委托加工产品

除标明本章规定的基本内容外,还应标明委托企业的名称、注册地址和生产许可证编号。

5.13.4 定制产品

5.13.4.1 应标明“定制产品”字样。

5.13.4.2 除标明本章规定的基本内容外，还应标明定制企业的名称、地址和生产许可证编号。

5.13.4.3 定制产品可不标示产品批准文号。

5.13.5 进口产品

进口产品应用中文标明原产国名或地区名。

5.13.6 转基因产品

转基因产品的标示应符合相关法律法规的要求。

5.13.7 其他内容

可以标明必要的其他内容，如：产品批号、有效期内的质量认证标志等。

6 基本要求

6.1 印制材料应结实耐用；文字、符号、数字、图形清晰醒目，易于辨认。

6.2 不得与包装物分离或被遮掩；应在不打开包装的情况下，能看到完整的标签内容。

6.3 罐装车运输产品的标签随发货单一起传送。

6.4 应使用规范的汉字，可以同时使用有对应关系的汉语拼音及其他文字。

6.5 应采用国家法定计量单位。产品成分分析保证值常用计量单位参见附录A。

6.6 一个标签只能标示一个产品。

附 录 A
(资料性附录)
产品成分分析保证值常用计量单位

A.1 饲料产品成分分析保证值计量单位

A.1.1 粗蛋白质、粗纤维、粗脂肪、粗灰分、总磷、钙、氯化钠、水分、氨基酸的含量,以百分含量(%)表示。

A.1.2 微量元素的含量,以每千克(升)饲料中含有某元素的质量表示,如:g/kg、mg/kg、μg/kg,或g/L、mg/L、μg/L。

A.1.3 药物饲料添加剂和维生素含量,以每千克(升)饲料中含药物或维生素的质量,或以表示生物效价的国际单位(IU)表示,如:g/kg、mg/kg、μg/kg、IU/kg,或 g/L、mg/L、μg/L、IU/L。

A.2 饲料添加剂产品成分分析保证值计量单位

A.2.1 酶制剂饲料添加剂的含量,以每千克(升)产品中含酶活性单位表示,或以每克(毫升)产品中含酶活性单位表示,如:U/kg、U/L,或 U/g、U/mL。

A.2.2 微生物饲料添加剂的含量,以每千克(升)产品中含微生物的菌落数或个数表示,或以每克(毫升)产品中含微生物的菌落数或个数表示,如:CFU/kg、个/kg、CFU/L、个/L,或 CFU/g、个/g、CFU/mL、个/mL。

ICS 65.120
B 46

中华人民共和国国家标准

GB 13078—2017
代替 GB 13078—2001,GB 13078.1—2006,GB 13078.2—2006,GB 13078.3—2007,GB 21693—2008

饲 料 卫 生 标 准

Hygienical standard for feeds

2017-10-14 发布　　2018-05-01 实施

中华人民共和国国家质量监督检验检疫总局
中国国家标准化管理委员会 发布

前　言

本标准的全部技术内容为强制性。

本标准按照 GB/T 1.1—2009 给出的规则起草。

本标准代替 GB 13078—2001《饲料卫生标准》及其第 1 号修改单、GB 13078.1—2006《饲料卫生标准　饲料中亚硝酸盐允许量》、GB 13078.2—2006《饲料卫生标准　饲料中赭曲霉毒素 A 和玉米赤霉烯酮的允许量》、GB 13078.3—2007《配合饲料中脱氧雪腐镰刀菌烯醇的允许量》、GB 21693—2008《配合饲料中 T-2 毒素的允许量》。与原标准相比，除编辑性修改外，主要技术内容差异如下：

——调整了标准的适用范围，修改为“本标准适用于表 1 中所列的饲料原料和饲料产品，不适用于宠物饲料产品和饲料添加剂产品”，删除了有关饲料添加剂产品的内容。

——增加了伏马毒素、多氯联苯、六氯苯 3 个项目的限量规定。

——规范了限量值的有效数字。

——扩大了各项目限量值的覆盖面并统一按饲料原料、添加剂预混合饲料、浓缩饲料、精料补充料、配合饲料的顺序列示，进一步细化了各项目在不同饲料原料和饲料产品（不同年龄和动物类别）中的限量水平，其中：

总砷：修改了总砷的限量，删除了原标准对有机胂制剂的例外性规定；增加了在“干草及其加工产品”“棕榈仁饼（粕）”“藻类及其加工产品”“甲壳类动物及其副产品（虾油除外）、鱼虾粉、水生软体动物及其副产品（油脂除外）”“其他水生动物源性饲料原料（不含水生动物油脂）”中的限量，并将“鱼粉”并入“其他水生动物源性饲料原料（不含水生动物油脂）”；增加了在“其他矿物质饲料原料”“油脂”和“其他饲料原料”中的限量，并将“沸石粉、膨润土、麦饭石”并入“其他矿物质饲料原料”；将“猪、家禽添加剂预混合饲料”扩展为“添加剂预混合饲料”；将“猪、家禽浓缩饲料”和“牛、羊精料补充料”分别扩展为“浓缩饲料”和“精料补充料”，删除原标准有关按比例折算的说明；增加了在“水产配合饲料”和“狐狸、貉、貂配合饲料”中的限量，并将“猪、家禽配合饲料”扩展为“其他配合饲料”。

铅：在饲料原料中的限量分别按“单细胞蛋白饲料原料”“矿物质饲料原料”“饲草、粗饲料及其加工产品”“其他饲料原料”列示，不再单独列示“骨粉、肉骨粉、鱼粉、石粉”；将“产蛋鸡、肉用仔鸡复合预混合饲料、仔猪、生长肥育猪复合预混合饲料”扩展为“添加剂预混合饲料”；将“产蛋鸡、肉用仔鸡浓缩饲料”“仔猪、生长肥育猪浓缩饲料”扩展为“浓缩饲料”，将“奶牛、肉牛精料补充料”扩展为“精料补充料”；将“生长鸭、产蛋鸭、肉鸭配合饲料、鸡配合饲料、猪配合饲料”扩展为“配合饲料”。

汞：将“鱼粉”扩展为“鱼、其他水生生物及其副产品类饲料原料”，增加了在“其他饲料原料”中的限量，在“石粉”中的限量不再单独列示；增加了在“水产配合饲料”中的限量；将“鸡配合饲料、猪配合饲料”扩展为“其他配合饲料”。

镉：将“米糠”扩展为“植物性饲料原料”，增加了在“藻类及其加工产品”和“水生软体动物及其副产品”中的限量，并将“鱼粉”扩展为“其他动物源性饲料原料”，增加了在“其他矿物质饲料原料”中的限量；增加了在“添加剂预混合饲料”“浓缩饲料”“犊牛、羔羊精料补充料”“其他精料补充料”中的限量，增加了在“虾、蟹、海参、贝类配合饲料”“水产配合饲料（虾、蟹、海参、贝类配合饲料除外）”中的限量，将“鸡配合饲料、猪配合饲料”扩展为“其他配合饲料”。

铬：删除了在“皮革蛋白粉”中的限量；增加了在“饲料原料”“猪用添加剂预混合饲料”和“其他添加剂预混合饲料”“猪用浓缩饲料”“其他浓缩饲料”中的限量；将“猪、鸡配合饲料”扩展为“配合饲料”，限量值降至 5 mg/kg。

氟：在饲料原料中的限量分别按“甲壳类动物及其副产品”“其他动物源性饲料原料”“蛭石”“其他矿

物质饲料原料”和“其他饲料原料”列示，不再单独列示“鱼粉”“石粉”“骨粉、肉骨粉”；将“猪、禽添加剂预混合饲料”扩展为“添加剂预混合饲料”，限量值降至 800 mg/kg；将“猪、禽浓缩饲料”扩展为“浓缩饲料”，限量值统一规定为 500 mg/kg，删除原标准有关按比例折算的说明；将“牛（奶牛、肉牛）精料补充料”扩展为“牛、羊精料补充料”；将“肉用仔鸡、生长鸡配合饲料”表述为“肉用仔鸡、育雏鸡、育成鸡配合饲料”，限量不变；将“生长鸭、肉鸭配合饲料”和“产蛋鸭配合饲料”合并为“鸭配合饲料”，限量值统一为 200 mg/kg；增加了在“水产配合饲料”和“其他配合饲料”中的限量。

亚硝酸盐：增加了在“火腿肠粉等肉制品生产过程中获得的前食品和副产品”“其他饲料原料”中的限量，将“玉米”“饼粕类、麦麸、次粉、米糠”“草粉”和“肉粉、肉骨粉”并入“其他饲料原料”，限量值统一规定为 15 mg/kg；将“鸡、鸭、猪浓缩饲料”“牛（奶牛、肉牛）精料补充料”和“鸭配合饲料”分别扩展为“浓缩饲料”“精料补充料” 和“配合饲料”。

黄曲霉毒素 B_1：在饲料原料中的限量分别按照“玉米加工产品、花生饼（粕）”“植物油脂（玉米油、花生油除外）”“玉米油、花生油”和“其他植物性饲料原料”列示，将“玉米”“棉籽饼（粕）、菜籽饼（粕）”“豆粕”并入“其他植物性饲料原料”；规定了在“仔猪、雏禽浓缩饲料”、“肉用仔鸭后期、生长鸭、产蛋鸭浓缩饲料”和“其他浓缩饲料”中的限量；增加了在“犊牛、羔羊精料补充料”“泌乳期精料补充料”和“其他精料补充料”中的限量；规定了在“仔猪、雏禽配合饲料”“肉用仔鸭后期、生长鸭、产蛋鸭配合饲料”中的限量，增加了在“其他配合饲料”中的限量。

赭曲霉毒素 A：将“玉米”扩展为“谷物及其加工产品”。

玉米赤霉烯酮：增加了在“玉米及其加工产品（玉米皮、喷浆玉米皮、玉米浆干粉除外）”“玉米皮、喷浆玉米皮、玉米浆干粉、玉米酒糟类产品”和“其他植物性饲料原料”中的限量；增加了在“犊牛、羔羊、泌乳期精料补充料”中的限量；将原标准“配合饲料”分别按照“仔猪配合饲料”“青年母猪配合饲料”“其他猪配合饲料”和“其他配合饲料”列示。

脱氧雪腐镰刀菌烯醇：增加了在“植物性饲料原料”“犊牛、羔羊、泌乳期精料补充料”和“其他精料补充料”中的限量；将“家禽配合饲料”并入“其他配合饲料”。

T-2 毒素：增加了在“植物性饲料原料”中的限量；将“猪配合饲料”和“禽配合饲料”表述为“猪、禽配合饲料”，限量值降至 0.5 mg/kg。

氰化物：增加了在“亚麻籽【胡麻籽】”和“其他饲料原料”中的限量；将“胡麻饼、粕”改为“亚麻籽【胡麻籽】饼、亚麻籽【胡麻籽】粕”；将“木薯干”扩展为“木薯及其加工产品”；将“雏鸡配合饲料”单独列示并将限量值降至 10 mg/kg，将“鸡配合饲料、猪配合饲料”扩展为“其他配合饲料”。

游离棉酚：分别规定了在“棉籽油”“棉籽”“脱酚棉籽蛋白、发酵棉籽蛋白”“其他棉籽加工产品”和“其他饲料原料”中的限量，不再单独规定在“棉籽饼、粕”中的限量；增加了在“犊牛精料补充料”“其他牛精料补充料”和“羔羊精料补充料”“其他羊精料补充料”中的限量；将“生长肥育猪配合饲料”扩展为“猪（仔猪除外）、兔配合饲料”，将“肉用仔鸡、生长鸡配合饲料”扩展为“家禽（产蛋禽除外）配合饲料”；将“产蛋鸡配合饲料”和“仔猪配合饲料”并入“其他畜禽配合饲料”；增加了在“植食性、杂食性水产动物配合饲料”和“其他水产配合饲料”中的限量。

异硫氰酸酯：将“菜籽饼、粕”扩展为“菜籽及其加工产品”，增加了在“其他饲料原料”中的限量；增加了在“犊牛、羔羊精料补充料”和“其他牛、羊精料补充料”中的限量，将“鸡配合饲料、生长育肥猪配合饲料”扩展为“猪（仔猪除外）、家禽配合饲料”，增加了在“水产配合饲料”和“其他配合饲料”中的限量。

噁唑烷硫酮：增加了在“菜籽及其加工产品”中的限量，将“产蛋鸡配合饲料”扩展为“产蛋禽配合饲料”，将“肉用仔鸡、生长鸡配合饲料”扩展为“其他家禽配合饲料”，增加了在“水产配合饲料”中的限量。

六六六（HCH）：明确了限量值以 α-HCH、β-HCH、γ-HCH 之和计，将“米糠、小麦麸、大豆饼粕、鱼粉”扩展为“谷物及其加工产品（油脂除外）、油料籽实及其加工产品（油脂除外）、鱼粉”，增加了在“油脂”中的限量，将原标准中“肉用仔鸡、生长鸡配合饲料、产蛋鸡配合饲料”和“生长肥育猪配合饲料”并入“添加剂预混合饲料、浓缩饲料、精料补充料、配合饲料”，限量值降至 0.2 mg/kg。

滴滴涕(DDT):明确了限量值以 p,p'-DDE、o,p'-DDT、p,p'-DDD、p,p'-DDT 之和计,将“米糠、小麦麸、大豆饼粕、鱼粉”扩展为“谷物及其加工产品(油脂除外)、油料籽实及其加工产品(油脂除外)、鱼粉”;增加了在“油脂”中的限量,将原标准中“鸡配合饲料、猪配合饲料”并入“添加剂预混合饲料、浓缩饲料、精料补充料、配合饲料”,限量值降至 0.05 mg/kg。

霉菌总数:将“玉米”“小麦麸、米糠”扩展为“谷物及其加工产品”;将“豆饼(粕)、棉籽饼(粕)、菜籽饼(粕)”扩展为“饼粕类饲料原料(发酵产品除外)”,限量值降至 4×10^3 CFU/g;增加了在“乳制品及其加工副产品”中的限量;将在“鱼粉”中的限量值降至 1×10^4 CFU/g;增加了在“其他动物源性饲料原料”中的限量并将“肉骨粉”并入其中;删除了原标准中在配合饲料、浓缩饲料及精料补充料中的限量。

细菌总数:将“鱼粉”扩展为“动物源性饲料原料”。

沙门氏菌:将“饲料”扩展为“饲料原料和饲料产品”。

——增加和修改了部分项目的试验方法:油脂中六六六、滴滴涕的试验方法采用 GB/T 5009.19,六氯苯的试验方法采用 SN/T 0127,多氯联苯的试验方法采用 GB 5009.190,伏马毒素的试验方法采用 NY/T 1970;黄曲霉毒素 B_1 的试验方法改为 NY/T 2071,脱氧雪腐镰刀菌烯醇的试验方法改为 GB/T 30956,赭曲霉毒素 A 的试验方法改为 GB/T 30957,玉米赤霉烯酮和 T-2 毒素的试验方法改为 NY/T 2071。

本标准由全国饲料工业标准化技术委员会(SAC/TC 76)提出并归口。

本标准主要起草单位:中国饲料工业协会、全国饲料工业标准化技术委员会秘书处、国家饲料质量监督检验中心(武汉)、中国农业科学院北京畜牧兽医研究所、中国农业大学、国家粮食局科学研究院、江苏省微生物研究所、全国饲料工业标准化技术委员会水产饲料分技术委员会秘书处。

本标准主要起草人:沙玉圣、王黎文、武玉波、杨林、佟建明、张丽英、李爱科、宓晓黎、粟胜兰、于福清、王茎、黄智成、黄婷、董晓芳、张艳。

本标准所代替标准的历次版本发布情况为:

——GB 13078—1991、GB 13078—2001;

——GB 13078.1—2006;

——GB 13078.2—2006;

——GB 13078.3—2007;

——GB 21693—2008。

饲 料 卫 生 标 准

1 范围

本标准规定了饲料原料和饲料产品中的有毒有害物质及微生物的限量及试验方法。

本标准适用于表1中所列的饲料原料和饲料产品。

本标准不适用于宠物饲料产品和饲料添加剂产品。

2 规范性引用文件

下列文件对于本文件的应用是必不可少的。凡是注日期的引用文件，仅注日期的版本适用于本文件。凡是不注日期的引用文件，其最新版本(包括所有的修改单)适用于本文件。

GB/T 5009.19 食品中有机氯农药多组分残留量的测定

GB 5009.190 食品安全国家标准 食品中指示性多氯联苯含量的测定

GB/T 13079 饲料中总砷的测定

GB/T 13080 饲料中铅的测定 原子吸收光谱法

GB/T 13081 饲料中汞的测定

GB/T 13082 饲料中镉的测定方法

GB/T 13083 饲料中氟的测定 离子选择性电极法

GB/T 13084 饲料中氰化物的测定

GB/T 13085 饲料中亚硝酸盐的测定 比色法

GB/T 13086 饲料中游离棉酚的测定方法

GB/T 13087 饲料中异硫氰酸酯的测定方法

GB/T 13088—2006 饲料中铬的测定

GB/T 13089 饲料中噁唑烷硫酮的测定方法

GB/T 13090 饲料中六六六、滴滴涕的测定

GB/T 13091 饲料中沙门氏菌的检测方法

GB/T 13092 饲料中霉菌总数的测定

GB/T 13093 饲料中细菌总数的测定

GB/T 30956 饲料中脱氧雪腐镰刀菌烯醇的测定 免疫亲和柱净化-高效液相色谱法

GB/T 30957 饲料中赭曲霉毒素A的测定 免疫亲和柱净化-高效液相色谱法

NY/T 1970 饲料中伏马毒素的测定

NY/T 2071 饲料中黄曲霉毒素、玉米赤霉烯酮和T-2毒素的测定 液相色谱-串联质谱法

SN/T 0127 进出口动物源性食品中六六六、滴滴涕和六氯苯残留量的检测方法 气相色谱-质谱法

3 要求

饲料卫生指标及试验方法见表1。

表1 饲料卫生指标及试验方法

序号	项目	产品名称		限量	试验方法	备注
无机污染物						
1	总砷 mg/kg	饲料原料	干草及其加工产品	≤4	GB/T 13079	
			棕榈仁饼(粕)	≤4		
			藻类及其加工产品	≤40		
			甲壳类动物及其副产品(虾油除外)、鱼虾粉、水生软体动物及其副产品(油脂除外)	≤15		
			其他水生动物源性饲料原料(不含水生动物油脂)	≤10		
			肉粉、肉骨粉	≤10		
			石粉	≤2		
			其他矿物质饲料原料	≤10		
			油脂	≤7		
			其他饲料原料	≤2		
		饲料产品	添加剂预混合饲料	≤10		
			浓缩饲料	≤4		
			精料补充料	≤4		
			水产配合饲料	≤10		
			狐狸、貉、貂配合饲料	≤10		
			其他配合饲料	≤2		
2	铅 mg/kg	饲料原料	单细胞蛋白饲料原料	≤5	GB/T 13080	
			矿物质饲料原料	≤15		
			饲草、粗饲料及其加工产品	≤30		
			其他饲料原料	≤10		
		饲料产品	添加剂预混合饲料	≤40		
			浓缩饲料	≤10		
			精料补充料	≤8		
			配合饲料	≤5		
3	汞 mg/kg	饲料原料	鱼、其他水生生物及其副产品类饲料原料	≤0.5	GB/T 13081	
			其他饲料原料	≤0.1		
		饲料产品	水产配合饲料	≤0.5		
			其他配合饲料	≤0.1		

表 1（续）

序号	项目	产品名称		限量	试验方法	备注
4	镉 mg/kg	饲料原料	藻类及其加工产品	≤2	GB/T 13082	
			植物性饲料原料	≤1		
			水生软体动物及其副产品	≤75		
			其他动物源性饲料原料	≤2		
			石粉	≤0.75		
			其他矿物质饲料原料	≤2		
		饲料产品	添加剂预混合饲料	≤5		
			浓缩饲料	≤1.25		
			犊牛、羔羊精料补充料	≤0.5		
			其他精料补充料	≤1		
			虾、蟹、海参、贝类配合饲料	≤2		
			水产配合饲料（虾、蟹、海参、贝类配合饲料除外）	≤1		
			其他配合饲料	≤0.5		
5	铬 mg/kg	饲料原料		≤5	GB/T 13088—2006（原子吸收光谱法）	
		饲料产品	猪用添加剂预混合饲料	≤20		
			其他添加剂预混合饲料	≤5		
			猪用浓缩饲料	≤6		
			其他浓缩饲料	≤5		
			配合饲料	≤5		
6	氟 mg/kg	饲料原料	甲壳类动物及其副产品	≤3 000	GB/T 13083	
			其他动物源性饲料原料	≤500		
			蛭石	≤3 000		
			其他矿物质饲料原料	≤400		
			其他饲料原料	≤150		
		饲料产品	添加剂预混合饲料	≤800		
			浓缩饲料	≤500		
			牛、羊精料补充料	≤50		
			猪配合饲料	≤100		
			肉用仔鸡、育雏鸡、育成鸡配合饲料	≤250		
			产蛋鸡配合饲料	≤350		
			鸭配合饲料	≤200		
			水产配合饲料	≤350		
			其他配合饲料	≤150		

表 1（续）

序号	项目	产品名称		限量	试验方法	备注
7	亚硝酸盐（以 $NaNO_2$ 计）mg/kg	饲料原料	火腿肠粉等肉制品生产过程中获得的前食品和副产品	≤80	GB/T 13085	
			其他饲料原料	≤15		
		饲料产品	浓缩饲料	≤20		
			精料补充料	≤20		
			配合饲料	≤15		
真菌毒素						
8	黄曲霉毒素 B_1 μg/kg	饲料原料	玉米加工产品、花生饼(粕)	≤50	NY/T 2071	
			植物油脂(玉米油、花生油除外)	≤10		
			玉米油、花生油	≤20		
			其他植物性饲料原料	≤30		
		饲料产品	仔猪、雏禽浓缩饲料	≤10		
			肉用仔鸭后期、生长鸭、产蛋鸭浓缩饲料	≤15		
			其他浓缩饲料	≤20		
			犊牛、羔羊精料补充料	≤20		
			泌乳期精料补充料	≤10		
			其他精料补充料	≤30		
			仔猪、雏禽配合饲料	≤10		
			肉用仔鸭后期、生长鸭、产蛋鸭配合饲料	≤15		
			其他配合饲料	≤20		
9	赭曲霉毒素 A μg/kg	饲料原料	谷物及其加工产品	≤100	GB/T 30957	
		饲料产品	配合饲料	≤100		
10	玉米赤霉烯酮 mg/kg	饲料原料	玉米及其加工产品（玉米皮、喷浆玉米皮、玉米浆干粉除外）	≤0.5	NY/T 2071	
			玉米皮、喷浆玉米皮、玉米浆干粉、玉米酒糟类产品	≤1.5		
			其他植物性饲料原料	≤1		
		饲料产品	犊牛、羔羊、泌乳期精料补充料	≤0.5		
			仔猪配合饲料	≤0.15		
			青年母猪配合饲料	≤0.1		
			其他猪配合饲料	≤0.25		
			其他配合饲料	≤0.5		

表 1（续）

序号	项目	产品名称		限量	试验方法	备注
11	脱氧雪腐镰刀菌烯醇（呕吐毒素）mg/kg	饲料原料	植物性饲料原料	≤5	GB/T 30956	
		饲料产品	犊牛、羔羊、泌乳期精料补充料	≤1		
			其他精料补充料	≤3		
			猪配合饲料	≤1		
			其他配合饲料	≤3		
12	T-2 毒素 mg/kg	植物性饲料原料		≤0.5	NY/T 2071	
		猪、禽配合饲料		≤0.5		
13	伏马毒素(B_1+B_2) mg/kg	饲料原料	玉米及其加工产品、玉米酒糟类产品、玉米青贮饲料和玉米秸秆	≤60	NY/T 1970	
		饲料产品	犊牛、羔羊精料补充料	≤20		
			马、兔精料补充料	≤5		
			其他反刍动物精料补充料	≤50		
			猪浓缩饲料	≤5		
			家禽浓缩饲料	≤20		
			猪、兔、马配合饲料	≤5		
			家禽配合饲料	≤20		
			鱼配合饲料	≤10		
天然植物毒素						
14	氰化物（以 HCN 计）mg/kg	饲料原料	亚麻籽【胡麻籽】	≤250	GB/T 13084	
			亚麻籽【胡麻籽】饼、亚麻籽【胡麻籽】粕	≤350		
			木薯及其加工产品	≤100		
			其他饲料原料	≤50		
		饲料产品	雏鸡配合饲料	≤10		
			其他配合饲料	≤50		
15	游离棉酚 mg/kg	饲料原料	棉籽油	≤200	GB/T 13086	
			棉籽	≤5 000		
			脱酚棉籽蛋白、发酵棉籽蛋白	≤400		
			其他棉籽加工产品	≤1 200		
			其他饲料原料	≤20		

表 1（续）

序号	项目	产品名称		限量	试验方法	备注
15	游离棉酚 mg/kg	饲料产品	猪(仔猪除外)、兔配合饲料	≤60	GB/T 13086	
			家禽(产蛋禽除外)配合饲料	≤100		
			犊牛精料补充料	≤100		
			其他牛精料补充料	≤500		
			羔羊精料补充料	≤60		
			其他羊精料补充料	≤300		
			植食性、杂食性水产动物配合饲料	≤300		
			其他水产配合饲料	≤150		
			其他畜禽配合饲料	≤20		
16	异硫氰酸酯(以丙烯基异硫氰酸酯计) mg/kg	饲料原料	菜籽及其加工产品	≤4 000	GB/T 13087	
			其他饲料原料	≤100		
		饲料产品	犊牛、羔羊精料补充料	≤150		
			其他牛、羊精料补充料	≤1 000		
			猪(仔猪除外)、家禽配合饲料	≤500		
			水产配合饲料	≤800		
			其他配合饲料	≤150		
17	噁唑烷硫酮(以5-乙烯基-噁唑-2-硫酮计) mg/kg	饲料原料	菜籽及其加工产品	≤2 500	GB/T 13089	
		饲料产品	产蛋禽配合饲料	≤500		
			其他家禽配合饲料	≤1 000		
			水产配合饲料	≤800		
有机氯污染物						
18	多氯联苯(PCB,以PCB28、PCB52、PCB101、PCB138、PCB153、PCB180之和计) μg/kg	饲料原料	植物性饲料原料	≤10	GB 5009.190	
			矿物质饲料原料	≤10		
			动物脂肪、乳脂和蛋脂	≤10		
			其他陆生动物产品,包括乳、蛋及其制品	≤10		
			鱼油	≤175		
			鱼和其他水生动物及其制品(鱼油、脂肪含量大于20%的鱼蛋白水解物除外)	≤30		
			脂肪含量大于20%的鱼蛋白水解物	≤50		
		饲料产品	添加剂预混合饲料	≤10		
			水产浓缩饲料、水产配合饲料	≤40		
			其他浓缩饲料、精料补充料、配合饲料	≤10		

表 1（续）

序号	项目	产品名称		限量	试验方法	备注
19	六六六(HCH，以 α-HCH、β-HCH、γ-HCH 之和计) mg/kg	饲料原料	谷物及其加工产品(油脂除外)、油料籽实及其加工产品(油脂除外)、鱼粉	≤0.05	GB/T 13090	
			油脂	≤2.0	GB/T 5009.19	
			其他饲料原料	≤0.2	GB/T 13090	
		饲料产品	添加剂预混合饲料、浓缩饲料、精料补充料、配合饲料	≤0.2		
20	滴滴涕 (以 p,p'-DDE、o,p'-DDT、p,p'-DDD、p,p'-DDT 之和计) mg/kg	饲料原料	谷物及其加工产品(油脂除外)、油料籽实及其加工产品(油脂除外)、鱼粉	≤0.02	GB/T 13090	
			油脂	≤0.5	GB/T 5009.19	
			其他饲料原料	≤0.05	GB/T 13090	
		饲料产品	添加剂预混合饲料、浓缩饲料、精料补充料、配合饲料	≤0.05		
21	六氯苯(HCB) mg/kg	饲料原料	油脂	≤0.2	SN/T 0127	
			其他饲料原料	≤0.01		
		饲料产品	添加剂预混合饲料、浓缩饲料、精料补充料、配合饲料	≤0.01		
微生物污染物						
22	霉菌总数 CFU/g	饲料原料	谷物及其加工产品	$<4\times10^{4}$	GB/T 13092	
			饼粕类饲料原料(发酵产品除外)	$<4\times10^{3}$		
			乳制品及其加工副产品	$<1\times10^{3}$		
			鱼粉	$<1\times10^{4}$		
			其他动物源性饲料原料	$<2\times10^{4}$		
23	细菌总数 CFU/g	动物源性饲料原料		$<2\times10^{6}$	GB/T 13093	
24	沙门氏菌 (25 g 中)	饲料原料和饲料产品		不得检出	GB/T 13091	
表中所列限量，除特别注明外均以干物质含量 88%为基础计算(霉菌总数、细菌总数、沙门氏菌除外)。 饲料原料单独饲喂时，应按相应配合饲料限量执行。						

ICS 65.120
B 46

中华人民共和国国家标准

GB/T 18823—2010
代替 GB/T 18823—2002

饲料检测结果判定的允许误差

Permitted tolerants for judgement of testing results in feeds

2011-01-14 发布 2011-07-01 实施

中华人民共和国国家质量监督检验检疫总局
中国国家标准化管理委员会 发布

前　言

本标准按照 GB/T 1.1—2009 给出的规则起草。

本标准代替 GB/T 18823—2002《饲料检测结果判定的允许误差》。

本标准与 GB/T 18823—2002 相比，主要技术差异如下：

——增加第 2 章“规范性引用文件”；

——将原标准表格中“营养指标”与“卫生指标”栏目改为“标准规定值”；

——将原标准表格中“允许误差”栏目中的“＋”、“－”、“±”符号均删去，其相关含义在新增加的“4　判定方法与规则”中加以说明；

——在第 3 章中增加中性洗涤纤维、盐酸不溶性灰分/砂分、肉碱、锡、有机磷杀虫剂、氨基甲酸酯类杀虫剂、拟除虫菊酯类杀虫剂、霉菌毒素、苯并(*a*)芘、多氯联苯、酸价、过氧化值、挥发性盐基氮等 13 个测定项目的允许误差值；

——将原标准中测定项目“钙、镁”与“总磷”两个栏目合并为一个栏目“钙、镁、总磷”；

——将原标准中测定项目“赖氨酸、蛋氨酸”更改为“除色氨酸外的其他氨基酸”；

——将原标准中某些“测定项目”在表格中的排列顺序作了调整；

——将原标准中测定项目“砷(以总砷计)”更改为“砷(以 As 计)”；

——将氨基酸、维生素 A、镉和钙、镁、总磷的允许误差值作了调整；

——增加第 4 章“判定方法与规则”。

本标准由全国饲料工业标准化技术委员会(SAC/TC 76)提出并归口。

本标准起草单位：华中农业大学。

本标准主要起草人：于炎湖、齐德生、张妮娅、易俊东、黄炳堂。

本标准所代替标准的历次版本发布情况为：

——GB/T 18823—2002。

饲料检测结果判定的允许误差

1 范围

本标准规定了在饲料检测时对检测结果判定的允许误差值。

本标准适用于对饲料检测结果的判定。

2 规范性引用文件

下列文件对于本文件的应用是必不可少的。凡是注日期的引用文件，仅注日期的版本适用于本文件。凡是不注日期的引用文件，其最新版本(包括所有修改单)适用于本文件。

GB/T 8170 数值修约规则与极限数值的表示和判定

3 要求

饲料营养成分与卫生指标检测结果判定的允许误差见表1～表5。

表1 饲料中一般营养指标检测结果判定的允许误差

测定项目	标准规定值 %	允许误差 (绝对误差) %	测定项目	标准规定值 %	允许误差 (绝对误差) %
水分	<5	0.2	粗脂肪	<2	0.2
	5～10	0.3		2～3	0.3
	>10～15	0.4		>3～4	0.4
	>15～20	0.5		>4～6	0.5
	>20～30	0.6		>6～9	0.6
	>30～40	0.8		>9～12	0.7
	>40	1.0		>12～15	0.8
粗蛋白质	<5	0.3		>15	1.0
	5～10	0.4	粗纤维	<3	0.4
	>10～15	0.6		3～5	0.6
	>15～20	0.8		>5～7	0.8
	>20～25	1.0		>7～9	1.0
	>25～30	1.1		>9～12	1.2
	>30～40	1.2		>12～15	1.4
	>40～50	1.3		>15	1.6
	>50～60	1.4	粗灰分	<5	0.1
	>60～70	1.5		5～7	0.2
	>70	1.6		>7～9	0.3

表 1（续）

测定项目	标准规定值 %	允许误差 （绝对误差） %
粗灰分	>9～11	0.4
	>11～13	0.5
	>13～16	0.6
	>16～20	0.7
	>20	0.8
钙、镁、总磷	<0.1	0.01
	0.1～0.3	0.05
	>0.3～0.5	0.1
	>0.5～1	0.15
	>1～2	0.2
	>2～3	0.3
	>3～4	0.4
	>4～5	0.6
	>5～10	0.9
	>10～15	1.2
	>15	1.5
食盐	<0.3	0.05
	0.3～1	0.1
	>1～2	0.2
	>2～3	0.3
	>3～4	0.4
	>4～5	0.5
	>5	0.6
中性洗涤纤维	<10	1.2

测定项目	标准规定值 %	允许误差 （绝对误差） %
中性洗涤纤维	10～20	1.5
	>20～30	2.0
	>30	2.5
盐酸不溶性灰分/砂分	<0.5	0.1
	0.5～2	0.2
	>2～5	0.4
	>5～10	0.6
	>10～15	1.0
	>15	1.5
色氨酸	<0.2	0.04
	0.2～0.5	0.06
	>0.5～1	0.10
	>1～2	0.15
	>2～3	0.20
	>3	0.30
除色氨酸外的其他氨基酸	<0.2	0.04
	0.2～0.5	0.08
	>0.5～1	0.12
	>1～2	0.20
	>2～3	0.30
	>3～4	0.40
	>4～5	0.50
	>5～8	0.70
	>8	1.0

表 2　饲料中维生素含量检测结果判定的允许误差

测定项目	标准规定值 mg/kg 或 IU/kg	允许误差 （相对误差） %	测定项目	标准规定值 mg/kg 或 IU/kg	允许误差 （相对误差） %
维生素 A[a]	<5 000	50	维生素 A[a]	>1 000 000～10 000 000	10
	5 000～10 000	40		>10 000 000	5
	>10 000～100 000	30	维生素 D_2、维生素 D_3[a]	<1 000	50
	>100 000～500 000	20		1 000～10 000	40
	>500 000～1 000 000	15		>10 000～100 000	30

表 2（续）

测定项目	标准规定值 mg/kg 或 IU/kg	允许误差 （相对误差） %	测定项目	标准规定值 mg/kg 或 IU/kg	允许误差 （相对误差） %
维生素 D_2、维生素 D_3[a]	＞100 000～800 000	20	维生素 B_{12}	＞5～8	20
	＞800 000	15		＞8	15
维生素 E[a]	＜50	50	烟酸	＜50	40
	50～500	40		50～500	30
	＞500～5 000	30		＞500～5 000	20
	＞5 000～10 000	20		＞5 000～15 000	15
	＞10 000	10		＞15 000	10
维生素 K	＜5	50	泛酸	＜40	40
	5～50	40		40～400	30
	＞50～500	30		＞400～4 000	20
	＞500～1 000	20		＞4 000～8 000	15
	＞1 000	10		＞8 000	10
维生素 C	＜500	40	叶酸	＜5	40
	500～5 000	30		5～50	30
	＞5 000～10 000	20		＞50～500	20
	＞10 000～50 000	15		＞500～1 000	15
	＞50 000	10		＞1 000	10
维生素 B_1	＜5	40	生物素	＜2	50
	5～50	30		2～20	40
	＞50～500	20		＞20～200	30
	＞500～2 000	15		＞200～500	20
	＞2 000	10		＞500	15
维生素 B_2	＜10	40	氯化胆碱	＜1 000	40
	10～100	30		1 000～10 000	30
	＞100～1 000	20		＞10 000～40 000	20
	＞1 000～4 000	15		＞40 000～80 000	15
	＞4 000	10		＞80 000	10
维生素 B_6	＜10	40	肉碱	＜200	40
	10～100	30		200～500	35
	＞100～1 000	20		＞500～1 000	30
	＞1 000～2 000	15		＞1 000～5 000	25
	＞2 000	10		＞5 000～10 000	20
维生素 B_{12}	＜0.5	50		＞10 000～50 000	15
	0.5～2	40		＞50 000	10
	＞2～5	30			

[a] 标准规定值单位为 IU/kg，其他测定项目的标准规定值单位为 mg/kg。

表 3　饲料中微量元素含量检测结果判定的允许误差

测定项目	标准规定值 mg/kg	允许误差 （相对误差） %	测定项目	标准规定值 mg/kg	允许误差 （相对误差） %
铁	<100	35	锰	>1 500～5 000	20
	100～500	30		>5 000～10 000	15
	>500～2 000	25		>10 000	10
	>2 000～8 000	20	碘	<2	45
	>8 000～15 000	15		2～20	40
	>15 000	10		>20～50	35
铜	<50	35		>50～100	30
	50～400	30		>100～200	20
	>400～2 000	25		>200	15
	>2 000～8 000	20	钴	<2	45
	>8 000～20 000	15		2～20	40
	>20 000	10		>20～50	35
锌	<100	40		>50～100	30
	100～500	35		>100～200	20
	>500～2 000	30		>200	15
	>2 000～8 000	25	硒	<0.5	50
	>8 000～15 000	20		0.5～5	40
	>15 000～25 000	15		>5～10	35
	>25 000	10		>10～30	30
锰	<100	35		>30～50	20
	100～500	30		>50	15
	>500～1 500	25			

表 4　饲料卫生指标检测结果判定的允许误差（Ⅰ）

测定项目	标准规定值 mg/kg	允许误差（绝对误差） mg/kg	测定项目	标准规定值 mg/kg	允许误差（绝对误差） mg/kg
铅 （以 Pb 计）	<5	1.0	铅 （以 Pb 计）	>40～60	2.8
	5～8	1.2		>60～80	3.2
	>8～12	1.5		>80	3.5
	>12～15	1.8	砷 （以 As 计）	<2	0.3
	>15～20	2.0		2～3	0.4
	>20～30	2.2		>3～5	0.6
	>30～40	2.4		>5～8	0.8

表 4（续）

测定项目	标准规定值 mg/kg	允许误差(绝对误差) mg/kg
砷（以 As 计）	>8～11	1.0
	>11～15	1.2
	>15～20	1.4
	>20～30	1.7
	>30～40	2.0
	>40	2.2
镉（以 Cd 计）	<0.3	0.1
	0.3～0.5	0.2
	>0.5～1	0.3
	>1～2	0.4
	>2～3	0.5
	>3～8	0.6
	>8～15	0.8
	>15	1.0
汞（以 Hg 计）	<0.1	0.04
	0.1～0.2	0.05
	>0.2～0.4	0.08
	>0.4～0.6	0.10
	>0.6	0.12
铬（以 Cr 计）	<10	2
	10～20	4
	>20～40	8
	>40～60	12
	>60～80	16
	>80～120	22
	>120～200	28
	>200	32
锡（以 Sn 计）	<20	8
	20～50	15
	>50～150	20
	>150～250	30
	>250	40
氟（以 F 计）	<50	10

测定项目	标准规定值 mg/kg	允许误差(绝对误差) mg/kg
氟（以 F 计）	50～100	20
	>100～200	30
	>200～300	35
	>300～400	40
	>400～500	50
	>500～800	80
	>800～1 200	100
	>1 200～1 700	140
	>1 700～2 400	190
	>2 400	240
氰化物（以 HCN 计）	<50	8
	50～100	10
	>100～200	20
	>200～300	30
	>300	35
亚硝酸钠（以 $NaNO_2$ 计）	<2	0.5
	2～5	1.0
	>5～10	2.0
	>10～15	3.0
	>15～30	5.0
	>30～60	7.0
	>60～90	9.0
	>90	10.0
游离棉酚	<50	8
	50～100	15
	>100～200	25
	>200～300	40
	>300～400	60
	>400～600	80
	>600～900	100
	>900～1 200	110
	>1 200	120

表 4（续）

测定项目	标准规定值 mg/kg	允许误差（绝对误差） mg/kg	测定项目	标准规定值 mg/kg	允许误差（绝对误差） mg/kg
异硫氰酸酯（以丙烯基异硫氰酸酯计）	＜100	20	六六六	＜0.05	0.02
	100～300	40		0.05～0.1	0.03
	＞300～500	80		＞0.1～0.3	0.05
	＞500～1 000	120		＞0.3～0.5	0.08
	＞1 000～2 000	160		＞0.5～1.0	0.15
	＞2 000～3 000	240		＞1.0～1.5	0.23
	＞3 000～4 000	320		＞1.5～2.0	0.30
	＞4 000	400		＞2.0	0.35
噁唑烷硫酮	＜500	80	滴滴涕	＜0.05	0.01
	500～1 000	120		0.05～0.1	0.02
	＞1 000～2 000	180		＞0.1～0.2	0.04
	＞2 000～3 000	260		＞0.2～0.5	0.08
	＞3 000～4 000	340		＞0.5～0.8	0.12
	＞4 000～5 000	420		＞0.8～1.2	0.16
	＞5 000～6 000	500		＞1.20	0.20
	＞6 000	580			

表 5 饲料卫生指标检测结果判定的允许误差（Ⅱ）

测定项目	标准规定值 mg/kg	允许误差 （相对误差） %	测定项目	标准规定值 mg/kg	允许误差 （相对误差） %
有机磷杀虫剂	＜0.2	35	氨基甲酸酯类杀虫剂	＞3	5
	0.2～0.5	30	拟除虫菊酯类杀虫剂	＜0.2	40
	＞0.5～1	25		0.2～0.5	35
	＞1～2	20		＞0.5～1	30
	＞2～3	15		＞1～3	25
	＞3～5	10		＞3～5	20
	＞5	5		＞5～10	10
氨基甲酸酯类杀虫剂	＜0.1	40		＞10	5
	0.1～0.3	35	霉菌毒素	＜0.01	35
	＞0.3～0.5	30		0.01～0.05	30
	＞0.5～1	25		＞0.05～0.1	25
	＞1～2	20		＞0.1～0.5	20
	＞2～3	10			

表 5（续）

测定项目	标准规定值 mg/kg	允许误差 （相对误差） %	测定项目	标准规定值 mg/kg	允许误差 （相对误差） %
霉菌毒素	＞0.5～1	15	酸价[b]	＞11～15	15
	＞1～2	10		＞15～20	10
	＞2	5		＞20	5
苯并(*a*)芘[a]	＜4	30	挥发性盐基氮[c]	＜110	35
	4～6	25		110～130	30
	＞6～8	20		＞130～150	25
	＞8～10	15		＞150～170	20
	＞10	10		＞170～190	15
多氯联苯	＜0.5	30		＞190	10
	0.5～2	25	过氧化值[d]	＜5	35
	＞2～3	20		5～8	30
	＞3～5	15		＞8～10	25
	＞5	10		＞10～12	20
酸价[b]	＜3	30		＞12～15	15
	3～7	25		＞15	10
	＞7～11	20			

[a] 标准规定值单位为 μg/kg。
[b] 标准规定值单位为 mg/g。
[c] 标准规定值单位为 mg/100 g。
[d] 标准规定值单位为 mmol/kg。

4 判定方法与规则

4.1 在判定饲料产品某测定项目的检测结果是否合格时，应按该测定项目的保证值在第 3 章相应表格的标准规定值范围中查出对应的允许误差值。

4.2 当饲料产品某测定项目的保证值正好处在本标准规定值分档的界限值时，应按该测定项目保证值数值所在的档次来查出对应的允许误差值。例如，某产品粗蛋白质保证值(%)为“≥20”时，“20”是处在“＞15～20”档次，此时允许误差值应取与“＞15～20”相对应的“0.8%”，而不取与“＞20～25”相对应的“1.0%”。

4.3 如果在饲料产品某测定项目的保证值中仅规定有下限值(最低含量)时，在产品保证值上减去相应的允许误差值后进行判定。

4.4 如果在饲料产品某测定项目的保证值中仅规定有上限值(最高含量)时，在产品保证值上加上相应的允许误差值后进行判定。

4.5 如果在饲料产品某测定项目的保证值中同时规定有下限值和上限值时，对下限值的判定按 4.3 进行，对上限值的判定按 4.4 进行。

示例：

某配合饲料产品食盐含量的保证值为 0.3%～0.8% 。

查表 1，食盐含量保证值的下限值 0.3%和上限值 0.8%均处于表格中标准规定值的“0.3～1”档次，其对应的允许误差值均为 0.1% 。

计算：

判定合格的下限值为 0.3%－0.1%＝0.2%；

判定合格的上限值为 0.8%＋0.1%＝0.9%。

4.6 本标准中所列的允许误差有绝对误差与相对误差两种表示方式。当允许误差用相对误差表示时(如表 2、表 3 和表 5)，其计算示例如下。

示例：

某仔猪代乳料产品中锌的最高限量为 200 mg/kg 。

查表 3，锌含量标准规定值在 100 mg/kg～500 mg/kg 时，相对应的允许误差(相对误差)为 35% 。

计算：

判定合格的上限值为 200＋(200×35%)＝270(mg/kg)。

4.7 数值修约按照 GB/T 8170 执行。产品项目检测结果与保证值的比较按 GB/T 8170 中的“修约值比较法”执行。

ICS 13.230
C 67

中华人民共和国国家标准

GB 19081—2008
代替 GB 19081—2003

饲料加工系统粉尘防爆安全规程

Safety regulations for dust explosion prevention in feed processing system

2008-12-11 发布　　2009-10-01 实施

中华人民共和国国家质量监督检验检疫总局
中国国家标准化管理委员会　发布

前　言

本标准修订并代替 GB 19081—2003《饲料加工系统粉尘防爆安全规程》。

本标准中 4.10、6.2.3、6.3.1、7.2.1、7.2.4、7.3.1、7.3.4、7.3.5、7.4.6、7.5.3、7.5.7、8.2.2、8.2.4、8.4、8.8、8.9.3、8.10、9.3、9.8 为推荐性的，其余为强制性的。

本标准与 GB 19081—2003《饲料加工系统粉尘防爆安全规程》的主要技术变化是：

——增加了粉碎机的喂料系统可设置吸铁及重力沉降机构；

——增加了对磁选设备的要求；

——增加了对烘干机系统的要求；

——对术语的定义、条文内容进行了修改和完善；

——除尘与气力输送系统两章合并，内容作了调整。

本标准由国家安全生产监督管理总局提出。

本标准由全国安全生产标准化技术委员会粉尘防爆分技术委员会(SAC/TC 288/SC 5)归口。

本标准起草单位：河南工业大学、武汉安全环保研究院、国家粮食储备局无锡科研设计院、国家粮食储备局郑州科研设计院、北京国家粮食储备局科研设计院。

本标准主要起草人周乃如、朱凤德、王卫国、王永昌、齐志高、李堑、林西、王志、谷庆红。

本标准所代替标准的历次版本发布情况为：

——GB 19081—2003。

饲料加工系统粉尘防爆安全规程

1 范围

本标准规定了饲料加工系统粉尘防爆安全的基本要求。

本标准适用于饲料加工系统粉尘防爆的设计、施工、运行和管理。

2 规范性引用文件

下列文件中的条款通过本标准的引用而成为本标准的条款。凡是注日期的引用文件,其随后所有的修改单(不包括勘误的内容)或修订版均不适用于本标准,然而,鼓励根据本标准达成协议的各方研究是否可使用这些文件的最新版本。凡是不注日期的引用文件,其最新版本适用于本标准。

GB 15577 粉尘防爆安全规程

GB/T 15604 粉尘防爆术语

GB/T 15605 粉尘爆炸泄压指南

GB 17440 粮食加工、储运系统粉尘防爆安全规程

GB/T 17919 粉尘爆炸危险场所用收尘器防爆导则

GB 50016 建筑设计防火规范

GB 50057 建筑防雷设计规范

GB 50058 爆炸和火灾危险环境电力装置设计规范

3 术语和定义

GB/T 15604 确立的以及下列术语和定义适用于本标准。

3.1

饲料 feed

能提供动物所需营养素,促进动物生长、生产和健康,且在合理使用下安全、有效的可饲物质。

3.2

饲料加工 feed processing

通过特定的加工工艺和设备将饲料原料制成饲料成品或半成品的过程。

3.3

饲料加工系统 feed processing system

由若干饲料加工设备,按工艺要求组成若干加工工段,组合在建(构)筑物内的部分。

3.4

饲料粉尘 feed dust

在空气中依靠自身重量可沉降下来,但也可持续悬浮在空气中一段时间的固体饲料微小颗粒。

3.5

筒仓 silos

储存散粒物料的立式筒形封闭构筑物。

3.6

饲料加工车间 feed processing workshop

用来将饲料原料加工成饲料产品的车间。

4 一般规定

4.1 企业负责人应清楚所包括的粉尘爆炸危险场所，同时应根据本标准并结合本单位实际情况制定粉尘防爆实施细则和安全检查规范。

4.2 系统作业人员应先接受粉尘防爆安全知识培训。

4.3 应定期检查防火、防爆等相关设施，确保工作状态良好。

4.4 通风除尘、泄爆、防爆设施，未经安全主管部门同意，不得拆除、更改及停止使用。

4.5 系统内应杜绝非生产性明火出现，饲料加工车间内不应存放易燃、易爆物品。

4.6 应在粉碎系统前安装除去物料中的金属杂质及其他杂物的装置。

4.7 在系统作业时需进行检修维护作业时，应采用防爆手工工具。

4.8 防热表面应符合下列规定：

——干燥设备应采用隔热保温层；

——所有设备轴承应防尘密封，润滑状态良好。

4.9 防静电接地应符合 GB 15577 的要求。

4.10 积尘清扫应符合下列规定：

——应建立定期清扫制度，及时清扫饲料加工设备转动、发热等部位的积尘；

——宜采用负压吸尘装置进行清扫作业，不宜采用压缩空气进行清扫作业。

4.11 饲料加工系统内的设备停机后及检修前，应先彻底清除设备内部积料和设备外部积尘。

4.12 应根据粉尘防爆实施细则和安全检查规范定期做防爆安全检查。

5 明火作业

5.1 系统运行时，不应实施明火作业。

5.2 应根据具体情况划分防火防爆作业区域，并明确各区域办理明火作业的审批权限。

5.3 实施明火作业前，应经单位安全或消防部门的批准，明火作业现场应有专人监护并配备充足的灭火器材。

5.4 待作业线完全停机并采取可靠的安全措施以后，方可进行焊接或切割。

5.5 防火防爆作业区域的建筑物，明火作业处 10 m 半径范围内均应清扫干净，用水淋湿地面并打开所有门窗。

5.6 在与密闭容器相连的管道上作业时应采取以下措施：

——有隔离阀门的应确保阀门严密关闭；

——无隔离阀门的应拆除动火点两侧的管道并封闭管口或用隔离板将管道隔离。

5.7 仓顶部明火作业点 10 m 半径范围内的所有仓顶孔、通风除尘口均应加盖并用阻燃材料覆盖。

5.8 料仓明火作业前，应排放仓内剩余物料，清除仓内积尘。

5.9 明火作业后，应随时监测直至作业部件降到室温。

5.10 焊接完毕，应待工件完全冷却后，方可进行涂漆等作业。

6 建(构)筑物

6.1 通则

饲料加工系统建筑防火设计应符合 GB 50016 的相关规定。

6.2 建筑结构

6.2.1 饲料加工车间建筑布局应符合防火间距要求。

6.2.2 每个筒仓应设人孔或清扫口，并应能防止仓内粉尘逸出。

6.2.3 进粮房宜用敞开式或半敞开式。

6.2.4　仓库、饲料加工车间地面、墙壁、屋顶应平整，易于清扫。

6.2.5　饲料加工车间的耐火等级、层数、占地面积、防火间距、泄爆安全疏散通道等应符合 GB 50016 中相关条款。

6.2.6　饲料加工车间及立筒仓工作塔，应设独立的消防楼梯间，楼梯间与车间的连接门，应为防火门。

6.2.7　窗口作为泄爆口时应采用向外开启式。

6.3　总平面防火和消防

6.3.1　当饲料加工车间与原料库、副料库、成品库等建筑群集中布置时，饲料加工车间应设在平面的一边或一角，不宜布置在平面中央。

6.3.2　饲料加工车间和筒仓四周应设环形消防通道，通道宽度不小于 4 m。

6.3.3　厂区附近设水泵接合器和地上消防栓，室外消防栓间距不超过 120 m，消防栓数量应符合 GB 50016 的有关规定。

6.3.4　饲料加工车间、筒仓进粮房、筒仓底层、成品库、原料库、副料库等部位应在相应的独立通道内或附近区域设置消防栓。室内外消防用水量应符合 GB 50016 的有关规定。

7　电气设计

7.1　饲料粉尘爆炸危险场所的划分

饲料粉尘爆炸危险场所的划分如表 1 所示。

表 1　饲料车间粉尘爆炸危险场所的划分

粉尘环境	20 区	21 区	22 区	非危险区
密封料仓	√			
原料仓、筒仓	√			
饲料加工车间中的待粉碎仓、配料仓、待制粒仓、粉料成品仓等料仓成品颗粒料仓机内	√			
提升机内部	√			
脉冲除尘器内部	√			
离心式除尘器内部	√			
卸粮坑	√			
粉碎机	√			
风机房		√		
分配器	√			
成品库(包装)			√	
控制室(有墙或弹簧密封门与粉尘爆炸危险区隔离)				√

7.2　一般要求

7.2.1　电气设备及线路宜在无粉尘爆炸危险的区域内设置和敷设；在无法避免的情况下，应符合 GB 50058 有关规定。

7.2.2　饲料加工的生产作业应符合工艺作业要求、保障安全生产的电气联锁。电气联锁应包括：

——生产作业线之间的起动，停车及作业时的电气联锁；

——生产作业线的紧急停车。

7.2.3 布置于粉尘爆炸性危险场所的电气线路及用电设备应装设短路、过负载保护。

7.2.4 控制室宜对所有工艺作业进行控制，并应具有对现场运行设备工况的监控功能。

7.2.5 总控室与各楼层应设有信号联络。

7.3 电气设备

7.3.1 照明灯具应根据危险场所的划分选型，饲料加工车间照明宜采用分区域集中控制。

7.3.2 用于20区、21区的设备、设施检查的移动灯具应采用粉尘防爆型，其防爆型式应与使用场所的环境相适应。

7.3.3 易发生电火花的电气设备应布置在爆炸性粉尘区域以外。

7.3.4 20区、21区内不宜使用移动式电气设备。若必须使用移动式电气设备时，导线应选用双层绝缘的橡套软电缆，其主芯截面不小于2.5 mm^2。

7.3.5 配电柜和控制柜宜集中在控制室内，控制室用墙体和弹簧门与生产车间隔开。

7.3.6 在20区、21区和22区安装的电气设备，温度组别见表2。

表2 筒仓、饲料加工车间安装电气设备的温度组别

温度组别	T2

7.3.7 20区、21区、22区的电气设备应按表3选用。

表3 电气设备选用

危险场所	20区	21区	22区
防爆电气标志A型	DIP A20 T_A，T2	DIP A21 T_A，T2	DIP A22 T_A，T2
防爆电气标志B型	DIP A20 T_B，T2	DIP A21 T_B，T2	DIP A22 T_B，T2

7.4 电气线路

7.4.1 电气线路应符合GB 17440规定。

7.4.2 电气线路应在爆炸危险性较小的环境内或远离粉尘释放源的地方敷设。

7.4.3 存在易爆炸粉尘的环境内，低压电力、照明电路用的绝缘导线和电缆的额定电压应符合GB 50058的要求。

7.4.4 爆炸性粉尘环境内的绝缘导线和电缆的选择应符合GB 50058的要求。

7.4.5 粉尘爆炸危险场所内电气线路采用绝缘线时应用钢管配线。

7.4.6 采用电缆架桥方式敷设时，可采用非铠装电缆，且采取必要的防鼠措施。

7.4.7 爆炸性粉尘区域内的电气线路不允许有中间接头。电气管线、电缆桥架穿越墙体及楼板时，孔洞应用非燃性填料严密堵塞。

7.5 防雷与接地

7.5.1 饲料粉尘爆炸危险场所防雷与接地设计应符合GB 50057的相关规定。

7.5.2 饲料加工车间的防雷应按第二类防雷建筑物设防，其他建筑物按第三类设防。

7.5.3 粉尘爆炸危险区域建筑物可采用建筑(构筑)物的结构钢筋组成防雷装置。

7.5.4 20区、21区内的电气设备应采用TN-S接地制式。

7.5.5 设备金属外壳、机架、管道等应可靠接地，连接处有绝缘时应做跨接，形成良好的通路，不得中断。

7.5.6 接地极、引下线、接闪器间由下至上应有可靠和符合规范的焊接，以构成一个良好的电气通路，防止雷电引发粉尘爆炸。

7.5.7 电力系统的工作接地、保护接地与防雷电接地以及自动控制系统接地宜合并设置联合接地，接地电阻值应取其中最小值。

8 工艺设计和设备

8.1 一般规定

8.1.1 工艺设计时应考虑生产车间内各种通道最小宽度为：

——非操作通道 500 mm；

——操作通道 800 mm；

——主要通道 1 000 mm。

8.1.2 在室内不应使用敞开式溜管(槽)和设备。

8.1.3 工艺设备运行时应避免因发生断裂、扭曲、碰撞、摩擦等引起火花。

8.2 斗式提升机

8.2.1 斗式提升机应设置打滑、跑偏等安全保护装置，当发生故障时应能立即自动启动紧急联锁停机装置，停机反应时间不大于 1 s。

8.2.2 斗式提升机机筒的外壳、机头、机座和连接管应密封、不漏尘，而且密封件应采用阻燃材料制作。畚斗宜用工程塑料制作。

8.2.3 斗式提升机，机筒的外壳、机头、机座等均应可靠接地，连接处有绝缘时应做跨接，形成良好的通路，不得中断。

8.2.4 斗式提升机应设泄爆口，泄爆口位置、泄爆面积应符合 GB/T 15605 的相关规定，机头顶部泄爆口宜引出室外，导管长度不应超过 3 m。

8.2.5 提升机机头处应有检查口。

8.2.6 提升机驱动轮应覆胶，畚斗带应具有阻燃、防静电性能。

8.2.7 机座处应设清料口，并可用于检查机座、底轮、畚斗和畚斗带。

8.2.8 提升机出口处应设吸风口并接除尘系统。

8.3 溜管、管件、缓冲斗

溜管、管件、缓冲斗的连接应采用装配式，但安装后应密闭。

8.4 缓冲装置

输送物料的溜管，在弯头处宜设缓冲装置。

8.5 螺旋输送机和埋刮板输送机

螺旋输送机和埋刮板输送机不应向外泄漏粉尘。在出料口发生堵塞或刮板链条发生断裂时，应能立即自动停机，断链停机时间不大于 1 s 并报警。

8.6 出仓机

出仓机进料口与料仓连接时，应做好密封防粉尘泄漏处理，在连接法兰处需衬有非金属密封垫片并用螺栓紧固，插板闸门应开启方便。出仓机出料口的联接及软管连接处亦均应密封良好。

8.7 磁选设备

磁选设备应定期检测，确保清除金属杂质的效果。

8.8 粉碎机

粉碎机的喂料系统宜设置吸铁及重力沉降机构。

8.9 配料秤、混合机和缓冲斗

8.9.1 配料秤、混合机和缓冲斗之间应设置连通管相连，保证混合机进料时压力能释放，工作时能封闭气流，卸料时与缓冲斗实现压力平衡。

8.9.2 不小于 2 t/批的混合机应增设独力防喷灰装置。

8.9.3 配料秤、混合机和缓冲斗之间的闸门宜用密封闸门，配料秤秤斗的软连接，应保持良好状态，不得破损。

8.10 **空气压缩机**

空气压缩机宜使用螺杆式、滑片式空压机。

8.11 **加热装置**

8.11.1 使用空气、蒸汽或热传导液体蒸气的热传导装置应安装减压阀。

8.11.2 热传导介质的加热器和泵应设置在独立而无爆炸危险场所的房间或有阻燃(或不可燃)结构的建筑物内。

8.11.3 热交换器的隔热层应由不可燃材料制作,且应有用于清洁和维修的合适手孔。

8.11.4 热交换器应放在合适地点,按一定方式排列阻止易燃粉尘进入感应圈或其他热表面。

8.11.5 热传导系统的加热装置应装有可靠的温度控制装置。

8.12 **烘干机**

8.12.1 燃油或燃气式烘干机的燃烧室应装有可靠的温度报警装置。

8.12.2 烘干室应装有最低水分报警装置。

8.12.3 烘干机内部积料应定期清理。

9 除尘与气力输送系统

9.1 应以“密闭为主,吸风为辅”的原则,根据工艺要求,配备完善的除尘系统。

9.2 应按吸出粉尘性质相似的原则,合理组合除尘系统。

9.3 饲料加工系统宜采用多个独立除尘系统实施粉尘控制,投料口应设独立除尘系统。

9.4 除尘系统所有产尘点应设吸风罩,吸风罩应尽量接近尘源。

9.5 应合理选择除尘系统设计参数,为防止管道阻塞,管道风速应为 14 m/s～20 m/s 。

9.6 除尘系统风管的设计,应尽量缩短水平风管的长度,减少弯头数量,水平管道应采用法兰连接,便于拆装清扫。

9.7 除尘系统每一吸风口风管适当位置,应安装风量调节装置。

9.8 每个筒仓顶部宜设通风排气孔或安装小型仓顶除尘装置。

9.9 气力输送设施应由非燃或阻燃材料制成。

9.10 正压气力输送设备应为密闭型,以防止粉尘外泄。

9.11 除尘与气力输送系统中的脉冲袋式除尘器应符合 GB/T 17919 的相关规定。

9.12 除尘与负压气力输送系统中的脉冲袋式除尘器滤袋在每次停车后应清理干净。清掉后的粉尘应从灰斗排除干净。

9.13 除尘与气力输送系统中的脉冲袋式除尘器应按设专用泄爆口,泄爆口位置、泄爆面积应符合 GB/T 15605 的相关规定。

9.14 除尘与负压气力输送系统中的风机应位于最后一个除尘器之后。

9.15 当出现火警时,应迅速关闭除尘、气力输送系统。

9.16 需要停车时,应按由前到后的原则,依次停止风机、关风器、脉冲除尘器等。

ICS 65.120
B 46

中华人民共和国国家标准

GB/T 19424—2018
代替 GB/T 19424—2003

天然植物饲料原料通用要求

General rules for natural plant as feed material

2018-10-10 发布　　　　2019-05-01 实施

国家市场监督管理总局
中国国家标准化管理委员会　发布

前　言

本标准按照 GB/T 1.1—2009 给出的规则起草。

本标准代替 GB/T 19424—2003《天然植物饲料添加剂通则》。与 GB/T 19424—2003 相比，本标准主要技术变化如下：

——修改了标准名称，明确为天然植物饲料原料通用要求；
——对天然植物饲料原料进行了分类定义(见 3.2、3.3、3.4 和 3.5)；
——规定了天然植物、辅料的品种和质量卫生要求(见 4.1)；
——按产品类型分类规定了产品外观与形状、理化指标和卫生指标(见 4.2、4.3 和 4.4)；
——完善了标签要求(见 8.1)；
——增加了允许使用的辅料名单(见附录 A)。

本标准由全国饲料工业标准化技术委员会(SAC/TC 76)提出并归口。

本标准起草单位：中国饲料工业协会、北京康华远景科技股份有限公司、北京市饲料工业协会。

本标准主要起草人：王黎文、肖传明、丁健、杜伟、汪秀艳。

本标准所代替标准的历次版本发布情况为：

——GB/T 19424—2003。

引　言

天然植物，尤其是具有药食同源特性的天然植物在我国具有悠久的应用历史。天然植物作为饲料原料使用，产品类型通常包括天然植物原粉或其提取物。2013 年前，天然植物提取物在饲料行业管理中归类为饲料添加剂。2013 年 1 月，农业部发布《饲料原料目录》，明确 115 种具有药食同源特性的天然植物可以作为饲料原料使用，同年又明确天然植物粗提物也归为饲料原料。法规的出台，有力推动了我国天然植物饲料原料产品的开发与利用。而 2003 年制定的 GB/T 19424—2003《天然植物饲料添加剂通则》中天然植物饲料添加剂既包括植物粉碎物，又包括提取物，产品分类与行业管理不符，为此 2014 年启动了上述标准的修订工作。根据行业管理实际，将标准名称修改为《天然植物饲料原料通用要求》，标准内容也进行了全面调整，以保障我国天然植物饲料原料质量安全，指导企业科学生产，促进此类产品在行业中的规范使用。

天然植物饲料原料通用要求

1 范围

本标准规定了天然植物饲料原料的术语和定义、技术要求、取样、试验方法、检验规则、标签、包装、运输、贮存和保质期。

本标准适用于天然植物饲料原料，并为生产企业制定天然植物饲料原料产品标准提供指导。

2 规范性引用文件

下列文件对于本文件的应用是必不可少的。凡是注日期的引用文件，仅注日期的版本适用于本文件。凡是不注日期的引用文件，其最新版本(包括所有的修改单)适用于本文件。

GB/T 5917.1 饲料粉碎粒度测定 两层筛筛分法

GB/T 6435 饲料中水分的测定

GB/T 6438 饲料中粗灰分的测定

GB/T 8170 数值修约规则与极限数值的表示和判定

GB/T 10647 饲料工业术语

GB 10648 饲料标签

GB 13078 饲料卫生标准

GB/T 14699.1 饲料 采样

饲料添加剂品种目录(中华人民共和国农业农村部)

饲料原料目录(中华人民共和国农业农村部)

3 术语和定义

GB/T 10647 界定的以及下列术语和定义适用于本文件。

3.1

天然植物 natural plant

自然生长或人工栽培植物的全株或某一特定部位。

3.2

天然植物干燥物 dried natural plant

天然植物经自然干燥或人工干燥获得的产品。

3.3

天然植物粉碎物 natural plant powder

天然植物经干燥、粉碎获得的粉末产品。

3.4

天然植物粗提物 crude extract of natural plant

天然植物采用适当的溶剂或其他方法对其中的有效成分进行提取，再经浓缩和(或)干燥，但未经进一步分离纯化获得的产品。

3.5

天然植物饲料原料　natural plant as feed material

以植物学纯度不低于95%的单一天然植物干燥物、粉碎物或粗提物为原料，添加或不添加辅料制得的单一型产品；或以2种或2种以上天然植物干燥物、粉碎物或粗提物为原料，添加或不添加辅料，经复配加工而成的复配型产品；或由天然植物粉碎物和粗提物复配而成的混合型产品。

注：包括天然植物干燥物饲料原料（单一型和复配型）、天然植物粉碎物饲料原料（单一型和复配型）、天然植物粗提物饲料原料（单一型和复配型）、混合型天然植物饲料原料。

3.6

辅料　adjuvant material

在天然植物饲料原料生产过程中所添加的用于分散、稀释天然植物的物质。

注：在最终产品中无功效。

4　技术要求

4.1　天然植物、辅料品种和质量卫生要求

4.1.1　天然植物品种

生产天然植物饲料原料所用的天然植物应为《饲料原料目录》中7.6部分列出的可饲用天然植物。

4.1.2　辅料品种

允许使用的辅料名单见附录A。

4.1.3　质量要求

生产天然植物饲料原料所用天然植物和辅料的质量要求应符合国家标准或相关标准的规定。

4.1.4　卫生要求

生产天然植物饲料原料所用天然植物和辅料的卫生要求应符合国家标准或相关标准的规定。

4.2　外观与性状

应符合表1的规定。

表1　外观与性状

<table>
<tr><th colspan="2">产品类别</th><th>要求</th></tr>
<tr><td colspan="2">天然植物干燥物饲料原料
（单一型和复配型）</td><td>天然植物干燥原始状态，无虫蚀、发霉和变质，无异物</td></tr>
<tr><td colspan="2">天然植物粉碎物饲料原料
（单一型和复配型）</td><td rowspan="2">粉末状，形态、色泽均一，无发霉、变质和结块</td></tr>
<tr><td rowspan="3">天然植物粗提物饲料原料
（单一型和复配型）</td><td>固态剂型</td></tr>
<tr><td>膏状剂型</td><td>膏体均匀，无发霉和变质</td></tr>
<tr><td>液态剂型</td><td>液体均匀，无沉淀或有轻摇即散的沉淀，无发霉和变质</td></tr>
<tr><td colspan="2">混合型天然植物饲料原料</td><td>粉末状，形态、色泽均一，无发霉、变质和结块</td></tr>
</table>

4.3 理化指标

应符合表 2 的规定。

表 2 理化指标

<table>
<tr><th colspan="2">产品类别</th><th>要求</th></tr>
<tr><td colspan="2">天然植物干燥物饲料原料
(单一型和复配型)</td><td>应规定水分、主要活性成分、粗灰分的分析保证值</td></tr>
<tr><td colspan="2">天然植物粉碎物饲料原料
(单一型和复配型)</td><td rowspan="2">应规定粒度、水分、主要活性成分、粗灰分的分析保证值</td></tr>
<tr><td rowspan="3">天然植物粗提物饲料原料
(单一型和复配型)</td><td>固态剂型</td></tr>
<tr><td>膏状剂型</td><td rowspan="2">应规定主要活性成分的分析保证值</td></tr>
<tr><td>液态剂型</td></tr>
<tr><td colspan="2">混合型天然植物饲料原料</td><td>应规定水分、粒度、主要活性成分、粗灰分的分析保证值</td></tr>
</table>

4.4 卫生指标

应符合 GB 13078 的规定。

4.5 溶剂残留

对于使用有机溶剂提取的天然植物粗提物，产品中有机溶剂残留应规定限量并符合国家标准或相关标准要求。

5 取样

按 GB/T 14699.1 规定执行。

6 试验方法

6.1 感官检验

将样品放置于适宜的器皿中，在光线充足但非直射日光的环境中，目测观察。

6.2 粒度

按 GB/T 5917.1 规定执行。

6.3 水分

按 GB/T 6435 规定执行。

6.4 主要活性成分

应根据产品特性选择适宜的标准或方法执行，并在产品标准中规定。

6.5 粗灰分

按 GB/T 6438 规定执行。

6.6 卫生指标

按 GB 13078 中规定的试验方法执行。

6.7 溶剂残留

应按国家标准或相关标准执行，并在产品标准中规定。

7 检验规则

7.1 组批

以相同材料、相同生产工艺、连续生产或同一班次生产的同一规格的产品为一批，每批不得超过 10 t。

7.2 出厂检验

7.2.1 单一型和复配型天然植物干燥物饲料原料检验项目为外观与性状、水分、主要活性成分。

7.2.2 单一型和复配型天然植物粉碎物和天然植物粗提物饲料原料(固态剂型)检验项目为外观与性状、粒度、水分、主要活性成分。

7.2.3 单一型和复配型天然植物粗提物饲料原料(膏状剂型和液态剂型)检验项目为外观与性状、主要活性成分。

7.2.4 混合型天然植物饲料原料检验项目为外观与性状、水分、主要活性成分。

7.3 型式检验

型式检验项目为 4.2、4.3、4.4、4.5 规定的所有项目，在正常生产情况下，每半年至少进行 1 次型式检验。在有下列情况之一时，亦应进行型式检验：

a) 产品定型投产时；

b) 生产工艺、配方或主要原料来源有较大改变，可能影响产品质量时；

c) 停产 3 个月以上，重新恢复生产时；

d) 出厂检验结果与上次型式检验结果有较大差异时；

e) 饲料行政管理部门提出检验要求时。

7.4 判定规则

7.4.1 所验项目全部合格，判定为该批次产品合格。

7.4.2 检验结果中有任何指标不符合本标准规定时，可自同批产品中重新加 1 倍取样进行复检。若复检结果仍不符合本标准规定，则判定该批产品不合格。微生物指标不得复检。

7.4.3 各项目指标的极限数值判定按 GB/T 8170 中修约值比较法执行。

8 标签、包装、运输、贮存和保质期

8.1 标签

8.1.1 按 GB 10648 规定执行，还应符合 8.1.2～8.1.5 的要求。

8.1.2 产品名称应符合：

——单一型天然植物饲料原料，通用名称以“天然植物饲料原料+《饲料原料目录》中规定的天然植物名称”标示，其中天然植物粉碎物饲料原料类产品应在天然植物名称后加“粉”字样，天然植物粗提物饲料原料类产品应在天然植物名称后加“粗提物”字样，如“天然植物饲料原料　甘草”、“天然植物饲料原料　甘草粉”、“天然植物饲料原料　甘草粗提物”。

——复配型天然植物饲料原料，通用名称以“天然植物饲料原料+复配的天然植物饲料原料中占比最多的两种+(复配型)”标示，如“天然植物饲料原料　甘草百合(复配型)”、“天然植物饲料原料　甘草百合粉(复配型)”、“天然植物饲料原料　甘草百合粗提物(复配型)”。

——混合型天然植物饲料原料，通用名称以“混合型天然植物饲料原料+天然植物粉碎物饲料原料中占比最多的一种+天然植物粗提物饲料原料中占比最多的一种”标示，如“混合型天然植物饲料原料　甘草粉百合粗提物”。

8.1.3 天然植物饲料原料产品成分分析保证值至少应包括的项目及标示要求，见表3。

表3　产品成分分析保证值项目及标示要求

<table>
<tr><th colspan="2">产品类别</th><th>产品成分分析保证值项目和要求</th></tr>
<tr><td colspan="2">天然植物干燥物饲料原料
(单一型和复配型)</td><td>水分最大值、主要活性成分最小值、粗灰分最大值</td></tr>
<tr><td colspan="2">天然植物粉碎物饲料原料
(单一型和复配型)</td><td rowspan="2">粒度、水分最大值、主要活性成分最小值、粗灰分最大值</td></tr>
<tr><td rowspan="3">天然植物粗提物饲料原料
(单一型和复配型)</td><td>固态剂型</td></tr>
<tr><td>膏状剂型</td><td>主要活性成分最小值</td></tr>
<tr><td>液态剂型</td><td>主要活性成分最小值</td></tr>
<tr><td colspan="2">混合型天然植物饲料原料</td><td>粒度、水分最大值、主要活性成分最小值、粗灰分最大值</td></tr>
</table>

8.1.4 原料组成应按天然植物、辅料分类标示所有原料名称，各天然植物按其在产品中所占质量比例的降序排列；对于有最高限量要求的辅料，应在名称后标示其添加量；天然植物和辅料名称应与《饲料添加剂品种目录》或《饲料原料目录》一致，其中天然植物粉碎物应在品种名称后加“粉”字样，天然植物粗提物应在品种名称后加“粗提物”字样。

8.1.5 使用说明中不得标示或暗示具有预防或者治疗动物疾病作用的内容，不得标示中医、中药功能和效果声称的内容。

8.2 包装

包装材料应无毒、无害、防潮。

8.3 运输

运输中应防止包装破损、日晒、雨淋，禁止与有毒有害物质混运。

8.4 贮存

贮存时应防止日晒、雨淋，禁止与有毒有害物质混贮，勿靠近火源。

8.5 保质期

未开启包装的产品，在规定的运输、贮存条件下，产品保质期应与标签中标明的保质期一致。

附 录 A
（规范性附录）
允许使用的辅料名单

允许使用的辅料名单见表A.1。

表 A.1 允许使用的辅料名单

序号	名 称
一、固态剂型辅料[a,b]	
1	轻质碳酸钙
2	硅酸钙
3	硅铝酸钠
4	硬脂酸钙
5	二氧化硅
6	稻壳粉[砻糠粉]
7	玉米芯粉
8	沸石粉
9	滑石粉
10	麦饭石
11	膨润土[斑脱岩、膨土岩]
12	石粉
13	__淀粉
14	糊精
15	蔗糖
16	葡萄糖
二、液态剂型辅料[a,b]	
1	海藻酸钠
2	海藻酸钾
3	海藻酸铵
4	阿拉伯树胶
5	羧甲基纤维素钠
6	黄原胶
7	山梨醇酐脂肪酸酯
8	蔗糖脂肪酸酯
9	单硬脂酸甘油酯

[a] 天然植物饲料原料生产中允许添加适量甜味物质以改善原料的不良味道。

[b] 天然植物饲料原料（粉碎物或粗提物）允许添加适量防腐剂、防霉剂和抗氧化剂。

ICS 67.040
X 00

中华人民共和国国家标准

GB/T 22005—2009/ISO 22005:2007

饲料和食品链的可追溯性 体系设计与实施的通用原则和基本要求

Traceability in the feed and food chain—General principles and basic requirements for system design and implementation

(ISO 22005:2007,IDT)

2009-09-30 发布　　　　2010-03-01 实施

中华人民共和国国家质量监督检验检疫总局
中国国家标准化管理委员会　发布

前　言

本标准等同采用国际标准 ISO 22005:2007《饲料和食品链的可追溯性　体系设计与实施的通用原则和基本要求》(英文版)。在技术内容上完全相同,仅将国际标准的引言作为本标准引言。

本标准由中国标准化研究院提出。

本标准由全国食品安全管理技术标准化技术委员会(SAC/TC 313)归口。

本标准起草单位:中国标准化研究院、山东省标准化研究院、中国合格评定国家认可中心、国家认监委认证认可技术研究所、国家农业信息化工程技术研究中心、中国物品编码中心。

本标准主要起草人:刘文、刘俊华、刘丽梅、吴晶、王菁、刘克、杨丽、杨信廷、张瑶、李素彩。

引　言

可追溯体系是一种帮助饲料和食品链中的组织实现管理体系所确定目标的有用工具。

可追溯体系的选择受法规、产品特性和消费者期望的影响。

可追溯体系的复杂性依产品特点和所要达到的目标而不同。

组织实施可追溯体系取决于：

——组织和产品本身的技术局限(即：原材料的性质、批次的大小、收集和运输过程、加工和包装方法等)；

——应用此体系的成本效益。

可追溯体系单独应用不足以满足食品安全性的要求。

饲料和食品链的可追溯性 体系设计与实施的通用原则和基本要求

1 范围

本标准规定了设计和实施饲料和食品链可追溯体系的原则和基本要求。

本标准适用于饲料和食品链中任一阶段的可追溯体系的实施。

本标准尽量具备灵活性以使饲料和食品组织实现其确定的目标。

可追溯体系是协助组织遵循其制定目标的一种技术工具,必要时用于确定产品或其相关成分的来历和地点。

2 规范性引用文件

下列文件中的条款通过本标准的引用而成为本标准的条款。凡是注日期的引用文件,其随后所有的修改单(不包括勘误的内容)或修订版均不适用于本标准,然而,鼓励根据本标准达成协议的各方研究是否可使用这些文件的最新版本。凡是不注日期的引用文件,其最新版本适用于本标准。

GB/T 22000—2006 食品安全管理体系 食品链中各类组织的要求(ISO 22000:2005,IDT)

3 术语和定义

GB/T 22000—2006 确立的以及下列术语和定义适用于本标准。

3.1

产品 product

过程的结果。

[GB/T 19000—2008,定义 3.4.2]。

注:产品可能包含包装材料。

3.2

过程 process

一组将输入转化为输出的相互关联或相互作用的活动。

[GB/T 19000—2008,定义 3.4.1]。

注 1:一个过程的输入通常是其他过程的输出。

注 2:组织(3.10)为了增值通常对过程进行策划并使其在受控条件下运行。

注 3:对形成的产品(3.1)是否合格不易或不能经济地进行验证的过程,通常称之为“特殊过程”。

3.3

批次 lot

相似条件下生产和(或)加工的或包装的某一产品单元的集合。

注 1:批次由组织按照预先建立的参数确定。

注 2:一批次产品也可缩为一个单一的单元产品。

3.4

批次标识 lot identification

对某一批次指定唯一标识的过程。

3.5

位置　location

从初级生产直至最终消费过程中，生产、加工、分销、贮存及处理的场所。

3.6

可追溯性　traceability

追踪饲料或食品在整个生产、加工和分销的特定阶段流动的能力。

注1：改编自参考文献[3]。

注2：流动会涉及饲料和食品原料的来源、加工历史或分销。

注3：宜避免使用“文件可追溯性”、“计算机可追溯性”或“商业可追溯性”等术语。

3.7

饲料和食品链　feed and food chain

从初级生产直至最终消费的各环节和操作的顺序，涉及饲料和食品的生产、加工、分销和处理。

注：食品链包括食源性动物的饲料生产和用于生产食品的动物的饲料生产。

3.8

物料流向　flow of materials

在饲料和食品链任一点上物料的流向。

3.9

物料　materials

饲料和食品，饲料和食品配料及包装材料。

3.10

组织　organization

职责、权限和相互关系得到安排的一组人员及设施。

[GB/T 19000—2008，定义3.3.1]。

注1：安排通常是有序的。

注2：组织可以是公有的或私有的。

3.11

数据　data

记录的信息。

3.12

可追溯体系　traceability system

能够维护关于产品及其成分在整个或部分生产与使用链上所期望获取信息的全部数据和作业。

4 可追溯性的原则和目标

4.1 总则

可追溯体系宜能够证明产品的来历和(或)确定产品在饲料和食品链中的位置。可追溯体系有助于查找不符合的原因，并且在必要时提高撤回和(或)召回产品的能力。可追溯体系能够提高组织对信息的合理使用和信息的可靠性，并能够提高组织的效率和生产力。

从技术和经济角度考虑，可追溯体系宜能够实现要达到的目标(见4.3)。

产品的移动能将饲料和食品原料来源、加工历史或分销相联接，饲料和食品链中的每一组织至少宜对其前一步和后一步溯源给予说明。这种饲料和食品中的溯源可根据相关组织之间达成的协议应用在饲料和食品链中的更多部分。

4.2 原则

可追溯体系宜：

——可验证；

——连贯合理应用；

——注重结果；

——成本经济；

——可实用；

——符合适用的法规政策；

——符合预期的准确度要求。

4.3 目标

在建立饲料和食品链可追溯体系时，应识别要达到的特定目标。这些目标宜考虑4.2中确定的原则，以下是目标的示例：

a) 支持食品安全和（或）质量目标；

b) 满足顾客要求；

c) 确定产品的来历或来源；

d) 便于产品的撤回和（或）召回；

e) 识别饲料和食品链中的责任组织；

f) 便于验证有关产品的特定信息；

g) 与利益相关方和消费者沟通信息；

h) 适用时，满足当地、区域、国家或国际法规或政策；

i) 提高组织的效率、生产力和盈利能力。

5 设计

5.1 一般设计考虑事项

可追溯体系是一种工具，宜在更大的管理体系背景下进行设计。

可追溯体系的选择取决于不同要求、技术可行性和经济可接受性之间的平衡。

可追溯体系宜可验证。

根据要实现的目标，应对可追溯体系的每个要素进行逐个考虑和判断。

在设计可追溯体系时应考虑以下内容：

a) 目标；

b) 有关可追溯的法规和政策要求；

c) 产品和（或）成分；

d) 在食品和饲料链中所处的位置；

e) 物料流向；

f) 信息要求；

g) 程序；

h) 文件；

i) 饲料和食品链组织的衔接。

5.2 目标的选择

组织应识别其可追溯体系的目标（见4.3）。

5.3 法规政策要求

组织应识别其可追溯体系需要满足的相关法规和政策要求。

5.4 产品和（或）组成成分

组织应识别其可追溯体系目标中的产品和（或）成分。

5.5 设计步骤

5.5.1 在饲料和食品链中的位置

组织至少应通过识别他们的供应方和顾客来确定其在食品链中的位置。

5.5.2 物料的流向

以满足可追溯性目标要求的方式，组织应确定和证明其所控制的物料流向。

5.5.3 信息要求

为实现可追溯目标，组织应明确以下信息：

——从其供应方获得的信息；

——从产品和加工来历中搜集的信息；

——向顾客和供应方提供的信息。

注：可追溯体系要求的信息受到其目标和组织在饲料和食品链中位置的影响。

5.6 程序建立

程序一般与物料流向和相关信息流向所形成的文件有关，包括文件的保持和验证。组织应建立的程序至少包括：

a) 产品定义；

b) 批次定义及其识别；

c) 物料流向文件和包括记录保持媒介在内的信息；

d) 数据管理和记录规则；

e) 信息检索规则。

在建立和实施可追溯体系时，有必要考虑组织现有的操作和管理体系。

需要时，管理可追溯信息的程序应包括物料和产品信息流向的记录和链接方法。

应在可追溯体系中建立不符合项的处理程序，这些程序宜包括纠正和纠正措施。

5.7 文件要求

组织应决定为实现可追溯体系目标所需的文件。

适宜的文件至少应包括：

——饲料和食品链中相关步骤描述；

——追溯数据管理的职责描述；

——记载了可追溯性活动和制造工艺、流程、追溯验证和审核结果的书面或记录信息；

——用于对不符合可追溯体系的相关项的管理的文件；

——记录保持时间。

关于文件控制管理，见 GB/T 22000—2006 中 4.2.2。

关于记录管理，见 GB/T 22000—2006 中 4.2.3。

关于识别可追溯体系的目标，见 GB/T 22000—2006 中 7.9。

5.8 饲料和食品链组织的衔接

如果一个组织同其他组织一起参加可追溯体系，应对设计要素(见 5.1)进行协调。当每个组织确定了直接上游来源方和直接随后接受方，饲料和食品链中的链接就建立了。当饲料和食品链可追溯性声明用于商业目的时，做出声明的组织应识别在饲料和食品链中的相关步骤并通过验证信息加以支持。

注：当被追溯的各部分不间断连接起来时，就能形成链式的可追溯体系。

6 实施

6.1 总则

组织应通过委派管理职责和提供资源证实其实施可追溯体系的承诺。

根据可追溯体系的设计和建立，组织应实施 6.2～6.6 中规定的步骤。

每一组织均可选择适当的工具,以进行追踪、记录和沟通信息。

6.2 可追溯计划

每一组织都应建立可追溯计划,该计划可以是更大的管理体系的一部分。此可追溯计划应包括已识别的所有要求。

6.3 职责

组织应规定其员工的任务与职责,并向其传达。

6.4 培训计划

组织应开发和实施培训计划。能够影响可追溯体系的人员应获得充分的培训与信息。

这些人员应能证实具有正确实施可追溯体系的能力。

6.5 监视

组织应建立可追溯体系的监视方案。

6.6 关键绩效指标

组织应建立关键绩效指标,以测量可追溯体系的有效性。

7 内部审核

组织应按照策划的时间间隔实施内部审核,以评价可追溯体系满足所设定目标的有效性。

8 评审

组织应按照预定的时间间隔,或是在目标和(或)产品或过程发生变化的时候评审可追溯体系。基于评审,组织应采取适当的纠正措施与预防措施,并考虑确立持续改进的过程。

评审应包括但不限于:

——可追溯的测试结果;

——可追溯的审核发现;

——产品或过程的变更;

——由饲料和食品链中其他组织提供的与可追溯相关的信息;

——与可追溯相关的纠正措施;

——与可追溯相关的顾客的反馈,包括投诉;

——影响可追溯的新的或修订了的法规;

——新的统计评价方法。

参 考 文 献

[1] GB/T 19000—2008 质量管理体系 基础和术语(ISO 9000:2005,IDT)

[2] GB/T 19011 质量和(或)环境管理体系审核指南(GB/T 19011—2003,ISO 19011:2002,IDT)

[3] Codex Alimentarius:"Principles for traceability/Product tracing as a tool within a food inspection and certification system"(CAC/GL 60—2006)

ICS 65.120
B 46

中华人民共和国国家标准

GB/T 22144—2008

天然矿物质饲料通则

General rules of natural mineral feed

2008-06-27 发布　　　　2008-10-01 实施

中华人民共和国国家质量监督检验检疫总局
中国国家标准化管理委员会　发布

前　言

本标准由中华人民共和国农业部提出。

本标准由全国饲料工业标准化技术委员会归口。

本标准负责起草单位:北京市饲料工业协会天然物添加剂委员会。

本标准参加起草单位:中国农业科学院北京畜牧兽医研究所、国家饲料质量监督检验中心(北京)、北京挑战农业科技有限公司、中国农业科学院饲料研究所、中国农业大学、北京农学院。

本标准主要起草人:谢仲权、张军民、董焕程、郑喜梅、徐俊宝、王清兰、韦海涛。

天然矿物质饲料通则

1 范围

本标准规定了天然矿物质饲料的定义、技术要求、试验方法、检验规则及标签、包装、运输和贮存。

本标准适用于天然矿物质饲料。

2 规范性引用文件

下列文件中的条款通过本标准的引用而成为本标准的条款。凡是注日期的引用文件,其随后所有的修改单(不包括勘误的内容)或修订版均不适用于本标准,然而,鼓励根据本标准达成协议的各方研究是否可使用这些文件的最新版本。凡是不注日期的引用文件,其最新版本适用于本标准。

GB/T 6003.1 金属丝编织网试验筛

GB/T 6435 饲料中水分和其他挥发性物质含量的测定

GB 10648 饲料标签

GB 13078 饲料卫生标准

GB/T 13079 饲料中总砷的测定

GB/T 13080 饲料中铅的测定 原子吸收光谱法

GB/T 13081 饲料中汞的测定

GB/T 13082 饲料中镉的测定方法

GB/T 13083 饲料中氟的测定 离子选择性电极法

GB/T 14699.1 饲料 采样

GB/T 16764 配合饲料企业卫生规范

3 术语和定义

下列术语和定义适用于本标准。

3.1

天然矿物质 natural mineral

在地质作用下形成的具有相对固定化学成分和结构的天然物质。

3.2

天然矿物质饲料 natural mineral feed

为满足饲料营养或饲料加工的需要,以可饲用的天然矿物质为原料,经物理加工制得的、在饲料中不以补充矿物元素为主要目的、具有一定功能和作用的物质。

4 要求

4.1 生产企业卫生规范

天然矿物质饲料的生产企业,应符合和遵守 GB/T 16764 的规定。

4.2 技术要求

4.2.1 感官:色泽一致,无结块,无异味,无异物。

4.2.2 粉碎粒度:符合产品标准规定。

4.2.3 水分:符合产品标准规定。

4.3 理化成分指标

天然矿物质饲料产品标准中应规定主要成分及含量。

4.4 卫生指标

天然矿物质饲料卫生指标,应符合 GB 13078 中的有关要求和表1的规定。

表1 卫生指标

序号	项目	指标/(mg/kg)
1	砷(以总砷计)	≤10.0
2	铅(以 Pb 计)	≤30.0
3	汞(以 Hg 计)	≤0.10
4	镉(以 Cd 计)	≤0.75
5	氟(以 F 计)	≤1 000

5 试验方法

5.1 感官测定

采用目测及嗅觉检验。

5.2 粒度测定

5.2.1 方法提要

用筛分法测定筛下物含量。

5.2.2 仪器、设备

试验筛:符合 GB/T 6003.1 中 R40/3 系列的要求,ϕ200 mm×500 mm/900/μm。

5.2.3 分析步骤

称取 50 g 试样(准确至 0.1 g)。置于试验筛中进行筛分,将筛下物称重(称准至 0.1 g)。

5.2.4 分析结果的表述

粒度 ω(以质量分数计,数值以%表示)按式(1)计算:

$$\omega = \frac{m_1}{m} \times 100 \quad \cdots\cdots(1)$$

式中:

m_1——筛下物的质量,单位为克(g);

m——试样质量,单位为克(g)。

计算结果表示至小数点后一位。

5.2.5 允许差

取平行测定结果的算术平均值为测定结果。平行测定结果的绝对差值不大于 0.5%。

5.3 水分测定

按 GB/T 6435 饲料中水分和其他挥发性物质含量的测定中饲料中水分测定的规定执行。

5.4 主要成分测定

按产品标准中规定的方法进行。

5.5 卫生指标测定

5.5.1 总砷的测定

按 GB/T 13079 执行。

5.5.2 铅的测定

按 GB/T 13080 执行。

5.5.3 汞的测定

按 GB/T 13081 执行。

5.5.4 镉的测定

按 GB/T 13082 执行。

5.5.5 氟的测定

按 GB/T 13083 执行。

6 检验规则

6.1 组批

生产厂家以具有同样工艺条件、批号、规格且经包装的产品为一个批次。

6.2 采样

按 GB/T 14699.1 的规定执行。

6.3 检验

6.3.1 出厂检验

生产企业质检部门应根据本标准规定，选择能快速、准确地反映产品质量的项目，一般为感官指标、水分、粒度等。

每批产品应由生产企业质检部门进行出厂检验，检验合格后，方可签发合格证。

6.3.2 型式检验

本标准规定之各项指标为型式检验项目，有下列情况之一时，应进行型式检验：

a) 审发生产许可证、产品批准文号时；

b) 法定质检部门提出要求时；

c) 原辅材料、工艺过程及主要设备有较大变动时；

d) 停产三个月以上，恢复生产时。

6.3.3 判定规则

样品检验结果有任何一项不合格时，应重新采样进行复检，采样范围或样品数量是第一次的两倍。复检结果仍有指标不合格，则整批产品判为不合格。

7 标签、包装、运输和贮存

7.1 标签内容按 GB 10648 执行。

7.2 产品包装根据产品特性或客户要求执行。

7.3 产品应贮存在阴凉、干燥处，防止雨淋、受潮，不得与有毒有害物混贮。

7.4 产品在运输过程中应有遮盖物，防止雨淋、受潮，不得与有毒有害物品混运，防止污染。

7.5 产品在符合本标准规定的包装、运输和贮存条件下，保质期符合产品规定。

ICS 65.120
B 46

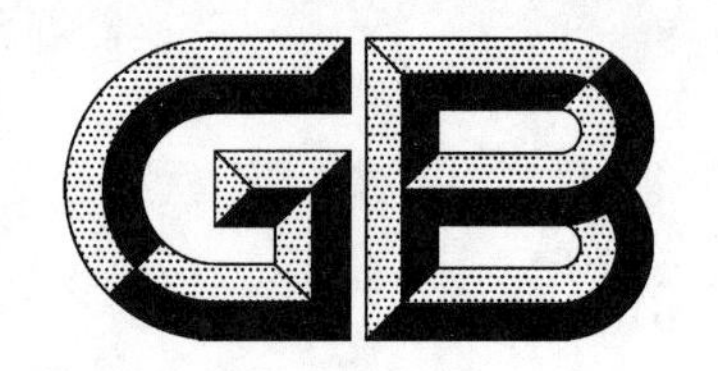

中华人民共和国国家标准

GB/T 23184—2008

饲料企业 HACCP 安全管理体系指南

HACCP—Guidance on feed management system

2008-12-31 发布 2009-05-01 实施

中华人民共和国国家质量监督检验检疫总局
中国国家标准化管理委员会 发布

前　言

本标准参照 CAC/RCP 001—1969《食品卫生通则》(2003)第 4 修订版,结合饲料企业特点制定。

本标准的附录 A 为规范性附录,附录 B 为资料性附录。

本标准由全国饲料工业标准化技术委员会(SAC/TC 76)提出并归口。

本标准起草单位:中国饲料工业协会、北京华思联认证中心。

本标准主要起草人:沙玉圣、秦玉昌、李燕松、辛盛鹏、王冬冬、张逸平、李兰芬、王峰、赵之阳、侯翔宇。

引　　言

饲料危害分析及关键控制点(hazard analysis and critical control point ,HACCP),主要由危害分析和关键控制点两部分组成,可用于鉴定饲料危害,且含有预防的方法,以控制这些危害的发生。但该系统并非一个零风险系统,而是设法使饲料安全危害的风险降到最低限度,是一个使饲料生产过程免受生物、化学和物理性危害的管理工具。饲料企业良好操作规范是实施 HACCP 管理的先决条件,因此,应在认真执行饲料企业良好操作规范的基础上实施 HACCP 管理才能取得良好效果。饲料安全,即饲料产品安全。鉴于 HACCP 是预防性的饲料产品安全控制系统,不需要大的投资即可实施,简单有效,符合我国国情。饲料工业 HACCP 管理体系的建立和实施,将有利于解决目前饲料安全中存在的问题,为消费者提供安全卫生的动物产品。在饲料工业中建立和推行 HACCP 管理是一种与国际接轨的做法,有利于扩大我国动物产品的出口。

饲料企业 HACCP 安全管理体系指南

1 范围

本标准规定了饲料生产过程中生物、化学和物理性危害的识别和评价，关键控制点的识别、确定和控制(HACCP 管理)的通用原则；并给出了为执行上述原则应首先实施的饲料企业良好操作规范(见附录 A)。

本标准为添加剂预混合饲料、浓缩饲料、配合饲料、精料补充料生产企业实施 HACCP 管理提供了指南。

2 规范性引用文件

下列文件中的条款通过本标准的引用而成为本标准的条款。凡是注日期的引用文件，其随后所有的修改单(不包括勘误的内容)或修订版均不适用于本标准，然而，鼓励根据本标准达成协议的各方研究是否可使用这些文件的最新版本。凡是不注日期的引用文件，其最新版本适用于本标准。

GB 10648 饲料标签

GB 13078 饲料卫生标准

GB/T 16764 配合饲料企业卫生规范

GB/T 20803 饲料配料系统通用技术规范

NY 5027 无公害食品 畜禽饮用水水质

饲料药物添加剂使用规范(中华人民共和国农业部公告第 168 号)

禁止在饲料和动物饮用水中使用的药物品种目录(中华人民共和国农业部公告第 176 号)

食品动物禁用的兽药及其它化合物清单(中华人民共和国农业部公告第 193 号)

饲料药物添加剂使用规范公告的补充说明(中华人民共和国农业部公告第 220 号)

单一饲料产品目录(中华人民共和国农业部公告第 977 号)

饲料添加剂品种目录(中华人民共和国农业部公告第 1126 号)

3 术语和定义

下列术语和定义适用于本标准。

3.1

危害 hazard

饲料中可能对人类健康和动物安全导致不良影响的生物、化学或物理因素或状况。

3.2

关键控制点 critical control points；CCP

能够进行控制，并且该控制是防止、消除饲料安全危害或将其降低至可接受水平所必需的某一步骤。

3.3

关键限值 critical limits

与关键控制点相关的用于区分可接收和不可接收的判定值。

3.4

操作限值 operation limits

为了避免监控指数偏离关键限值而制定的操作指标。

3.5

监控 monitor

对控制的参数按计划进行的一系列观察或测量活动，以便评估关键控制点是否处于控制之中。

3.6

纠正措施 corrective action

当监测结果显示 CCP 偏离设定的关键限值时所采取的措施。

3.7

HACCP 计划 HACCP plan

根据 HACCP 原理制定的确保对饲料安全显著危害予以控制的文件。

3.8

验证 verification

除监控以外，应用不同的方法、程序、检测和其他评估手段，以确定是否符合 HACCP 计划的要求。

注：验证可根据实施者的不同分为企业自我验证、第二方验证和第三方验证，第三方验证包括政府管理机构验证和认证机构认证等。

4 HACCP 原理

HACCP 由以下七个原理组成：

a) 原理 1：进行危害分析和提出控制措施；

b) 原理 2：确定关键控制点；

c) 原理 3：确定关键限值；

d) 原理 4：建立关键控制点的监控系统；

e) 原理 5：建立纠正措施；

f) 原理 6：建立验证程序；

g) 原理 7：建立文件和记录保持系统。

5 基础方案

5.1 总则

饲料企业实施 HACCP 体系应首先建立基础方案，并在 HACCP 计划制定和实施过程中，对基础方案的有效性进行评价，必要时，予以改进。

基础方案主要包括良好操作规范(GMP)、卫生标准操作程序(SSOP)、原/辅料安全控制方案等，企业应根据 GB/T 16764 和(或)《饲料添加剂和添加剂预混合饲料生产许可证管理办法》，结合企业具体情况，制定适合本企业的基础方案并予以实施。

基础方案通常应与 HACCP 计划分别制定和实施，所有的基础方案均应形成文件，并按适当的频次进行评审。

5.2 良好操作规范(good manufacturing practice, GMP)

GMP 是饲料企业实施 HACCP 管理的前提条件和基础，是饲料生产质量与安全管理的基本原则，其主要内容见附录 A。

有效的 GMP 管理不仅可以确保 HACCP 体系的完整性，还会使“关键控制点”的数量大大减少，使 HACCP 计划的实施变得简便易行。

5.3 卫生标准操作程序(sanitation standard operation procedure, SSOP)

SSOP 是为达到饲料卫生安全要求而规定的具体活动和顺序。内容包括但不限于以下几个方面：

a) 与饲料接触的水的安全；

b) 饲料接触的表面(包括设备、工器具等)的清洁、卫生和安全；

c) 确保饲料免受交叉污染；

d) 操作人员手的清洗及厕所设施的清洁；

e) 防止润滑剂、燃料、清洗、熏蒸用品及其他化学、物理和生物等污染物的危害；

f) 正确标注、存放和使用各类有毒化学物质；

g) 保证操作员工的身体健康和卫生；

h) 清除和预防鼠害、虫害和飞鸟。

5.4 建立并有效实施原/辅料安全控制方案

应制定包括原料、辅料及包装材料在内的采购、验证、贮存控制方案，内容包括：

a) 对供方的选择：评价标准及如何保证重要原/辅料及包装材料均由合格供方提供；

b) 原/辅料及包装材料验收规程，明确检验项目、接收标准、检验频次、检验方式(自检、送检或验证供方报告等)及职责；

c) 所有原料和辅料应贮藏在卫生和适宜的环境条件下，以确保其安全和卫生。

6 HACCP 计划的建立和实施

6.1 总则

饲料企业应根据生产产品的品种、生产方式、生产场所等不同情况，分别建立、实施 HACCP 计划，应包括：

a) 针对每一种产品类别(添加剂预混合饲料、浓缩饲料、配合饲料、精料补充料)或不同的生产方式、不同的生产场所，分别进行危害识别、评价，确定应控制的显著危害；

b) 在已建立的 GMP(见 5.2)、SSOP(见 5.3)基础上，根据企业生产过程中的加工步骤确定关键控制点；

c) 当产品、加工步骤有变化时，对变化情况进行危害识别、评价，并考虑是否对 HACCP 计划重新进行修订；

d) 当确定某个显著危害应予以控制时，如果不存在关键控制点，则考虑重新设计加工工序；

e) 在应用 HACCP 原理时，应保持适当的灵活性，要考虑到适当的操作特性和规模，人员情况及已经达到的控制程度；

f) 运用 HACCP 原理制定 HACCP 计划前，需要首先完成预备步骤(见 6.2)；

g) 定期对 HACCP 计划进行验证，并持续改进和完善。

6.2 预备步骤

6.2.1 组建 HACCP 小组

饲料企业建立、实施 HACCP 管理体系时，首先要成立 HACCP 小组。小组成员应具备必要的专业知识(如饲料及饲料添加剂加工、生产管理知识，卫生控制要求，质量保证要求等)、经验，能满足特殊要求，并应有质量控制、生产管理、采购、销售、人力资源管理等岗位的人员组成。必要时，企业也可以在这方面寻求外部专家的帮助。

应确定 HACCP 小组成员各自的职责，并对关键控制点的监控人员、纠正人员进行授权。

HACCP 小组应负责 HACCP 计划的制定、确认和验证活动，确保对各种产品危害分析、评价的准确性和控制措施的可操作性，以及 HACCP 计划的完整性。

6.2.2 产品描述

HACCP 小组应对产品特性进行全面地描述并形成文件，包括相关的产品安全信息，如使用的原料及添加的辅料，加工工艺，包装和储存条件，以及标签和使用说明。

要充分识别饲料中添加的所有原料，并对其进行全面地描述，如生物、化学、物理特性(包括可能存在的饲料安全危害)，生产场地及加工方式，包装和储存条件，使用前的处理，以及原料安全指标的接收准则等。

6.2.3 预期用途描述

产品标签应详细说明产品所适用的动物种类、使用方法、储存和保存期限等。

6.2.4 绘制工艺流程图

HACCP 小组根据各类产品的加工工艺绘制符合实际生产的工艺流程图，流程图应明确所有加工步骤的顺序和相互关系，以及返工点、循环点和废弃物的排放点。

6.2.5 现场确认流程图

HACCP 小组要对各流程图进行现场验证，以保证其符合加工实际。当工艺流程发生变化时，应对流程图进行修改并作好记录。

6.3 进行危害分析和确定控制措施

6.3.1 危害识别

HACCP 小组在实施危害分析时，应考虑以下方面的因素：

a) 产品、操作和环境；
b) 顾客和法律法规对产品及原辅料的安全卫生要求；
c) 产品使用安全的监控和评价结果；
d) 不安全产品处置、纠正、召回和应急预案的状况；
e) 历史上和当前的流行病学、动植物疫情或疾病统计数据和食品安全事故案例；
f) 科技文献，包括相关类别产品的危害控制指南；
g) 原料掺杂掺假。

针对需考虑的所有危害，识别其在每个操作步骤中有根据预期被引入、产生或增长的所有潜在危害及其原因。

当影响危害识别结果的任何因素发生变化时，HACCP 小组应重新进行危害识别。

应保持危害识别依据和结果的记录。

6.3.2 危害评估

HACCP 小组应针对识别的潜在危害，评估其发生的严重性和可能性，如果这种潜在危害在该步骤极可能发生并且后果严重，应确定为显著危害。

应保持危害评估依据和结果的记录。

6.3.3 控制措施的制定

HACCP 小组应针对每种显著危害，制定相应的控制措施，并提供证实其有效性的证据；应明确显著危害与控制措施之间的对应关系，并考虑一项控制措施控制多种显著危害或多项控制措施控制一种显著危害的情况。

6.3.4 危害分析工作单

HACCP 小组应根据工艺流程、危害识别、危害评估、控制措施等结果提供形成文件的危害分析工作单，包括加工步骤、考虑的潜在危害、显著危害判断的依据、控制措施，并明确各因素之间的相互关系。在危害分析工作单中，应描述控制措施与相应显著危害的关系，为确定关键控制点提供依据。

HACCP 小组应在危害分析结果受到任何因素影响时，对危害分析工作单作出必要的更新或修订。

6.3.5 饲料生产过程中可能存在的显著危害及控制措施

6.3.5.1 原料的控制

饲料企业应建立原料控制措施，确保：

a) 使用的饲料原料应在《单一饲料产品目录》和《动物源性饲料产品目录》内，禁止在反刍动物饲料中使用除乳及乳制品外的动物源性饲料产品。所添加的营养性饲料添加剂、一般饲料添加剂应在农业部公告《饲料添加剂品种目录》内。
b) 饲料原料中的可能会对消费者的健康产生危害的病原、霉菌毒素、农药和重金属等有害物质的含量应达到可接受的水平，满足相关法规规定的标准。

c) 所有的饲料、饲料添加剂和饲料原料的卫生指标均应符合 GB 13078,以使饲料通过动物传递到人类消费的食品中有害物质的含量也相应低到不会引起人类健康危害的水平。

6.3.5.2 药物饲料添加剂的控制

饲料企业应建立药物饲料添加剂管理制度,确保:

a) 药物添加剂的使用应遵守农业部公告《饲料药物添加剂使用规范》,及《饲料药物添加剂使用规范公告的补充说明》、《禁止在饲料和动物饮用水中使用的药物品种目录》、《食品动物禁用的兽药及其它化合物清单》等农业部有关公告的规定;

b) 加药饲料中使用的饲料药物添加剂的添加量应符合农业部公告《饲料药物添加剂使用规范》中使用控制条款的规定。

6.3.5.3 生产过程的控制

饲料企业应对生产过程进行控制,包括但不限于以下方面:

a) 使用的生产程序应当避免批与批之间发生交叉污染。在生产不同饲料产品时,对所用的生产设备、工具、容器应进行彻底清理。应使用这些程序去减少加药饲料与未加药饲料之间,不同品种饲料之间发生交叉污染。用于清洗生产设备、工具、容器的物料应单独存放和标识,或者报废,或者回放到下一次同品种的饲料中。如果交叉污染引起的与食品安全有关的危险性高,使用适当的冲洗和清洁方法不足以清除污染时,就应考虑使用完全分开的生产线、输送设备和运输储存。

b) 严格按配方进行称量、配料。当使用人工配料时,应一人称量,一人复核并记录,为了降低配料误差,应使用精度相对较高的电子秤进行称量;当使用自动配料时,配料系统应符合 GB/T 20803。确保添加准确无误。

c) 应监控混合时间,避免因混合时间不足或混合时间过长使饲料中局部有害物质超标,并定期对混合均匀度进行检测。

d) 颗粒饲料的生产应根据饲料配方中主要原料的理化特性来确定适宜的调质参数(蒸汽压力、温度、时间)。通过制粒前的调质(畜禽料)或制粒后的后熟化(鱼虾料)来消除或减少可能存在于饲料中的致病微生物。

e) 产品包装标志应符合 GB 10648 的规定。

6.4 确定关键控制点

HACCP 小组应根据危害分析所提供的显著危害与控制措施之间的关系,识别针对每种显著危害控制的适当步骤,以确定 CCP,确保所有显著危害得到有效控制。

企业应使用适宜方法来确定 CCP,如判断树表法等。但在使用 CCP 判断树表时,应考虑以下因素:

a) 判断树表仅是有助于确定 CCP 的工具,不能代替专业知识;

b) 判断树表在危害分析后和显著危害被确定的步骤使用;

c) 随后的加工步骤对控制危害可能更有效,可能是更应该选择的 CCP;

d) 加工中一个以上的步骤可以控制一种危害。

当显著危害或控制措施发生变化时,HACCP 小组应重新进行危害分析,判定 CCP。

6.5 确定关键限值

应对每个关键控制点规定关键限值。每个关键控制点应有一个或多个关键限值。关键限值的确定:

a) 应科学、直观、易于监测;

b) 可来自法律法规、强制性标准、指南、公认惯例、文献、实验结果和专家的建议等,查询的数据应在本企业进行实际验证,以确认其有效性;

c) 基于感知的关键限值,应由经评估且能够胜任的人员进行监控、判定。

为避免采取纠正措施可设立操作限值,以防止因关键限值偏离造成损失,确保产品安全。

应保持关键限值确定的依据和结果的记录。

6.6 建立关键控制点的监控系统

应对每个关键控制点建立监控系统，以证实关键控制点处于受控状态。监控系统包括：

a) 监控对象，应包括每个关键控制点所涉及的关键限值；

b) 监控方法，应准确及时；

c) 监控频率，一般应实施连续监控，若采用非连续监控，其监控频率应保证CCP受控的需要；

d) 监控人员，应接受适当的培训，理解监控的目的和重要性，熟悉监控操作并及时准确地记录和报告监控结果。

当监控表明偏离操作限值时，监控人员应及时调整，以防止关键限值的偏离。

当监控表明偏离关键限值时，监控人员应立即停止该操作步骤的运行，并及时采取纠正措施。

应保持监控记录。

6.7 建立纠正措施程序

企业应针对HACCP计划中每个关键控制点的关键限值的偏离制定纠正措施，以便在偏离时实施。纠正措施应包括：

a) 实施纠正措施和负责受影响产品放行的人员；

b) 偏离原因的识别和消除；

c) 受影响产品的隔离、评估和处理。

负责实施纠正措施的人员应熟悉产品、HACCP计划，经过适当培训并经最高管理者授权。

应保持采取的纠正措施的记录。

6.8 建立验证程序

企业应建立并实施HACCP计划的验证程序，以证实HACCP计划的适宜性、有效性。验证程序应包括：

a) 验证的依据和方法；

b) 验证的频次；

c) 验证的人员；

d) 验证的内容；

e) 验证的结果及采取的措施；

f) 验证记录等。

HACCP计划实施前，应确认其适宜性，即所有危害已被识别且HACCP计划正确实施，危害将会被有效控制。

监控设备校准记录的审核，必要时，应通过有资质的检测机构，对所需的控制设备和方法进行技术验证，并提供技术验证报告。

定期进行内部审核，以验证HACCP体系的有效性。

6.9 建立文件和记录的保存系统

应建立文件化的HACCP体系，并建立相关的监控记录。

HACCP体系应包括如下记录：

a) HACCP计划及制定HACCP计划的支持性材料，包括危害分析工作单（参见附录B中表B.1），HACCP计划表（参见附录B中表B.2），HACCP小组名单和各自的责任，描述饲料产品特性（参见附录B中表B.3），销售方法，预期用途，工艺流程图（参见附录B中表B.4），计划确认记录等；

b) CCP的监控记录；

c) 纠正措施记录；

d) 验证记录；

e) 生产加工过程的卫生操作记录,如防止交叉污染的洗仓记录、化学品(药物添加剂或有毒有害物质)领用和使用记录、防鼠记录等。

所有记录应至少保存两年。

可以使用电脑保存记录,但应加以控制,确保数据和电子文件签名的完整性。

7 HACCP 体系的实施与改进

7.1 管理承诺

最高管理者应对 HACCP 体系的有效实施给予支持和关注,指定合适的人员组成 HACCP 小组,明确建立、实施和保持体系的责任人(HACCP 小组组长),并定期听取责任人有关体系运行情况的汇报。

7.2 培训

HACCP 小组成员及与 HACCP 实施相关的所有人员都应得到必要的培训,以使他们了解自己在体系中的职责和作用,并有效地建立、实施和保持 HACCP 体系。

培训策划应考虑不同层次的职责、能力,以及相关步骤的风险,并保持培训及其效果的相关记录。

7.3 体系的运行及持续改进

体系运行前,相关文件应得到最高管理者批准。运行过程中,各有关部门和人员要严格按照体系文件的相关要求进行实施,不应随意更改,相关记录要注意保存。HACCP 体系的运行效果应定期进行验证。HACCP 计划及其他文件应根据需要予以更新和修改,确保体系的持续改进和不断完善。

附 录 A
（规范性附录）
饲料企业良好操作规范

A.1 厂区环境、建筑设施与车间布局

A.1.1 厂区环境

A.1.1.1 工厂应设置在无有害气体、烟雾、灰尘和其他污染源的地区。厂址应与饲养场、屠宰场保持安全防疫距离。

A.1.1.2 厂区主要道路及进入厂区的主干道应铺设适于车辆通行的硬质路面(沥青或混凝土路)。路面平坦,无积水。厂区应有良好的排水系统。厂区内非生产区域应绿化。

A.1.1.3 工厂的建筑物及其他生产设施、生活设施的选址、设计与建造应满足饲料原料及成品有条理的接收和贮存,并在其加工过程中得以进行有控制的流通。生产区与生活区分开。废弃物临时存放点应远离生产区。

A.1.1.4 严禁使用无冲水的厕所,避免使用大通道冲水式厕所。厕所门不应直接开向车间,并应有排臭、防蝇、防鼠设施。

A.1.1.5 厂内禁止饲养家禽、家畜。

A.1.2 建筑设施

A.1.2.1 厂房与设施的设计要便于卫生管理,便于清洗、整理。要按生产工艺合理布局。

A.1.2.2 厂房内应有足够的加工场地和充足的光照,以保证生产正常运转。并应留有对设备进行日常维修、清理的通道及进出口。

A.1.2.3 原料仓库或存放地、生产车间、包装车间、成品仓库的地面应具有良好的防潮性能,应进行日常保洁。地面不应堆有垃圾、废弃物、废水及杂乱堆放的设备等物品。

A.1.3 车间布局

A.1.3.1 生产车间面积应与设计生产能力相匹配。

A.1.3.2 生产设备齐全、完好,能满足生产产品的需要。设施与设备的布局、设计和运行应将发生错误的风险降到最低,并可进行有效的清洁与维护,以避免交叉污染、残留及任何对产品质量不利的影响。

A.1.3.3 车间内应具有通风、照明设施。

A.2 原料接收、储存和运输

企业应确保满足6.3.1的要求,同时应考虑以下方面:

a) 产品加工过程中使用的所有储存器或储存场所应保持清洁。

b) 原料接收区域的设计布局应有利于减少潜在的污染。

c) 接收原料时,应检查和确认原料是否受到污染;应检查、确认和管理所有的药物饲料添加剂,以保证药物饲料添加剂的质量,并进行妥善储存。

d) 应有书面的原料接收标准,入库前实施检查,并有记录可以证明。

e) 所有设备包括储存、加工、混合、运送、分配(包括运输车辆)设备,如果与原料或成品有接触,应有合理和有效的操作程序来防止产品受到污染,采用的步骤应该包括以下一种或几种:

——吸尘、清扫或物理清洗;

——物料“冲洗”;

——产品按特定顺序生产;

——容器隔离使用或其他同样有效的方法。

f) 所有的原料和产品应按照一定的周转方式进行储存，以保证物料不交叉污染。

g) 回收的物料，加工用的原料，退料和“冲洗”物料应当清楚地标识、储存和正确使用，以防止与其他产品和原料发生交叉污染。

A.3 工厂的卫生管理

A.3.1 水的安全(适用时)

应确保生产用水符合 NY 5027 的要求。用于贮水和输水的水槽和水管及其他设备应当采用不会产生不安全污染的材料制备。

A.3.2 有毒化合物的标记、贮藏和使用

工厂应设置专用的危险品库，存放杀虫剂和一切有毒、有害物品，这些物品应贴有醒目的警示标志，并应制定各种危险品的使用规则。使用危险品应经专门部门批准，并有专门人员严格监督使用，严禁污染饲料。

A.3.3 药物饲料添加剂的管理

药物饲料添加剂存放间隔合理，避免交叉污染。应建立药物饲料添加剂接收和使用的程序和记录。

A.3.4 虫害鼠害的控制

应有包括描述定期检查在内的书面虫害鼠害控制计划。定期检查的结果应予以记录。任何熏蒸或类似杀虫剂的化学品的使用细节应予以记录。

A.4 设备运行和维护保养

A.4.1 饲料厂用于加工饲料的设备应设计、组装、安装、操作、维护保养得当，以有利于制定设备的检查和管理程序，防止交叉污染。

A.4.2 饲料厂应有书面的设备预防性维护保养方案，而且能够通过记录文件证明这个方案得到贯彻执行。

A.4.3 生产过程中使用的所有计量秤和仪表应在规定的量程内使用，而且应检测其精度及组装正确与否。按照规定周期进行检定或校准，或根据具体情况多次检测这些仪器设备的性能。

A.4.4 生产过程中使用的所有混合设备应检查其安装正确与否，性能是否达到要求。按照规定的检测方法定期检测混合均匀度。

A.5 人员培训和要求

企业应确保生产、检验和管理人员能够胜任，并确保：

a) 每批产品都应由接受过防止产品污染培训的专职人员来生产；

b) 饲料企业应有书面的培训计划，而且培训记录应保留存档；

c) 饲料企业应为所有员工提供岗位技能和防止产品污染的培训，而且有长期监督和评估生产人员的方案；

d) 饲料企业应有一定的预防措施确保员工不会对产品造成污染，饲料企业应能够出示采取了足够预防控制措施的证据；

e) 控制非生产人员和访问者进入生产区，应防止可能造成的污染。

A.6 加工控制和文件管理

A.6.1 饲料企业应建立书面程序确保生产的产品符合有关标准，每批产品都应按照这些程序进行生产。这些书面程序包括：

a） 操作人员的岗位职责；

b） 保证成品质量和安全所采用的方法；

c） 证明原料和成品饲料符合标准的取样分析方法。

A.6.2 饲料企业生产的每批产品或销售的产品应根据行业有关要求和溯源需要，在出厂后保留样品至规定的时间。这些样品应标明以下信息：

a） 饲料名称；

b） 饲料生产日期或批号；

c） 出库或使用前的仓号或其他辨认储料仓号的记录。

A.6.3 生产含有药物饲料添加剂的饲料时，需要采用合理的生产程序，以减少药物在设备中的残留而导致的饲料污染，并保证药物混合的均匀性。

A.6.4 散装料仓应根据需要合理安排装卸饲料和料仓清扫的程序，或采用其他有效的方法以防止饲料出现交叉污染。

A.6.5 饲料企业应对每种药物饲料添加剂进行严格的库存管理，做到账、卡、物一致并建立药物饲料添加剂使用规范，确保药物饲料添加剂的正确使用。

A.6.6 每批药物饲料添加剂库存记录中应记载制造商的生产批号，同时，应管理与控制以下方面：

a） 药物饲料添加剂购进或使用的实际数量；

b） 记录生产期间每种药物饲料添加剂的实际使用数量，数量应通过称量、点数或其他适当的方法加以确认；

c） 生产期间每种药物饲料添加剂使用的理论数量；

d） 每天确认每种药物饲料添加剂使用的实际数量和理论使用数量的一致性；

e） 采取正确的措施处理库存与记录上的差异。

A.6.7 任何受到药物饲料添加剂库存差异影响的饲料应当停止销售或使用，直至查明问题原因。

A.6.8 饲料企业应在标签、包装、发票或送货单上注明产品的产品代码、生产日期或其他合适的标识。

A.6.9 饲料企业应建立严格的标签管理制度，严格按照 GB 10648 的规定设计和印制，确保所有的饲料标签分门别类地进行保管使用，防止误用现象的发生。标签管理程序应包括：

a） 清查标签，标签出库和使用中应核查无误；

b） 定期检查标签的库存情况；

c） 废弃有错误的或停止使用的标签。

A.6.10 饲料配方应由饲料企业专职人员负责制定、核查配方设计的合理性、标注日期和签名，以确保其正确性和有效性。饲料企业应保留每批加工饲料的配料单(生产文件)。饲料企业应保存每批饲料的生产配方原件，包括以下详细内容：

a） 饲料产品名称；

b） 用于生产饲料的各种原料(包括药物饲料添加剂)的名称和添加数量。

A.6.11 制定所有生产工序的操作规范和必要的文件，如混合步骤、混合时间、设备安装等。

A.6.12 制定产品化验分析取样频率和取样方法的操作规范。

A.6.13 饲料企业应保留所有的生产文件，如化验室分析报告，送货或销售票据以及其他可以证明饲料是按照有关标准生产的资料和客户对饲料企业产品的投诉及处理记录。

A.6.14 饲料企业应有处理客户投诉的书面制度，应包括以下内容：

a） 投诉日期；

b） 投诉人姓名和地址；

c） 投诉的产品标签和批号；

d） 投诉的详细内容；

e） 饲料企业解决投诉所采取的调查和处理过程的细节。

A.7 追溯和召回

饲料企业应有书面的召回程序，以便完整及时地召回市场上的有疑点或已发现问题的产品，而且应证明通过演练记录文件可以保证召回程序得到贯彻执行。

A.8 卫生操作程序

饲料企业应当根据不同的生产工艺和条件建立并实施书面的卫生操作程序。

附　录　B
（资料性附录）
HACCP 计划的格式范例

表 B.1　危害分析工作单

(1) 加工步骤	(2) 确定潜在危害	(3) 是显著危害吗？（是/否）	(4) 说明作出栏目(3)决定的理由	(5) 可采用什么预防措施来防止显著危害	(6) 这一步骤是关键控制点吗？（是/否）
	生物危害 化学危害 物理危害				
	生物危害 化学危害 物理危害				
	生物危害 化学危害 物理危害				

表 B.2　HACCP 计划表

(1) 关键控制点	(2) 显著危害	(3) 每个预防措施的关键限制	(4)	(5)	(6)	(7)	(8) 纠正措施	(9) 记录	(10) 验证
			监控						
			监控什么	怎么监控	监控频率	谁来监控			

表 B.3 产品描述

工厂	HACCP计划作者:________日期________页码________ 批准人:________________修订号:________________
工艺/产品名称	
1. 主要产品名称	
2. 主要产品特性(水分,pH,防腐剂,抗氧化剂)	
3. 使用方法	
4. 包装	
5. 保质期	
6. 销售对象	
7. 标签说明	
8. 特殊分销控制	

表 B.4 工艺流程图

产品名称:

日期:________________ 批准________________

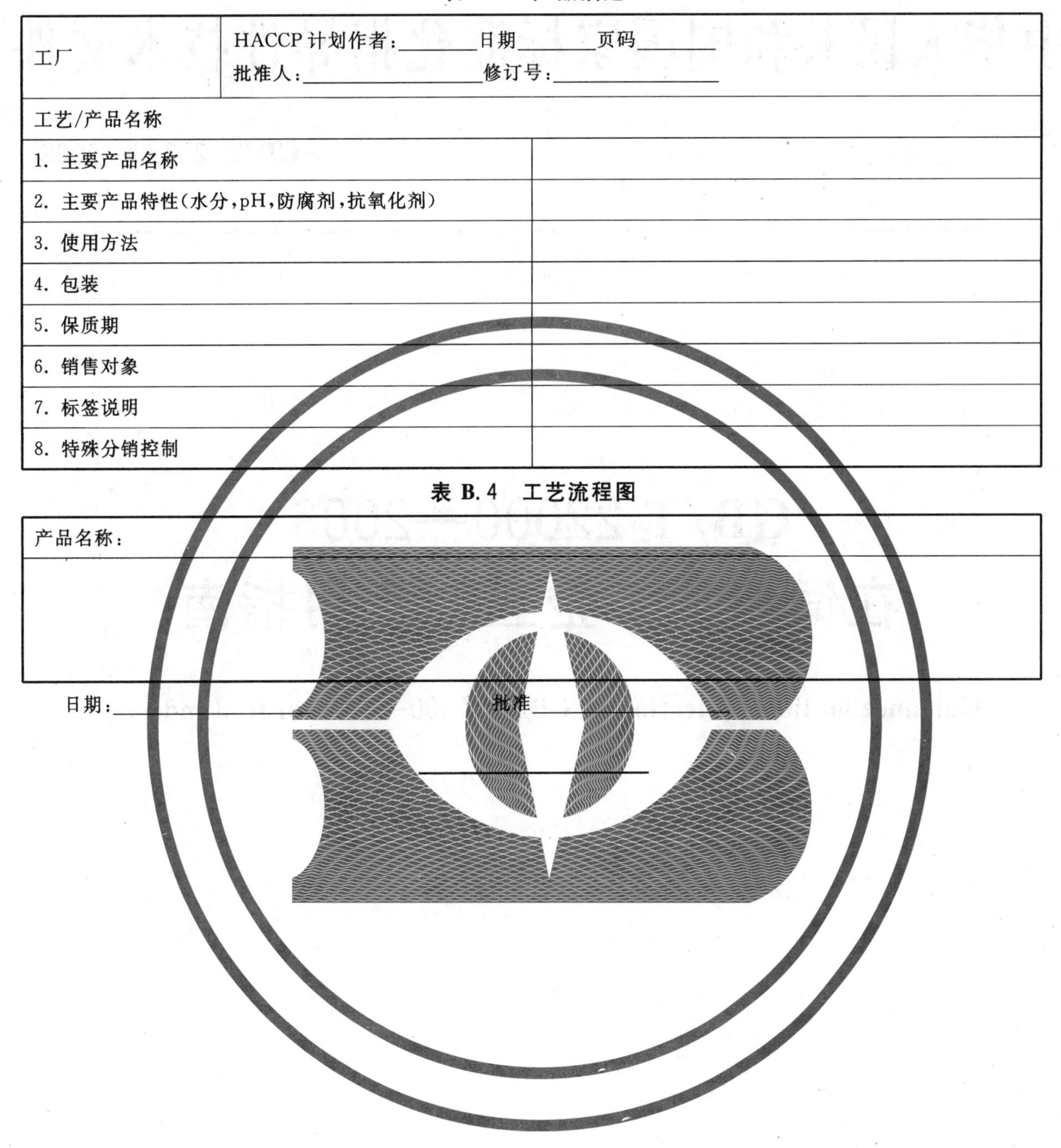

ICS 65.120
B 00

中华人民共和国国家标准化指导性技术文件

GB/Z 23738—2009

GB/T 22000—2006 在饲料加工企业的应用指南

Guidance on the application of GB/T 22000—2006 in feed industry

2009-05-12 发布

2009-09-01 实施

中华人民共和国国家质量监督检验检疫总局
中国国家标准化管理委员会 发布

前　言

本指导性技术文件参考 GB/T 22004《食品安全管理体系　GB/T 22000—2006 的应用指南》制定。

本指导性技术文件的附录 A 为规范性附录，附录 B 为资料性附录。

本指导性技术文件由全国饲料工业标准化技术委员会(SAC/TC 76)提出并归口。

本指导性技术文件起草单位：中国饲料工业协会、北京华思联认证中心。

本指导性技术文件主要起草人：沙玉圣、辛盛鹏、李燕松、胡广东、王黎文、秦玉昌、王冬冬、王峰、赵之阳、刘今玉、张逸平、张淑清、罗世文、杨海华。

引　言

0.1 总则

食品安全管理体系应用于从农作物种植到零售商、食品服务者和餐饮提供者整个食品链。饲料加工企业通过采用该体系，可以确保产品符合法律、法规和（或）顾客规定的要求。

饲料加工企业的食品安全管理体系的设计和实施受诸多因素的影响，特别是饲料安全危害、所提供的产品、采用的过程及饲料加工企业的规模和结构。本指导性技术文件提供了 GB/T 22000—2006 在饲料加工企业的应用指南。

0.2 食品链和过程方法

饲料加工企业位于食品链上游，因此，饲料加工企业在建立和实施食品安全管理体系时，需考虑单一饲料、饲料添加剂生产企业与初级食品生产企业对其活动的影响，并确保进行有效的相互沟通。

为使饲料加工企业有效且高效地运作，应识别和管理众多相互关联的活动。通过使用资源和管理，将输入转化为输出的活动可视为过程。

在饲料加工企业内过程的系统应用，连同过程的识别和相互作用及其管理，称为“过程方法”。

过程方法的优点是对过程系统中各个过程的联系及其组合和相互作用进行实时的控制。

在食品安全管理体系中应用过程方法时，强调以下方面的重要性：

a) 理解并符合要求；

b) 需要考虑与食品安全和可追溯有关的过程；

c) 获得过程实施的结果及有效性；

d) 在客观测量的基础上持续改进过程。

图 1 是一个基于过程的食品安全管理体系模式，阐明了 GB/T 22000—2006 第 4 章至第 8 章提出的过程之间的关系。图 1 的模型并未详细地反映所有的过程。

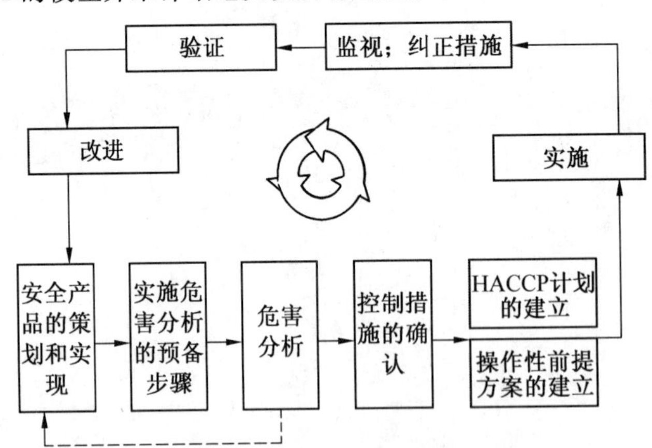

图 1　持续改进的概念

GB/T 22000—2006
在饲料加工企业的应用指南

1 范围

本指导性技术文件为添加剂预混合饲料、浓缩饲料、配合饲料和精料补充料等饲料加工企业按照GB/T 22000—2006 的要求建立和实施食品安全管理体系提供了指南。

2 规范性引用文件

下列文件中的条款通过本指导性技术文件的引用而成为本指导性技术文件的条款。凡是注日期的引用文件,其随后所有的修改单(不包括勘误的内容)或修订版均不适用于本指导性技术文件,然而,鼓励根据本指导性技术文件达成协议的各方研究是否可使用这些文件的最新版本。凡是不注日期的引用文件,其最新版本适用于本指导性技术文件。

GB/T 10647 饲料工业术语

GB 10648—1999 饲料标签

GB 13078 饲料卫生标准

GB/T 16764 配合饲料企业卫生规范

GB/T 20803 饲料配料系统通用技术规范

GB/T 22000—2006 食品安全管理体系 食品链中各类组织的要求

NY 5027 无公害食品 畜禽饮用水水质

NY 5071 无公害食品 渔用药物使用准则

NY 5072 无公害食品 渔用配合饲料安全限量

饲料添加剂和添加剂预混合饲料生产许可证管理办法(中华人民共和国农业部 24 号令)

饲料生产企业审查办法(中华人民共和国农业部 73 号令)

3 术语和定义

GB/T 10647、GB/T 22000—2006 确立的以及下列术语和定义适用于本指导性技术文件。

3.1

饲料安全危害 feed safety hazard

可能存在或出现于饲料产品中,通过动物采食转移至食品中,并由此可能导致人类不良健康后果的因素。

[GB/T 22000—2006 定义 3.3 注 4]

4 GB/T 22000—2006 中“4 食品安全管理体系”的应用指南

4.1 总要求

饲料加工企业建立食品安全管理体系时,首先要明确体系覆盖的范围。饲料加工企业可以自由选择实施体系的界限和范围,可选择整个组织范围,如某集团公司总部及下属各分公司,也可选择组织内部的某特定区域和生产场所,如某分公司;可将组织的全部产品纳入体系覆盖的范围,也可只选择覆盖所有产品中的一部分。

若饲料加工企业将能够对终产品产生影响的过程外包给外部组织实施，如将产品运输委托给货运公司，将除虫灭鼠委托给专业除虫害公司等，饲料加工企业应识别出这些外包过程，予以控制，并用文字描述外包过程的责任部门和控制方法。

GB/T 22000—2006 允许饲料加工企业，特别是小型饲料加工企业实施由外部制定和建立的前提方案、操作性前提方案和 HACCP 计划的组合。但应满足如下要求：

a) 已制定的组合符合 GB/T 22000—2006 中对危害分析、前提方案和 HACCP 计划的要求；

b) 采取了具体措施使外部制定的组合适用于本企业；

c) 该组合已得到实施，并且按照 GB/T 22000—2006 的其他要求运行。

4.2 文件要求

饲料加工企业应制定、形成、实施、评审和保持食品安全管理体系文件。构成体系的文件通常包括产品规范、HACCP 计划、操作性前提方案和前提方案以及其他要求的运行程序，包括任何源于外部过程的合同(例如：运输、虫害控制、产品检测)。饲料加工企业使用的文件应保证在需要的时间和地点获得，并以任何有效形式提供(例如：书面形式，电子版或图片)。

由于饲料加工企业的规模、产品复杂程度，人员能力存在差异，企业使用外部制定的前提方案、操作性前提方案和 HACCP 计划组合的程度不同，因此每个饲料加工企业的文件类型和范围可能不同。

如果饲料加工企业使用外部制定的前提方案、操作性前提方案和 HACCP 计划的组合，则其对本组织的适宜性情况应形成文件，该文件作为食品安全管理体系的一部分。

饲料加工企业在生产、经营等活动中应使用与饲料安全有关的外部文件，例如：满足法律法规和顾客的要求。在某些情况下，电子文档也应符合法规要求。

在规定的期限以及受控条件下，保持适当的记录是饲料加工企业的一项关键活动。在考虑产品预期用途以及产品在整个食品链中预期保质期的情况下，饲料加工企业应依据保持的记录做出决策。

5 GB/T 22000—2006 中“5 管理职责”的应用指南

5.1 管理承诺

包括确定与体系建立和实施有关的意识和领导的积极行动等在内的方式，可以作为饲料加工企业提供最高管理者对食品安全管理体系承诺的证据。

在饲料行业，考虑保持经济性的同时，生产安全、有效、不污染环境的饲料产品，将饲料产品危害降低到可接受水平是非常重要的。

管理层应当承诺建立、保持和持续运行食品安全管理体系并配备必要的资源。最高管理者首要任务就是确定食品安全小组成员，并支持他们的活动。

5.2 食品安全方针

食品安全方针是每个饲料加工企业食品安全管理体系的基本原则。食品安全方针应规定可测量的目标和指标。可测量的活动可以包括识别和实施，以改进体系任何方面的活动(例如：杜绝盐酸克伦特罗、三聚氰胺等违禁物质，重大饲料产品安全事件为零等)。

目标应是具体的、可测量的、可达到的、相关的和有时限的。

确保目标和方针符合饲料加工企业的经营目标，法律法规要求和任何来自顾客特定的补充的安全要求。

5.3 食品安全管理体系策划

策划确保饲料加工企业明确各种要求(输入)并能很好地满足这些要求(输出)。同时，饲料加工企业应建立一套策划机制，当食品安全管理体系(例如：产品、工艺、生产设备、人员等)发生变更时需要进行再策划，确保变更不会给饲料安全带来负面影响，不影响实现食品安全方针与目标，并且确保体系的完整性。

5.4 职责和权限

饲料安全管理应依赖于整个饲料加工企业各个环节职能的发挥。每位员工都应知道其职责以达到既定的方针和目标，满足顾客对饲料安全和质量的要求。

5.5 食品安全小组组长

食品安全小组组长是饲料加工企业食品安全管理体系的核心，应是饲料加工企业的成员并了解饲料加工企业的饲料安全事项。当食品安全小组组长在饲料加工企业中另有职责时，不应与食品安全的职责相冲突。

食品安全小组组长的职责可以包括与外部相关方就食品安全管理体系的有关事宜进行联系。

建议食品安全小组组长具备饲料卫生管理和 HACCP 原理应用方面的基本知识。

5.6 沟通

沟通的目的是确保发生必要的相互作用。

外部沟通旨在交换信息，以确保危害在食品链的某一环节通过相互作用得到控制，例如：

a) 对于可不由饲料加工企业控制或饲料加工企业无法控制而必需在食品链的其他环节得到控制的食品安全危害，与农作物种植者、饲料添加剂生产者等饲料原料供方，畜禽、水产养殖者以及初级食品(肉、禽、蛋、乳与鱼制品)生产者交换信息；

b) 与顾客交换信息，作为相互能接受的食品安全水平(顾客要求的)的依据；

c) 与立法和执法部门以及其他组织的沟通。

外部沟通是指饲料加工企业和外部组织以合同或其他方式，就要求的食品安全水平和按照协商要求交付能力达成一致的方法。饲料加工企业应建立与立法、执法部门以及其他组织沟通的渠道，以作为提供公众可接受的食品安全水平以及确保饲料加工企业可信度的基础。

指定人员在沟通技巧方面的培训也是一个重要方面。

饲料加工企业内部的沟通体系宜确保参与各类操作和程序的人员获得充分的、相关的信息和数据。食品安全小组组长在饲料加工企业内部就食品安全问题的沟通方面发挥着主要作用。对于新产品开发和投放市场，以及原料与辅料、生产系统与过程和(或)顾客及顾客要求的未来变化，饲料加工企业内部人员的沟通宜清晰且及时。应特别注意沟通法律法规要求发生的变化、新的或正在出现的食品安全危害以及这些新危害的控制方法。

饲料加工企业的任何成员在发现可能影响饲料安全的情况时应知道如何汇报。

5.7 应急准备和响应

饲料加工企业应意识到潜在的突发事件，例如：火灾、洪水、生物恐怖主义和蓄意破坏、能源故障、车辆事故、环境污染和动物疫情等。

5.8 管理评审

管理评审为管理提供机会，以评估组织在满足有关食品安全方针的目标方面的绩效，以及食品安全管理体系的整体有效性。

食品安全管理体系应当确保在饲料加工企业内所有对饲料安全有影响的活动得以不断的界定(通常指文件化)和有效实施。

6 GB/T 22000—2006 中“6 资源管理”的应用指南

6.1 资源提供

最高管理者应充分识别饲料行业相关法律法规对资源配置的要求，根据企业的方针、规模、性质、产品特性和相关方的要求确保提供所要求的充足资源。资源可包括：人员、信息、基础设施、工作环境，甚至文化环境。为了实施和改进饲料安全管理体系的各过程，满足饲料安全和顾客的要求，最高管理者应在确保生产安全产品的情况下，协调资源，确保资源的合理搭配，改进资源的分配状况，提高资源的利用效率。

6.2 人力资源

饲料加工企业应确保满足相关法律法规对人员方面的要求（见附录 A.1.2）。食品安全小组成员和其他从事影响饲料安全活动的人员应具有适当的教育、培训、技能和经验，能够胜任其工作，确保其活动不会对所生产的产品造成任何不良的健康风险。

关键岗位人员，如化验员、中央控制室操作员、设备维修人员等应满足农业部规定的职业准入制度的要求，取得职业资格证书。

对于从事影响饲料安全活动的人员，如配料员、投料员、评审潜在不合格品人员、CCP 监控人员、内审员等进行必要的培训，使其充分了解他们在体系中的职责和过程控制要求。

饲料加工企业在建立、实施或运行食品安全管理体系时，当人员在某些方面能力欠缺或缺乏特定专业知识时，可以通过聘请外部的专家来满足要求，但应以协议或合同的方式对专家的职责和权限予以规定。

6.3 基础设施

企业应确保提供建筑物、设施布局、生产设备以及支持性服务等基础设施，应给予必要的维护和保养以持续满足实现安全饲料产品的要求。企业应识别相关法律法规对基础设施的要求并予以遵守，如生产添加剂预混合饲料企业应有两台不锈钢混合机（见附录 A.2.1.1～A.2.1.4）。

6.4 工作环境

企业应识别相关法律法规对工作环境的要求，根据产品特性和企业规模等要求确保提供符合要求的工作环境。工作环境可以包括防止交叉污染的措施、工作空间的要求、防护工作服的要求以及员工设施的可用性和位置。

7 GB/T 22000—2006 中“7 安全产品的策划和实现”的应用指南

7.1 总则

饲料加工企业应采用动态和系统的过程方法建立食品安全管理体系。这是通过有效的建立、实施、监视策划的活动，保持和验证控制措施，更新饲料加工过程和加工环境，以及一旦出现不合格产品而采取适当措施来实现的。

GB/T 22000—2006 第 7 章阐明了策划（见图 2）和运行阶段，而第 8 章阐述了体系的检查和改进阶段。体系的保持和改进是通过第 7 章和第 8 章所要求的策划、确认、监视、验证和更新等若干循环来体现的。在运行的体系中，任何一个阶段的变化都可能导致体系的变更。

为了建立、实施和控制食品安全管理体系，GB/T 22000—2006 按照逻辑顺序，重新界定了控制措施分为两个部分（即分为前提条件和应用于关键控制点的措施）的传统概念。控制措施分为如下三组：

a) 管理基本条件和活动的前提方案；前提方案的选择不以控制具体确定的危害为目的，而是为了保持一个清洁的生产、加工和操作环境（见 GB/T 22000—2006 7.2）；

b) 操作性前提方案，管理那些通过危害分析识别的，对于确定的危害控制到可接受水平是必要的，但不通过 HACCP 计划来管理的控制措施；

c) HACCP 计划，管理那些通过危害分析识别并确定有必要予以控制的危害，应用关键控制点的方法使其达到可接受水平的控制措施。

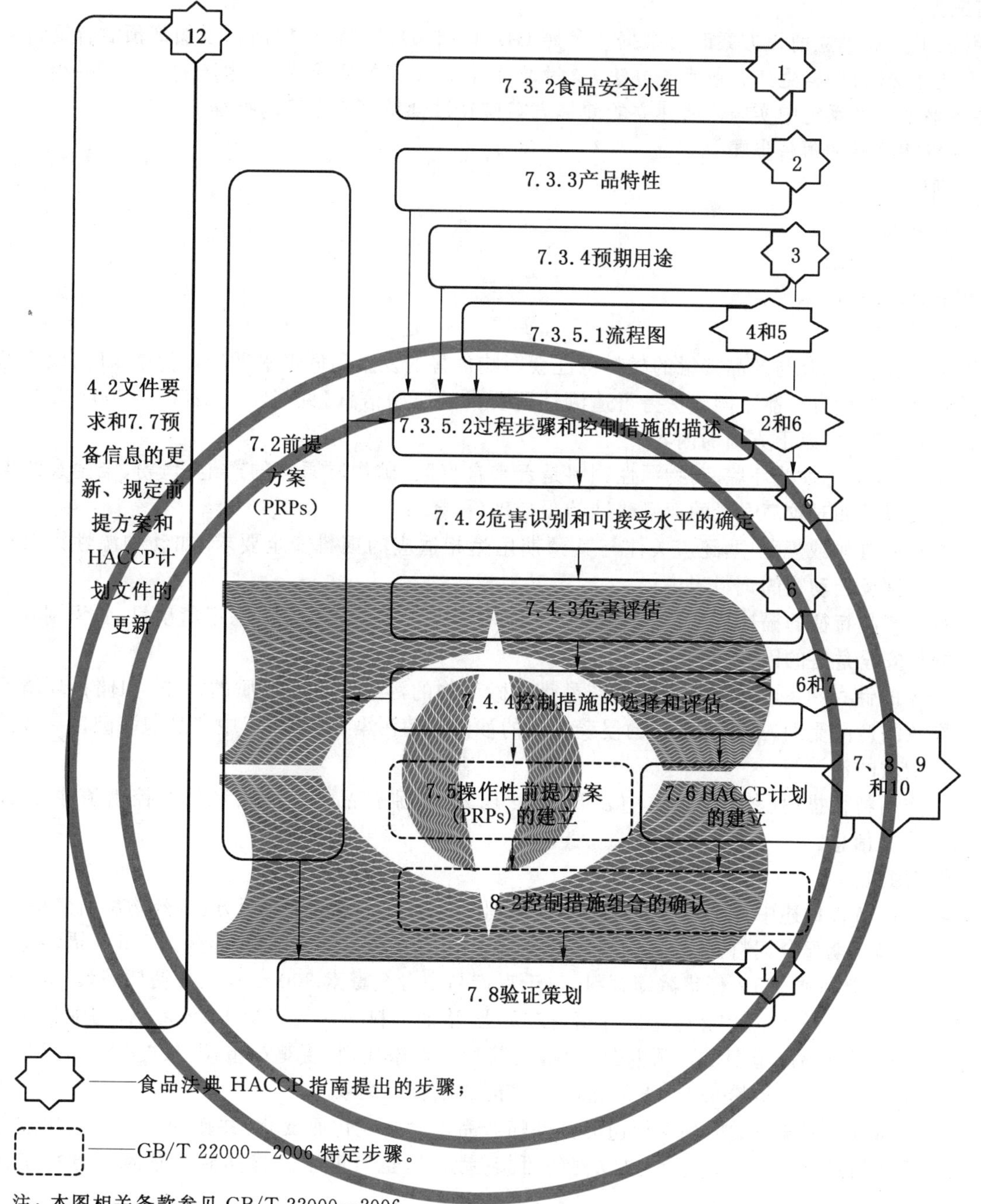

注：本图相关条款参见 GB/T 22000—2006。

图 2　安全饲料的策划

控制措施的分组有助于将不同的管理策略用于对控制不符合的措施(包括对受影响产品的处置)进行确认、监视和验证。

策划的核心要素是实施危害分析，以确定需要控制的危害(见 GB/T 22000—2006 的 7.4.3)、达到可接受水平所需的控制程度和可实现要求的控制措施组合(见 GB/T 22000—2006 的 7.4.4)。为确保实现上述目的，预备步骤是必要的(见 GB/T 22000—2006 的 7.3)，以提供和汇集相关的信息。

危害分析确定了适宜的控制措施，并对这些措施进行分类，分别由 HACCP 计划和(或)操作性前提方案来管理，这将有助于随后对有关控制措施如何实施、监视、验证和更新等内容的设计(见 GB/T 22000—2006 的 7.5～7.8)。

如果外部的控制措施组合能力满足 GB/T 22000—2006 中 7.2～7.8 的要求，则饲料加工企业可以利用外部能力建立控制措施组合。

7.2 前提方案

饲料加工企业建立前提方案时可根据或参照 GB/T 16764、《饲料添加剂和添加剂预混合饲料生产许可证管理办法》、《饲料生产企业审查办法》及附录 A 第 A.2 章的要求，按照生产的不同产品类别具体制定，并在整个生产系统中实施。所建立的前提方案应经过食品安全小组的批准。

7.3 实施危害分析的预备步骤

7.3.1 总则

未提供指南。

7.3.2 食品安全小组

见附录 A.1.1。

7.3.3 产品特性

当原材料、辅料以及与产品接触的材料可能会影响危害的发生和危害水平的评价结果时，应考虑其来源。需要考虑的信息可能不同于保持可追溯性所要求的原始信息(见 GB/T 22000—2006 7.9)。适宜时，原料描述应考虑以下方面的内容：

a) 玉米、大豆等种植环境、动物源性饲料是否来自疫区、矿物质原料的产地；鱼粉、维生素的生产方式以及如对较高含量的亚硒酸钠的预处理(稀释)；

b) 在接收准则或规范中，还应关注与其预期用途相适应的饲料安全要求，如动物源性饲料禁止添加到反刍动物的饲料当中；

c) 对终产品特征的描述应列出 GB 10648—1999 中 5.3 产品成分分析保证值项目，要识别其有关饲料安全危害的因素；

d) 产品的储存和运输环境有可能给产品带来微生物的污染和外来杂质的污染，如储存环境不当导致的产品受潮、虫鼠害和鸟的侵袭导致的沙门氏菌污染、运输过程中产品包装破损导致的外来杂质的污染等。

通过对产品特性描述(参见附录 B 中表 B.1、表 B.2)，识别产品内在因素和外在控制条件，给危害分析提供充分的信息。

7.3.4 预期用途

在终产品的特性描述中需考虑产品适用动物类别，适用期等，应描述使用方法、药物配伍禁忌、停药期等。如肉仔鸡中期配合饲料，每千克饲料含有金霉素 50 mg、盐霉素 60 mg，停药期 7 d，4 周龄至出栏前 1 周肉仔鸡，直接饲喂；25%仔猪浓缩饲料，每千克产品中含金霉素 300 mg，硫酸粘杆菌素 40 mg，停药期为 7 d，适用于 15 kg～30 kg 体重的仔猪，按“25% 浓缩饲料＋70%玉米＋5%麦麸”的配料比例混合均匀后饲喂；4%蛋鸡产蛋期复合预混合饲料，无药物饲料添加剂，蛋鸡产蛋期，按“玉米 59.2%＋豆粕 26.1%＋麸皮 4.3%＋石粉 6.4%＋预混料 4%”配比混合后饲喂。

包含上述与饲料安全有关的预期用途的文件随产品用途的变化而变化，并按照 7.7 的要求进行更新。预期用途的信息有助于确定适宜的危害的可接受水平，也有助于选择达到上述水平的控制措施组合。

7.3.5 流程图、过程步骤和控制措施

7.3.5.1 流程图

饲料加工企业应绘制其体系范围内产品和过程的流程图，用于获得食品安全危害可能产生、引入和增加的信息。饲料加工企业的产品和过程流程图包括：厂区平面图、产品工艺流程图、人流图、物流图等，绘制的流程图应准确、详细和清晰，便于危害识别、危害评价和控制措施的识别，并表明控制措施的来源、相关位置和饲料安全危害可能引入及其重新分布的情况。

如果企业生产过程中具有源于外部的过程或分包过程，应在工艺流程图中标明，工艺流程图还应包括原料、辅料和中间产品的投入点(如复合预混料生产过程可能包括三级混合过程)，以及返工点和循环点，如制粒过程中不合格粒度产品的返工过程。流程图中还应包括终产品、中间产品的放行点。

7.3.5.2 过程步骤和控制措施的描述

食品安全小组应组织相关人员对过程流程图中的所有步骤进行描述，适用时，这些描述可包括：过

程步骤的目的、过程的变异性、过程步骤的作用和过程步骤所要满足的参数等。过程参数包括物料重量、混合时间、调质与制粒温度等,其中各步骤所引入、增加或控制的每种危害及其控制措施(见附录A第A.3章关键过程控制)应尽量详细描述,以便所提供的信息能评价和确认控制措施应用强度的效果。

针对控制措施的描述包括但不限于如下内容:

a) 有些控制措施存在于生产过程的工序中,如配料工序、投料过程控制等;

b) 有些控制措施则拟包含或已包含于操作性前提方案中,如已经包含于操作性前提方案中的预防交叉污染的方案等;

c) 有些控制措施,需要由食品链中其他环节(例如:原料供应商、分包方和顾客)和(或)通过社会方案实施(例如:环保一般措施)而控制,如原料中的农药残留控制。

应识别有关控制措施描述的变化,如顾客和饲料行业主管部门要求的变化,并将之用于上述描述的更新,更新应按照7.7的要求进行。

7.4 危害分析

7.4.1 总则

未提供指南。

7.4.2 危害识别和可接受水平的确定

7.4.2.1 危害识别时可基于如下获得的信息:

a) 根据7.3预备步骤中所获得的信息,包括原料、辅料及饲料接触材料本身的饲料安全危害及其控制措施,生产过程中引入、增加和控制的饲料安全危害,以及企业控制范围外的饲料安全危害控制措施;

b) 依据本企业获得的历史性经验和外部信息。例如,通过本企业在以往的生产活动中危害发生的实际情况和历史数据获取的信息,包括查询主管部门、同行业、农作物种植者、饲料添加剂生产者与初级食品生产者与本产品相关的食品安全危害、顾客抱怨或投诉和相关文献获得的饲料安全信息。可考虑如下方面:

——原料、配料或饲料接触物中饲料安全危害的流行状况;

——来自设备、加工环境和生产人员的直接或间接污染;

——可能滋生微生物的产品残渣;

——微生物的繁殖(例如:有些原料或饲料产品水分超标发霉变质或产生毒素);

——化学品的残留(例如:药物饲料添加剂的残留)。

7.4.2.2 针对所识别的饲料安全危害,在描述该危害(参见附录B中表B.3)时,应明确描述到具体的种类,如:混合工序中由于设备清理不到位而导致的霉菌的污染、批次间清理不当导致的药物饲料添加剂的残留等。

7.4.2.3 可接受水平是饲料加工企业的终产品进入食品链下一环节时,为确保食品安全,某特定危害需要被控制的程度。通常可接受水平是终产品标准。终产品的可接受水平可通过以下一个或多个来源获得的信息来确定。

——终产品标准(例如:GB 13078)或由产品生产国或消费国政府立法或执法部门制定的目标、指标;

——与初级食品生产者进行沟通所获得的有关食品安全的信息;

——当缺乏国家法规或标准时,或企业的自身要求高于国家的要求时,可以是企业标准或饲料行业的标准。

考虑与顾客达成一致的可接受水平和(或)法律法规的标准,当同一批产品在多个消费国家出售时,食品安全小组可将最严格的标准确定为可接受水平。当缺乏法律规定的标准时,可通过科学文献和专业经验获得。

可接受水平确定的依据应作为证据加以保存,并将可接受水平的结果作为记录保存。

7.4.3 危害评估

企业应将7.4.2中已识别的危害进行评估,以确定需企业进行控制的饲料安全危害。

在进行危害评价时，可考虑以下方面：

a) 危害的来源，如危害可能从“哪里”和“如何”引入到产品中(例如：饲料原料中含有霉菌毒素、设备中药物饲料添加剂的残留或添加的矿物质重金属超标等)；

b) 危害发生的概率；

c) 危害的性质(例如：致病菌繁殖、产生或污染，产生毒素的能力等)；

d) 危害可能导致的不良健康影响的严重程度(例如：大致可分为：“灾难性”、“严重”、“中度”和“可忽略”)。

食品安全小组根据产品特性和沟通获得的信息，进行危害评估。当危害评估所需的信息不充分时，可通过科学文献、行业主管部门的数据库、专家和专业咨询机构获得更多的信息。

企业可采用风险评估表(参见附录B中表B.4)对已识别的危害进行分类，确定风险的性质，然后将危害按照风险分级表(参见附录B中表B.5)进行分级，从而确定企业需要控制的危害。

企业根据其确定的可接受水平，结合制定的食品安全方针和目标，确定在何种级别的饲料安全危害应由企业进行控制。企业根据危害评估的结果，制定出需要控制的饲料安全危害清单(参见附录B中表B.6)。

危害分析可以确定不需要饲料加工企业控制的危害。例如，在不需要饲料加工企业干预的情况下，引入或发生确定的饲料安全危害就可达到规定的可接受水平。也可能在农作物种植者、饲料添加剂生产者与初级食品生产者已经实施了充分控制和(或)饲料加工企业中不可能引入或产生危害，或者可接受水平相当低，饲料加工企业无论怎样都能达到。

7.4.4 控制措施的选择和评估

7.4.4.1 控制措施的选择：可以从GB/T 22000—2006的7.2.3(起草的或者先前应用的操作性前提方案)，7.3.3.1a)、d)、e)和f)，7.3.3.2 b)～g)，7.3.5.1(过程步骤)和7.3.5.2(外部组织对控制措施的要求)中选择控制措施。

7.4.4.2 控制措施的评估和组合：特定的食品危害通常需要由一种以上的控制措施来控制，一种以上的食品安全危害也可以由同一种控制措施控制(但要求达到相同的程度)。因此对于依据GB/T 22000—2006的7.4.3确定的每个危害，建议首先选择适当的控制措施组合来控制，然后确定控制所有危害需要的全套控制措施。

GB/T 22000—2006的8.2要求通过确认证实控制措施组合能够达到预期的控制水平，如果不能证实这种能力，则应修改控制措施组合。

当控制措施不能被确认时，不能将其包括在HACCP计划或操作性前提方案中，但能应用在前提方案中。

评估和确认过程可能产生这样的结果，即由于先前采用的或草拟的控制措施被证实超过了实际需要而进行必要控制的要求。如果希望(持续的)采用这些控制措施，可根据这些控制措施与饲料加工企业食品安全管理体系总体相关性来考虑这些控制措施，或将这些控制措施整合到前提方案中。

7.4.4.3 控制措施的分类：饲料加工企业可能希望尽可能多的控制措施由操作性前提方案管理，而将少量的控制措施由HACCP计划中管理，或者相反。需要提及的是，在某些情况下无法确定关键控制点，例如：因为在足够的时间框架内不能提供监视结果。

由于在分类之前已经确认了控制措施组合的效果，即使所有控制措施完全都由操作性前提方案管理，也能达到食品安全。

以下可以在分类过程中为饲料加工企业提供指南：

——控制措施对危害水平和危害发生频率的影响(影响越大，控制措施越可能属于HACCP计划)；

——措施所控制的危害对消费者健康影响的严重性(越严重，控制措施越可能属于HACCP计划)；

——监视的需要(需要越迫切，控制措施越可能属于HACCP计划)。

7.5 操作性前提方案(PRPs)的建立

通过7.4.4对控制措施选择和评价结果，需要通过操作性前提方案管理的危害，操作性前提方案的制定格式(参见附录B中表B.7)。

通常对操作性前提方案中所管理的控制措施采用较低的监控频率，例如相关参数每周检查一次。由于危害分析输入和输出的变化，可导致最初通过操作性前提方案所管理的控制措施的评价结果和分类发生变化，或先前通过 HACCP 计划管理的控制措施也发生变化，因此随着变化应更新操作性前提方案。此外，终产品的可接受水平的变化，以及需控制的产品的安全危害及其他环境变化，都可能影响管理控制措施的方案或计划发生变化。

当操作性前提方案中所管理的控制措施失控时，所规定的监控方法和频次应能够对这种情况及时反应，以便及时采取纠正措施。

7.6 HACCP 计划的建立

7.6.1 HACCP 计划

本条款给出了 HACCP 计划的格式要求(参见附录 B 中表 B.8)。

由于多个因素影响可接受水平，确定的需控制的饲料安全危害也受到企业的食品安全方针、目标和顾客饲料安全要求以及法律法规的影响，这些因素的变化都可能导致 HACCP 计划的变化，因此，HACCP 计划也需要更新。

7.6.2 关键控制点(CCPs)的识别

关键控制点是 HACCP 计划中的控制措施所在的那些步骤(见图 3)。

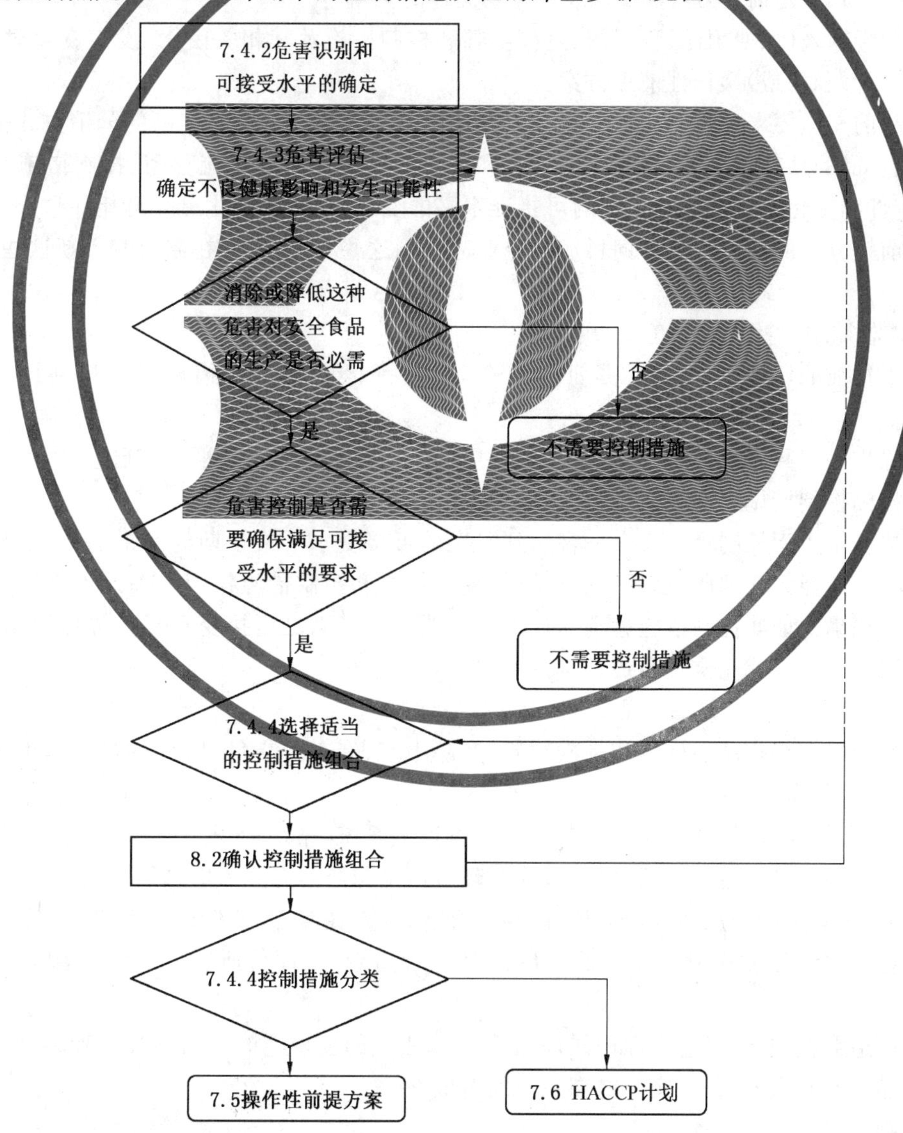

注：本图相关条款参见 GB/T 22000—2006。

图 3 判断树

7.6.3 关键控制点的关键限值的确定

应设计关键限值，确保控制所针对的食品安全危害。对于用于控制一个以上食品安全危害的关键控制点，则应针对每个食品安全危害建立关键控制限值。

7.6.4 关键控制点的监视系统

大多数关键控制点的监视程序应提供与在线过程有关的实时信息。此外，监视应及时提供信息，做出调整，以确保过程受控，防止偏离关键限值。因此，可能没有时间做耗时的分析检验。由于物理和化学测量操作迅速，通常他们在提供微生物控制程度的信息方面更优于微生物检验。当确认和验证这些测量方法时，可以采用微生物检验方法。如对于药物残留的控制，通常由指定人员对配方中药物饲料添加剂的合法性进行确认，对配料、投料过程进行监控，以此即可实现用药合理性的在线监控。可以采用检验饲料中药物残留的方法。

7.6.5 监视结果超出关键限值时采取的措施

关键限值设定于产品变为不安全的临界点。因此在实际中，通常按照过程可能发生失控的提前预警限值操作。当超出警戒限值时，饲料加工企业可以选择是否采取任何措施。

7.7 预备信息的更新、规定前提方案和 HACCP 计划文件的更新

当影响危害分析输入（预期用途、流程图、过程步骤和控制措施及其相关因素）发生变化时，应更新已制定的 HACCP 计划和（或）操作性前提方案。

当顾客对产品的安全要求发生变化、法律法规、企业的食品安全方针和终产品的分销方式等发生变化时，有可能导致产品的预期用途的变化，生产工艺和配方的变化可能导致流程图、控制措施和过程步骤地变化，产品特性的变化可能导致终产品的可接受水平的变化，上述的变化最终可能导致 HACCP 计划和（或）操作性前提方案的变化，因此，饲料加工企业应识别这些变化，以便在需要时更新这些信息。

7.8 验证策划

确认、验证和监视的概念经常混淆。

——确认是操作前的评估，它的作用是证实单个（或者一个组合）控制措施能够达到预期的控制水平；

——验证是操作期间和之后进行的评估，它的作用是证实预期的控制水平确实已经达到；

——监视是探测控制措施失控的程序。

验证的频率取决于用于控制食品安全危害达到确定的可接受水平或预期的效果的不确定程度，以及监视程序查明失控的能力。因此，该频率取决于与确认结果和控制措施作用有关的不确定度（例如：过程变化）。例如，当确认证实控制措施达到的危害控制明显高于满足可接受水平的最低要求时，控制措施的有效性验证可以减少或完全不需要。

7.9 可追溯性系统

饲料加工企业应根据终产品的标志和批次编码、产品生产、储存和交付过程中的记录，确保产品的可追溯性。

企业应建立从原材料的使用至产品交付各环节的可追溯系统，系统应识别原料、辅料、包装材料的直接供应方、使用产品的批次、生产日期等信息；生产环节当中与产品有关的信息如产品的班次（批次）、设备运行数据等；交付有关的信息如客户信息、产品的批次、生产日期等（见附录 A 第 A.5 章）。

企业可采用定期演练的方式或对发生的问题产品进行追溯，来评价所建立的可追溯系统的完善程度。

企业应保持可追溯性记录，可追溯性记录应符合法律法规的要求，如 GB 10648—1999、顾客要求，以确保不安全产品的及时撤回，并证实可追溯系统的有效性。

7.10 不符合控制

7.10.1 纠正

企业应制定文件化的程序，规定不符合关键限值或操作性前提方案失控时所生产的产品如何处置。

程序应包括并规定如下内容:负责纠正人员的职责和权限;如何根据可追溯性系统识别受影响的终产品;哪个部门或人员负责受影响终产品的评估;评估的标准和方法;纠正方案批准人员的职责和权限等。同时,程序中还可规定对终产品评估后的相关响应。纠正的记录应包括:产品的批次信息、不符合的性质、原因及其后果,记录应由负责人签字。

7.10.2 纠正措施

监控结果,包括关键控制点超出和操作性前提方案不符合的结果,以及顾客投诉、验证结果中的不符合都需要采取纠正和纠正措施。

应在形成文件的程序中规定,采取纠正措施的人员的职责和权限;评审的内容;不符合原因的分析要求;确定所采取的纠正措施;所采取纠正措施的评价及跟踪验证要求;对所采取纠正措施的结果的记录要求等。

7.10.3 潜在不安全产品的处置

7.10.3.1 总则

受不符合关键限值或不符合操作性前提方案影响的产品均为潜在不安全产品。企业应编制形成文件的程序,在程序中规定潜在不安全产品的评审及处置人员的职责和权限;评审及处置的方法;潜在不安全产品的控制及其响应等。

7.10.3.2 放行的评价

潜在不安全产品在评价安全前,应在饲料加工企业的控制之下。只有受影响的产品符合如下条件之一时,才能作为安全产品放行:

a) 除监视系统外的其他证据证实控制措施有效;
b) 证据显示,针对特定产品的控制措施的组合作用达到预期效果(即符合7.4.2确定的可接受水平);
c) 充分抽样、分析和(或)其他验证活动的结果证实受影响批次的产品符合确定的食品安全危害的可接受水平。

7.10.3.3 不合格品的处理

当按照7.10.3.1条和7.10.3.2条评价后,应在形成文件的程序中规定为不安全的产品按照如下方式进行处理:

a) 在饲料加工企业内或饲料加工企业外重新加工或进一步加工,以保证食品安全危害消除或降至可接受水平;
b) 销毁和(或)按废物处理。

7.10.4 撤回

企业应建立形成文件的程序,以控制交付后不安全产品所发生的饲料安全危害,识别和评价待撤回产品,并通知相关方,防止饲料安全危害的扩散。

在形成文件的程序中规定:撤回产品的类别、产品撤回的途径、通知相关方的途径及撤回产品的处置方法等。

产品撤回的原因可能是顾客的投诉、可能是主管部门检查时发现,也可能是企业自身发现,还可能是媒体报道。

在获得产品撤回的信息后企业应对该批次的产品留样,甚至扩大批次产品的留样进行复查,以查明产品是否不安全及其不安全的原因,同时通知相关方,通过适当途径进行撤回。

企业应通过模拟撤回、实际撤回等形式,验证撤回程序的有效性。

8 GB/T 22000—2006 中“8 食品安全管理体系的确认、验证和改进”的应用指南

8.1 总则

本章的要求是证实所策划的食品安全管理体系活动是可靠的,能够达到并确实达到了所期望的对

饲料安全危害的控制要求。

饲料加工企业管理者的职责是确保策划的食品安全管理体系运行，并发挥预期的控制作用，以及在提供新信息时对控制措施及管理体系进行更新。

食品安全小组最重要的职责之一就是有计划的实施对食品安全管理体系进行确认、验证和改进。食品安全小组应首先明确确认方法、验证程序及方法等活动，如统计技术的应用，变换方法计算等，以保证确认、验证及改进活动顺利进行。通过确认和验证，找到改进及更新体系的机会。

8.2 控制措施组合的确认

控制措施组合是指操作性前提方案和 HACCP 计划中的控制措施，两者的共同使用具有协同效应。对于相同产品的饲料生产企业，如预混料生产企业，如使用了不同的原料、不同的饲料配方及不同的设备，或者产品面对不同的客户，操作性前提方案和 HACCP 计划中的控制措施要求可能是不一样的。

确认过程为控制措施组合实现满足可接受水平的产品提供保证，确认通常包括以下活动：

a) 参考其他饲料加工企业实施的确认、科学文献、经验知识；

b) 模拟过程条件的实验室试验；

c) 在正常操作条件下收集的生物性、化学性和物理性危害数据；

d) 设计的调查统计学调查；

e) 数学模型；

f) 采用权威机构提供的指导。

如果采取其他饲料加工企业实施的确认，应注意预期应用的条件要与所参考的确认条件一致，可以采用普遍认可的行业作法。确认可以由外部相关方进行，微生物检验或分析检测能有效验证过程处于受控并生产可接受的产品。

如果出现附加的控制措施、新技术和设备，控制措施的变更，产品(配方)变更，识别出新的或正在显现的危害，危害发生的频率的变化，或体系发生未知原因的失效等，体系就需要重新确认。

8.3 监视和测量的控制

对于大宗饲料原料及产品，感官检验非常重要。这种感官测试的工作可视为“检验设备”，这种行为应被定期检查，即为一种特殊的校准，以保证感官检验的结果符合要求，最终保证通过感官检验的原料符合要求。

需要特别注意并定期校准的监测装置包括用于称量维生素、微量元素、药物添加剂使用的电子秤、大料配料称，混合时使用的时间继电器，用于监测制粒温度的温度计等。

8.4 食品安全管理体系的验证

食品安全管理体系验证是为了保证它同策划的一样发挥作用，并按最新获得的信息及时更新。正常发挥作用的食品安全管理体系可以减少大量产品抽样和检验的需要。验证大致可以分为日常和定期验证两个阶段。

日常验证活动采用的方法、程序或检验区别于甚至多于监视体系时所用的方法、程序或检验。验证报告应包括以下信息：

——体系；

——管理和更新验证的人员；

——与监视活动有关的记录状况(对关键控制点监控及操作性前提方案的监控记录等是否符合规定的要求)；

——证明监视设备已检定或校准，并处于正常工作状态中(如：药物添加剂称量用的电子秤是否已得到检定或校准，量程和精度是否合理)；

——记录评审和样品分析的结果。

人员培训的记录应评审，评审的结果也应形成文件。

验证活动的计划是食品安全管理体系的一部分(按照 GB/T 22000—2006 的 7.8 策划，根据 8.4.2

评估)。计划应包括使用的方法和程序,频率和活动负责人员。作为食品安全管理体系一部分的验证活动应包括,例如:

——评审监视记录;

——评审偏离及其解决或纠正措施,包括处理受影响的产品;

——校准温度计或者其他重要的测量设备;

——直观地检查操作来观察控制措施是否处于受控;

——分析测试或审核监视程序;

——随机收集和分析半成品或终产品样品(如混合均匀度的测定等);

——环境和其他关注内容的抽样;

——评审顾客的投诉来决定其是否与控制措施的执行有关,或者是否揭示了未经识别的危害存在和是否需要附加的控制措施。

在进行验证活动的内部审核时(见 GB/T 22000—2006 的 8.4.1),宜遵守合理的审核原则。审核员应有能力完成审核,并独立于被审核的工作或过程,尽管他们可能来自相同的工作区域或部门。例如,在一家小的饲料加工企业的管理机构中可能仅有一个或者两个人员,这项要求就不能达到。在这种情况下要行使审核员的职责,建议管理者尝试从直接管理运行中退出来,进行客观的审核。

另一种方法是寻求与另外一家小的企业合作,互相进行内部的审核。如果两个饲料加工企业间的关系很好的话,那么这种方法是很有吸引力的。另外,外部的相关方(例如:行业协会、咨询师和检验机构)也能提供独立审核。

定期验证活动涉及整个体系的评估(见 GB/T 22000—2006 的 8.4.3)。通常是在管理或验证的小组会议中完成,并评审一定阶段内所有的证据以确定体系是否按策划有效实施,以及是否需要更新或改进。应保持会议记录,包括所有与体系有关的任何决定。应每年至少一次用此方法来验证整个体系。

8.5 改进

本条款提出了持续改进食品安全管理体系有效性的途径和方法,包括以下方面:

——内、外部充分沟通(见 5.6);

——建立食品安全管理体系自我完善机制:管理评审、内部审核(见 5.8、GB/T 22000—2006 的 8.4.1);

——策划、实施验证活动,并对验证结果及验证活动做好分析、评价(见 GB/T 22000—2006 的 8.4.2、8.4.3);

——对出现的潜在不符合,进行纠正并采取纠正措施,防止再次发生(见 7.10.2);

——根据变化的情况及时对体系实施更新(见 GB/T 22000—2006 的 8.5.2)。

最高管理者对于及时更新体系负有领导责任,更新的具体执行由食品安全小组落实,并向最高管理者报告。

附 录 A
（规范性附录）
饲料加工企业要求

A.1 人力资源

A.1.1 食品安全小组

a) 食品安全小组成员应具备多学科的知识和建立与实施食品安全管理体系的经验，包括从事饲料卫生质量控制、配方设计、原辅料采购、生产控制、实验室检验、设备维护、仓储运输、产品销售等工作人员；
b) 食品安全小组人员应理解 HACCP 原理、前提方案和食品安全管理体系的标准；
c) 食品安全小组知识和经验证实性记录和接受培训的记录应保持。

A.1.2 人员能力、意识与培训

A.1.2.1 饲料加工企业负责人应熟悉饲料相关法律法规，了解饲料相关专业知识。质量负责人专职工作经验根据企业产品类型达到规定年限要求，具有大专学历或中级以上职称，熟悉质量控制和检化验技术。生产负责人具有 2 年以上专职工作经验，具有大专学历或中级以上职称，熟悉生产工艺和生产管理技术。技术负责人具有 2 年以上专职工作经验，具有大专学历或中级以上职称，熟悉饲料相关专业知识和配方技术。

A.1.2.2 具有满足需要的熟悉动物营养、饲料配方技术及生产工艺的人员。

A.1.2.3 检化验员、中央控制室操作工、设备维修工应经过行业主管部门培训并考核鉴定。检化验人员和中央控制室操作工均应持证上岗，至少各 2 人。

A.2 前提方案

A.2.1 工厂设计、厂区环境、厂房及设施和设备

A.2.1.1 厂区

A.2.1.1.1 工厂应设置在无有害气体、烟雾、灰尘和其他污染源的地区。厂址应与饲养场、屠宰场保持安全防疫距离。

A.2.1.1.2 厂区主要道路及进入厂区的主干道应铺设适于车辆通行的硬质路面（沥青或混凝土路）。路面平坦，无积水。厂区应有良好的排水系统。厂区内非生产区域应绿化。

A.2.1.1.3 工厂的建筑物及其他生产设施、生活设施的选址、设计与建造应满足饲料原料及成品有条理的接收和贮存，并在其加工过程中得以进行有控制的流通。生产区与生活区分开。废弃物临时存放点应远离生产区。

A.2.1.1.4 严禁使用无冲水的厕所，避免使用大通道冲水式厕所。厕所门不应直接开向车间，并应有排臭、防蝇、防鼠设施。

A.2.1.1.5 厂内禁止饲养家禽、家畜。

A.2.1.2 厂房与设施

A.2.1.2.1 厂房与设施的设计要便于卫生管理，便于清洗、整理。要按生产工艺合理布局。

A.2.1.2.2 厂房内应有足够的加工场地和充足的光照，以保证生产正常运转，并应留有对设备进行日常维修、清理的通道及进出口。

A.2.1.2.3 原料仓库或存放地、生产车间、包装车间、成品仓库的地面应具有良好的防潮性能，应进行日常保洁。地面不应堆有垃圾、废弃物、废水及杂乱堆放的设备等物品。

A.2.1.3 生产车间

A.2.1.3.1 生产车间面积应与设计生产能力相匹配。

A.2.1.3.2 生产设备齐全、完好，能满足生产产品的需要。设施与设备的布局、设计和运行应将发生错误的风险降到最低，并可进行有效的清洁与维护，以避免交叉污染、残留及任何对产品质量不利的影响。

生产配合饲料、浓缩饲料、精料补充料的企业应具有原料接收、初清、粉碎、配料、混合（制粒、冷却、破碎、筛选）、计量打包、除尘等工序及相应设备。为了确保产品混合均匀，用于配合饲料、浓缩饲料、精料补充料的混合机混合均匀度变异系数 $CV \leqslant 7\%$。有预混合工艺的，应有单独的不锈钢混合机，混合均匀度变异系数 $CV \leqslant 5\%$。

生产添加剂预混合饲料的企业应有 2 台以上混合机，其中混合机规格应与生产工艺相配套，为不锈钢制造，混合均匀度变异系数 $CV \leqslant 5\%$、物料自然残留率低，密封性好，无粉尘外溢现象。

A.2.1.3.3 车间内应具有通风、照明设施。

A.2.1.4 贮存仓库和设备

A.2.1.4.1 仓库：仓库应牢固安全，不漏雨、不潮湿，门窗齐全，能通风、能密闭；有防潮、防虫、防鼠、防鸟设施；有一定空间，便于机械作业；库内不准堆放化肥、农药、易腐蚀、有毒有害等物资。

A.2.1.4.2 器具、仪器设备：配备清扫、运输、整理等仓用工具和材料；配备测温设备、测湿设备、通风设备及准确的衡器；配备抽样工具。散装立筒仓应配备有测温、通风、清理设备。

A.2.1.5 维修、保养

厂房、设备、排水系统和其他机械设施，应保持良好的状态，发现问题时应及时检修，正常情况下，每年至少进行一次全面检修。

A.2.2 其他方面前提方案管理

其他前提方案包括但不限于以下几个方面：

A.2.2.1 水的安全（适用时）

应确保生产用水符合 NY 5027 的要求。用于贮水和输水的水槽和水管及其他设备应当采用不会产生不安全污染的材料制备。

A.2.2.2 饲料接触面的状况和清洁度

用于包装、盛放原料的包装袋和包装容器，应无毒、干燥、洁净。

预混料生产企业的微量组分的料仓宜采用不锈钢材料制作。

选用的销售包装材料应符合保障产品的安全和保护产品的要求。一切包装材料都应符合有关卫生标准的规定，不应带有任何污染源，并保证材料不应与产品发生任何物理和化学作用而损坏产品。

A.2.2.3 防止交叉污染

A.2.2.3.1 生产含有药物饲料添加剂的饲料时，应根据药物类型，先生产药物含量低的饲料，再依次生产药物含量高的饲料。同一班次应先生产不添加药物饲料添加剂的饲料，然后生产添加药物饲料添加剂的饲料。

A.2.2.3.2 为防止饲料产品在生产过程中的交叉污染，在生产不同饲料产品时，对所用的生产设备、工具、容器应进行彻底清理。

A.2.2.3.3 用于清洗生产设备、工具、容器的物料应单独存放和标识，或者报废，或者回放到下一次同品种的饲料中。

A.2.2.4 防止掺杂物的污染

保护饲料、饲料包装材料和饲料接触面免受润滑油、燃料、杀虫剂、清洁剂和其他污染物的污染。

A.2.2.5 有毒化合物的标记、贮藏和使用

工厂应设置专用的危险品库，存放杀虫剂和一切有毒、有害物品，这些物品应贴有醒目的警示标志，并应制定各种危险品的使用规则。使用危险品应经专门部门批准，并有专门人员严格监督使用，严禁污染饲料。

A.2.2.6 药物饲料添加剂的管理

药物饲料添加剂存放间隔合理，避免交叉污染。应建立药物饲料添加剂接收和使用的程序和记录。

A.2.2.7 虫害鼠害的控制

应有包括描述定期检查在内的书面虫害鼠害控制计划。定期检查的结果应予以记录。任何熏蒸或类似杀虫剂化学品的使用细节应予以记录。

A.2.2.8 贮存与运输的管理

A.2.2.8.1 贮存

a) 饲料原料及饲料添加剂应贮存在阴凉、通风、干燥、洁净，并有防虫、防鼠、防鸟设施的仓库内。同一仓库内的不同饲料原料应分别存放，并挂标识牌，避免混杂；
b) 饲料添加剂、药物饲料添加剂应单独存放，并应挂明显的标识牌；
c) 饲料原料存放在室外场地时，场地应高于地面，干燥，并且应有防雨设施和防止霉烂变质措施；
d) 新建仓库在使用前应彻底清扫和密闭消毒，旧仓库要轮流清扫和消毒；
e) 在饲料的贮存期间，应注意温、湿度的变化，定期进行抽样检测，防止霉变。

A.2.2.8.2 运输

运输工具应干燥、清洁，无异味，无传染性病虫害，并有防雨、防潮、防污染设施。饲料不应与有毒、有害、有辐射等物品混装、混运。饲料、饲料添加剂、尤其是动物源性饲料原料运输工具应定期清洗和消毒。

A.3 关键过程控制

A.3.1 配方设计

配方设计应考虑饲料的安全性，满足法律法规的要求。所使用的饲料原料应在《单一饲料产品目录》和《动物源性饲料产品目录》内，禁止在反刍动物饲料中使用除乳及乳制品外的动物源性饲料产品。所添加的营养性饲料添加剂、一般饲料添加剂应在农业部公告《饲料添加剂品种目录》内。用于畜禽饲料的药物添加剂的使用应遵守农业部公告《饲料药物添加剂使用规范》，及《饲料药物添加剂使用规范公告的补充说明》、《禁止在饲料和动物饮用水中使用的药物品种目录》、《食品动物禁用的兽药及其他化合物清单》等农业部有关公告的规定；用于水产饲料的药物添加剂的使用应符合 NY 5071 的要求。

A.3.2 原料验收

应依据每种饲料原料的标准(国家或行业标准)及 GB 13078 的要求制定企业的原料接收标准，按原料接收标准对原料进行验证(检验)。对饲料添加剂应核准其有效批准文号。对药物饲料添加剂应核准其产品标签的“药添字”产品批准文号，并填写药物饲料添加剂接收和使用记录。所采购的动物源性饲料应有《动物源性饲料产品生产企业安全卫生合格证》，兼产反刍动物饲料的企业，应建立并保存动物源性饲料的接收和使用的程序和记录。

A.3.3 限量物质的添加

严格按配方进行称量、配料。当使用人工配料时，应一人称量，一人复核并记录，为了降低配料误差，应使用精度相对较高的电子秤进行称量；当使用自动配料时，配料系统应符合 GB/T 20803。确保限量物质的添加准确无误。

A.3.4 混合

对已按配方要求进行称量配制的饲料原料、饲料添加剂进行充分的混合，以避免混合不均匀(如局部产品中药物添加剂浓度过高)。混合时间的确定应根据产品的品种、混合机的性能、混合机的装料量进行测试，确定出合理的混合时间，特别是预混料应进行分级预混。应通过定期对混合均匀度变异系数进行检测，验证混合的效果。混合均匀度变异系数(CV)要求：配合饲料、浓缩饲料≤7%；添加剂预混料≤5%。

A.3.5 制粒/膨化

颗粒饲料或膨化饲料的生产应根据饲料配方中主要原料的理化特性来确定适宜的调质参数(蒸汽压力、温度、时间)。通过制粒/膨化前的调质(畜禽料)或制粒/膨化后的后熟化(鱼虾料)来消除或减少可能存在于饲料中的致病微生物。另外,应对制粒后的高温高湿颗粒饲料立刻进行冷却,使产品在接近室温时进行包装,避免水分过高而在贮存期间发生霉变。

A.3.6 产品标签

对产品标签进行检验以确保符合 GB 10648—1999 的规定。应规定产品标签管理的职责与权限,制定标签管理办法,内容包括但不限于:标签的设计、技术审查、批准、归口、标签的贮存、领用和销毁等。标签的管理和使用各环节均应具备相关的交接手续,建立档案记录,以供核查。

A.4 产品检验

A.4.1 饲料生产企业应当有必要的质量检验机构,设有精密仪器室、操作室、留样室(区)。每批次产品都应留样,留样柜能满足各种样品的存放,样品保留时间应超过保质期至少2个月。

A.4.2 应配有常规项目的检测仪器、设备。配合饲料、浓缩饲料及精料补充料生产企业符合审查登记证的要求,添加剂预混合饲料的检测仪器和设备应符合生产许可证管理的要求。使用的检验仪器应按规定进行校准、检定。

A.4.3 现有仪器设备无法满足要求的,应与有资质的检测机构签订委托检验协议。委托检测项目应明确(含卫生指标)。

A.4.4 应按照企业标准、国家标准或行业标准对产品进行检验,确保产品符合产品标签中产品成分分析保证值、GB 13078、NY 5072 及相关法规的要求。

A.5 产品追溯与撤回

A.5.1 企业应建立和实施可追溯性系统,以确保能够识别产品批次及其与原料批次、生产和交付记录的关系。主要包括原料、辅料的验收、半成品、成品入(出)库规定;标签的管理;产品批次管理;成品检测报告等,实现从原料验收到产品出厂全过程的标识及产品出厂后的追溯。

A.5.2 企业应建立产品撤回程序。接到客户投诉时,相关部门应收集证明性资料和图片,按照可追溯性系统确认责任并制定处理方式,对于进入流通领域且确实需要撤回的产品应采用合适的方式及时、完全的撤回。

A.5.3 对反映产品卫生质量情况的有关记录,应制定其标记、收集、编目、归档、存储、保管和处理的程序,并贯彻执行;所有质量记录应真实、准确、规范,记录应至少保存3年,备查。

附　录　B
（资料性附录）
格　式　范　例

表 B.1　原辅料、接触材料描述

加工/产品类型名称：		生产方式	交付方式	接收准则	产地	使用前处理	包装、贮存形式
原料、接触材料名称	产品特性						
	1）　感官特性： 2）　理化指标： 3）　卫生指标：						

表 B.2　终产品描述

加工/产品类型名称：	
1. 主要配料	
2. 产品重要特征	1）感官特性： 2）理化指标： 3）卫生指标：
3. 饲喂方法	
4. 包装形式和规格	1）形式： 2）规格：
5. 储存条件	
6. 保质期	
7. 销售地点	
8. 标签说明	
9. 特殊销售控制	
10. 预期用途	

表 B.3 饲料安全危害识别清单

过程流程步骤	饲料安全危害	危害来源	本步骤属于引入、增加或控制危害	信息来源

表 B.4 风险评估表

危害的严重性		危害的可能性				
		频繁	经常	偶尔	很少	不可能
		A	B	C	D	E
灾难性	Ⅰ	极高风险				
严重	Ⅱ			高风险		
中度	Ⅲ		中等风险			
可忽略	Ⅳ				低风险	

表 B.5 风险分级表

危害的严重性		危害的可能性				
		频繁	经常	偶尔	很少	不可能
		A	B	C	D	E
灾难性	Ⅰ	1	2	6	8	12
严重	Ⅱ	3	4	7	11	15
中度	Ⅲ	5	9	10	14	16
可忽略	Ⅳ	13	17	18	19	20
注：数字越小，风险越高。						

表 B.6 需要控制的饲料安全危害清单(执行清单)

过程流程步骤	本步骤是否引入、增加或产生已识别的危害	危害的来源	危害的性质	危害发生的概率	危害发生的严重性	危害的级别

表 B.7 操作性前提方案

确定的食品安全危害	控制措施	管理控制措施的方案或计划	监　　视					纠正和纠正措施
			对象	方法	频率	人员	记录	

表 B.8 HACCP 计划表

公司名称：　　　　产品描述：

公司地址：　　　　储存和销售方式：

预期用途和消费者：

1	2	3	4	5	6	7	8	9	10
关键控制点	所控制的饲料安全危害	控制措施	关键限值	监　控				纠正措施	监控记录
				对象	方法	频率	人员		

ICS 67.040
X 00

中华人民共和国国家标准化指导性技术文件

GB/Z 25008—2010

饲料和食品链的可追溯性 体系设计与实施指南

Traceability in the feed and food chain—
Guideline for system design and implementation

2010-09-02 发布

2010-12-01 实施

中华人民共和国国家质量监督检验检疫总局
中国国家标准化管理委员会 发布

前　言

本指导性技术文件基于 GB/T 22005/IDT 22005:2007《饲料和食品链的可追溯性　体系设计与实施的通用原则和基本要求》,从可操作性角度,给出了帮助组织设计和实施饲料和食品链可追溯体系的应用指南。

本指导性技术文件的附录 A 和附录 B 为资料性附录。

本指导性技术文件由全国食品安全管理技术标准化技术委员会(SAC/TC 313)提出并归口。

本指导性技术文件起草单位:山东省标准化研究院、中国标准化研究院、中国物品编码中心、得利斯集团有限公司、荣成泰祥水产食品有限公司、山东鲁花集团有限公司、上海华光酿酒药业有限公司、青岛华东葡萄酿酒有限公司。

本指导性技术文件主要起草人:钱恒、刘丽梅、刘文、王玎、高永超、赵莹、吴新敏、刘俊华、王云争、苏冠群、郑乾坤、刘扬瑞、赵红红、安洁、李银塔。

饲料和食品链的可追溯性
体系设计与实施指南

1 范围

本指导性技术文件为饲料和食品链可追溯体系的设计和实施提供指南。

本指导性技术文件适用于按照GB/T 22005—2009建立饲料和食品链可追溯体系的各方组织。

2 规范性引用文件

下列文件中的条款通过本指导性技术文件的引用而成为本指导性技术文件的条款。凡是注日期的引用文件，其随后所有的修改单（不包括勘误的内容）或修订版均不适用于本指导性技术文件，然而，鼓励根据本指导性技术文件达成协议的各方研究是否可使用这些文件的最新版本。凡是不注日期的引用文件，其最新版本适用于本指导性技术文件。

GB/T 22005—2009 饲料和食品链的可追溯性 体系设计与实施的通用原则和基本要求（ISO 22005:2007,IDT）

3 术语和定义

GB/T 22005—2009确立的以及下列术语和定义适用于本指导性技术文件。

3.1

追溯单元 traceable unit

需要对其来源、用途和位置的相关信息进行记录和追溯的单个产品或同一批次产品。

注：追溯包括追踪（tracking）和溯源（tracing）两个方面。

3.2

外部追溯 external traceability

对**追溯单元**（3.1）从一个组织转交到另一个组织时进行追踪和（或）溯源的行为。外部追溯是饲料和食品链上组织之间的协作行为。

注1：追踪是指从供应链的上游至下游，跟随**追溯单元**（3.1）运行路径的能力。

注2：溯源是指从供应链下游至上游识别**追溯单元**（3.1）来源的能力。

3.3

内部追溯 internal traceability

一个组织在自身业务操作范围内对**追溯单元**（3.1）进行追踪和（或）溯源的行为。内部追溯主要针对一个组织内部各环节间的联系。

3.4

基本追溯信息 basic traceability data

能够实现组织间和组织内各环节间有效链接的必需信息，如生产者、生产批号、生产日期、生产班次等。

3.5

扩展追溯信息 extended traceability data

除基本追溯信息外，与食品追溯相关的其他信息，可以是食品质量或用于商业目的的信息。

4 可追溯体系的原则和目标

见 GB/T 22005—2009 第 4 章的内容。

5 体系设计

组织应明确追溯目标(见 GB/T 22005—2009 的 4.3),了解相关法规和政策要求,按照 5.1 和 5.2 的要求设计可追溯体系,并建立相应程序,形成文件。

5.1 设计原则

在可追溯体系的策划和实施过程中,应:

a) 考虑可操作性,采用"向前一步,向后一步"原则,即每个组织只需要向前溯源到产品的直接来源,向后追踪到产品的直接去向;

b) 根据追溯目标、实施成本和产品特征,适度界定追溯单元、追溯范围和追溯信息。

5.2 设计步骤

5.2.1 确定追溯单元

组织应明确可追溯体系目标中的产品和(或)成分,对产品和批次进行定义,确定追溯单元。

5.2.2 明确组织在饲料和食品链中的位置

组织可通过识别上下游组织来确定其在饲料和食品链中的位置,明确交易产品和业务,理清组织与供应链上下游组织之间的关系,以便于产品及信息的协调和沟通。

5.2.3 明确物料流向,确定追溯范围

组织应明确物料流向,以确保能够充分表达组织与上下游组织之间以及本组织内部操作流程之间的关系。

5.2.3.1 物料流向

组织应明确可追溯体系所覆盖的物料流向。物料流向包括但不限于:

——源于外部的过程和分包工作;

——原料、辅料和中间产品投入点;

——组织内部操作中所有步骤的顺序和相互关系;

——终产品、中间产品和副产品放行点。

5.2.3.2 追溯范围

组织依据追溯单元流动是否涉及到不同组织,可将追溯范围划分为外部追溯和内部追溯(参见附录 A)。当追溯单元由一个组织转移到另一个组织时,涉及到的追溯是外部追溯。外部追溯按照"向前一步,向后一步"的设计原则实施,以实现组织之间和追溯单元之间的关联为目的,需要上下游组织协商共同完成。若追溯单元仅在组织内部各部门之间流动,涉及到的追溯是内部追溯。内部追溯与组织现有管理体系相结合,是组织管理体系的一部分,以实现内部管理为目标,可根据追溯单元特性及组织内部特点自行决定。

5.2.4 确定追溯信息

5.2.4.1 需要记录的信息

组织应确定不同追溯范围内需要记录的追溯信息,以确保饲料和食品链的可追溯性。需要记录的信息包括但不限于:

——来自供应方的信息;

——产品加工过程的信息;

——向顾客和(或)供应方提供的信息。

5.2.4.2 信息划分和确定原则

为方便和规范信息的记录和数据管理,宜将追溯信息划分为基本追溯信息和扩展追溯信息。追溯

信息划分和确定原则如表1所示。

表1 追溯信息划分和确定原则

追溯信息	追溯范围	
	外部追溯	内部追溯
基本追溯信息[a]	以明确组织间关系和追溯单元来源与去向为基本原则； 是能够“向前一步，向后一步”链接上下游组织的必需信息。	以实现追溯单元在组织内部的可追溯性、快速定位物料流向为目的； 是能够实现组织内各环节间有效链接的必需信息。
扩展追溯信息[b]	以辅助基本追溯信息进行追溯管理为目的，一般包含产品质量或商业信息。	更多的为企业内部管理、食品安全和商业贸易服务的信息。

a 基本追溯信息必须记录，以不涉及商业机密为宜。

b 宜加强扩展追溯信息的交流与共享。

5.2.5 确定标识和载体

5.2.5.1 确定编码原则和标识方法

应对追溯单元及其必需信息进行编码，优先采用国际或国内通用的或与其兼容的编码，如通用的国际物品编码体系(GS1)，对追溯单元进行唯一标识，并将标识代码与其相关信息的记录一一对应。

注：GS1系统是在商品条码的基础上发展而来，包含编码体系、数据载体、电子数据交换等内容。编码体系是整个GS1系统的核心，它能为贸易项目、物流单元、位置等提供全球唯一的标识，越来越多的国家和地区采用GS1系统对食品进行追溯编码。

5.2.5.2 选择载体

根据技术条件、追溯单元特性和实施成本等因素选择标识载体。载体可以是纸质文件、条码或射频识别(radio frequency identification,RFID)标签等。标识载体应保留在同一种追溯单元或其包装上的合适位置，直到其被消费或销毁为止。若标识载体无法直接附在追溯单元或其包装上，则至少应保持可以证明其标识信息的随附文件。应保证标识载体不对产品造成污染。

注：RFID技术是一种基于射频原理实现的非接触式自动识别技术。RFID技术已被广泛应用于物流与供应链管理、食品安全、物品追溯等多领域。

5.2.6 确定记录信息和管理数据的要求

组织应规定数据格式，确保数据与标识的对应。在考虑技术条件、追溯单元特性和实施成本的前提下，确定记录信息的方式和频率。且保证记录信息清晰准确，易于识别和检索。数据的保存和管理，包括但不限于：

——规定数据的管理人员及其职责；

——规定数据的保存方式和期限；

——规定标识之间的关联方式；

——规定数据传递的方式；

——规定数据的检索规则；

——规定数据的安全保障措施。

5.2.7 明确追溯执行流程

当有追溯要求时，应按如下顺序和途径进行：

a) 发起追溯请求。任何组织均可发起追溯请求。

b) 响应。当追溯发起时，涉及到的组织应将追溯单元和组织信息提交给与其相关的组织，以帮助实现追溯的顺利进行。追溯可沿饲料和食品链逐环节进行。与追溯请求方有直接联系的上游和(或)下游组织响应追溯请求，查找追溯信息。若实现既定的追溯目标，追溯响应方将查找结果反馈给追溯请求方，并向下游组织发出通知；否则应继续向其上游和(或)下游组织发起追溯请求，直至查出结果为止(参见附录B)。追溯也可在组织内各部门之间进行，追溯响应类似上述过程。

c) 采取措施。若发现安全或质量问题，组织应依据追溯界定的责任，在法律和商业要求的最短时间内采取适宜的行动，包括但不限于：
——快速召回或依照有关规定进行妥善处置；
——纠正或改进可追溯体系。

5.3 文件要求

应符合GB/T 22005—2009中5.7的要求。

5.4 饲料和食品链上组织间和组织内的协作

追溯管理者应确保对组织上下游之间实施的外部追溯和组织内部实施的内部追溯的各个设计要素进行有效的沟通与协作，从而确保饲料和食品链可追溯体系的有效性。实施沟通的人员应接受适当培训，沟通结果应予以记录和保存。沟通的内容包括但不限于：

——追溯目标；
——组织在饲料和食品链中的位置；
——物料的流向；
——追溯信息的划分和确定原则；
——追溯信息的编码原则和标识方法；
——追溯信息载体的选择；
——信息的记录和数据管理要求；
——追溯的执行流程；
——可追溯体系的更新和改进结果；
——保证饲料和食品链可追溯性所必要的其他协作方式。

6 体系实施

6.1 总则

见GB/T 22005—2009中6.1的内容。

6.2 制定可追溯计划，明确人员职责

6.2.1 制定可追溯计划

组织应制定可追溯计划，并考虑该计划与组织其他管理体系的兼容性。可追溯计划是针对某一特定追溯单元的追溯方式、资源和活动顺序的文件，根据追溯单元特性和追溯要素的要求制定，包括已识别的所有要求。可追溯计划应直接或通过引用适当的文件化程序或其他文件，指导组织具体实施可追溯体系。多数必要的可追溯计划文件一般即是可追溯体系文件的一部分，可追溯计划只需要引用并指明如何应用于具体情况，以达到规定的追溯目标。

可追溯计划至少应规定：
——可追溯体系的目标；
——所适用的产品；
——追溯的范围和程度；
——如何标识追溯单元；
——记录的信息及如何管理数据。

6.2.2 明确人员职责

组织应成立追溯工作组，明确各成员责任，指定组织高层管理人员担任追溯管理者，确保追溯管理者的职责、权限。追溯管理者应具有以下方面的权利和义务：

——向组织传达饲料和食品链可追溯性的重要性；

——保持上下游组织之间及组织内部的良好沟通与合作；

——确保可追溯体系的有效性。

6.3 制定培训计划

组织应开发和实施培训计划，规定培训的频次和方式，提供充分的培训或其他有效措施以确保追溯工作人员能够胜任，并保持工作组教育、培训、技能和经验的适当记录。

培训的内容包括但不限于：

——GB/T 22005—2009 标准；

——本指导性技术文件；

——可追溯体系与其他管理体系的兼容性；

——追溯工作组的职责；

——追溯相关技术；

——可追溯体系的设计和实施；

——可追溯体系的内部审核和改进。

6.4 监视

组织应建立可追溯体系的监视方案，确定需要监视的内容、时间间隔和条件。监视应包括：

——适合追溯有效性、运行成本的定性和定量测量；

——对追溯目标的满足程度；

——是否符合追溯适用的法规要求；

——标识混乱、信息丢失及产生其他不良绩效的历史证据；

——对纠正措施进行分析的足够的数据记录和监测结果。

6.5 使用关键绩效指标评价体系有效性

组织应建立关键绩效指标，以测量可追溯体系的有效性。关键绩效指标包括但不限于：

——追溯单元标识的唯一性；

——各环节标识的有效关联；

——追溯信息可实现上下游组织间及组织内部的有效链接与沟通；

——信息有效期内可检索。

7 内部审核

组织应按照管理体系内部审核的流程和要求，建立内部审核的计划和程序，对可追溯体系的运行情况进行内部审核。以是否符合本指导性技术文件中关键绩效指标(参见 6.5)的要求作为体系符合性的标准。如体系有不符合性表现，应记录不符合规定要求的具体内容，以方便查找不符合的原因和体系的持续改进。组织应记录内部审核产生的活动，形成文件。

内部审核计划和程序的内容包括但不限于：

——审核的准则、范围、频次和方法；

——策划、实施审核、报告结果和保持记录的职责和要求；

——收集、分析审核结果的数据，识别体系改进或更新的需求。

可追溯体系不符合要求的主要表现有：

——违反法律法规要求；

——体系文件不完整；

——体系运行不符合目标和程序的要求；

——设施、资源不足；

——产品或批次无法识别；

——信息记录无法传递。

导致不符合的典型原因有：

——目标变化；

——产品或过程发生变化；

——信息沟通不畅；

——缺乏相应的程序或程序有缺陷；

——员工培训不足，缺乏资源保障；

——违反程序要求和规定。

8 评审与改进

追溯工作组应系统评价内部审核的结果（应符合 GB/T 22005—2009 第 8 章的要求）。当证实可追溯体系运行不符合或偏离设计的安排和（或）体系的要求时，组织应采取适当的纠正措施和（或）预防措施，并对纠正措施和（或）预防措施实施后的效果进行必要的验证，提供证据证明已采取措施的有效性，保证体系的持续改进。

纠正措施和（或）预防措施应包括但不限于：

——立即停止不正确的工作方法；

——修改可追溯体系文件；

——重新梳理物料流向；

——增补或更改基本追溯信息以实现饲料和食品链的可追溯性；

——完善资源与设备；

——完善标识、载体，增加或完善信息传递技术和渠道；

——重新学习相关文件，有效进行人力资源管理和培训活动；

——加强上下游组织之间的交流协作与信息共享；

——加强组织内部的交流互动。

附 录 A
（资料性附录）
饲料和食品链各方追溯关系示意图

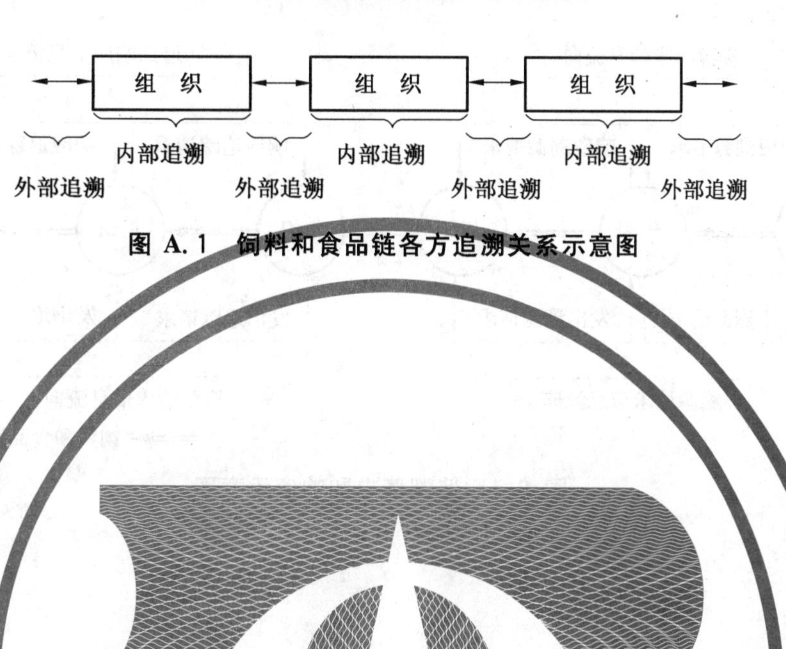

图 A.1 饲料和食品链各方追溯关系示意图

附　录　B
（资料性附录）
追溯请求和响应示意图

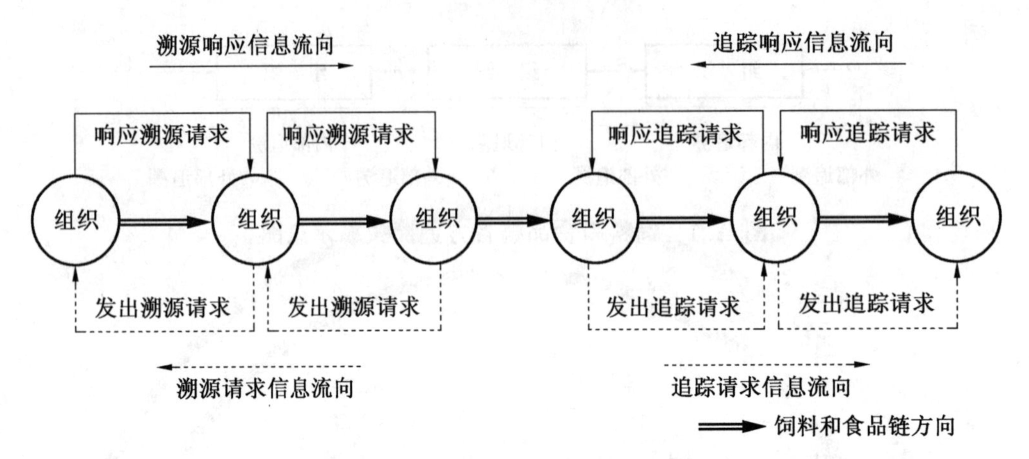

图 B.1　追溯请求和响应示意图

参 考 文 献

[1] GB/T 19001—2000 质量管理体系 要求

[2] GB/T 19538—2004 危害分析与关键控制点(HACCP)体系及其应用指南

[3] GB/T 22000—2006 食品安全管理体系 食品链中各类组织的要求

[4] SN/T 1443.1—2004 食品安全管理体系 第1部分:要求

[5] CAC/GL 60:2006 Principles for Traceability/Product Tracing as a Tool Within a Food Inspection and Certification System

[6] BS CWA 14659:2003 Traceability of fishery products—Specification on the information to be recorded in farmed fish distribution chains

[7] BS CWA 14660:2003 Traceability of fishery products—Specification on the information to be recorded in captured fish distribution chains

[8] GS1 Global Traceability Standard. GS1. September 2007

[9] Can-Trace Technology Guidelines. GS1 Canada. March 2006

[10] Traceability in the U. S. Food Supply: Economic Theory and Industry Studies. United States Department of Agriculture(USDA). March 2004

参 考 文 献

[1] GB/T 19001—2008 质量管理体系 要求

[2] GB/Z 19538—2004 危害分析与关键控制点(HACCP)体系及其应用指南

[3] GB/T 22000—2006 食品安全管理体系 食品链中各类组织的要求

[4] SN/T 1443.1—2004 食品安全管理体系 要求

[5] CAC/GL 60-2006 Principles for Traceability/Product Tracing as a Tool Within a Food Inspection and Certification System

[6] CEN CWA 14659:2003 Traceability of fishery products—Specification on the information to be recorded in captured fish distribution chains

[7] CEN CWA 14660:2003 Traceability of fishery products—Specification on the information to be recorded in farmed fish distribution chains

[8] GS1 Global Traceability Standard, 2007

[9] Food Traceability Technologies, 2007

[10] Traceability in the U.S. Food Supply: Economic Theory and Industry Studies. United States Department of Agriculture (USDA), March 2004

ICS 65.060
B 90

中华人民共和国国家标准

GB/T 25698—2010

饲料加工工艺术语

Feed processing technology terms

2010-12-23 发布　　2011-07-01 实施

中华人民共和国国家质量监督检验检疫总局
中国国家标准化管理委员会　发布

前 言

本标准由中国机械工业联合会提出。

本标准由全国饲料机械标准化技术委员会(SAC/TC 384)归口。

本标准起草单位:河南工业大学。

本标准主要起草人:王卫国。

饲料加工工艺术语

1 范围

本标准规定了饲料加工工艺及生产管理的术语及定义。

本标准适用于饲料行业科研、教学、生产、贸易及管理。

2 规范性引用文件

下列文件中的条款通过本标准的引用而成为本标准的条款。凡是注日期的引用文件，其随后所有的修改单(不包括勘误的内容)或修订版均不适用于本标准，然而，鼓励根据本标准达成协议的各方研究是否可使用这些文件的最新版本。凡是不注日期的引用文件，其最新版本适用于本标准。

GB/T 10647—2008 饲料工业术语

3 术语和定义

GB/T 10647—2008 界定的以及下列术语和定义适用于本标准。

3.1 接收、储存

3.1.1

原料接收 raw material receiving

采用人工或机械将经检验合格的饲料原料搬运到指定地点的作业。

3.1.2

散料接收 bulk receiving

采用人工或机械将检验合格的散装饲料原料或成品，搬运到指定地点的作业。

3.1.3

包装接收 package receiving

采用人工或机械将检验合格的，以包装袋或桶等形式封装的饲料原料或成品搬运到指定地点的作业。

3.1.4

袋料接收 bag receiving

采用人工或机械将检验合格的，以包装袋封装的饲料原料或成品搬运到指定地点的作业。

3.1.5

散料储存 bulk storage

将饲料原料、产品以散粒体的形式储存在仓库内的作业。

3.1.6

包装储存 package storage

将饲料原料、产品以定量包装袋、桶等储存在仓库内的作业。

3.1.7

熏蒸 suffocation; fumigation

将特定剂量的熏蒸剂投入密闭的仓房或密闭的饲料堆内，依靠熏蒸气体自然扩散或使熏蒸气体强制扩散来杀灭害虫的作业。

3.1.8

倒仓　turning from bin to bin

将物料从某一料仓中卸出并运送至另一个料仓或返送回原料仓的作业。

3.1.9

安全水分　safe moisture

在常规储藏条件下，饲料原料或产品能够不发热、不霉变的最高水分含量。

3.1.10

仓内干燥　drying in bin

将高水分饲料原料存放在配有机械通风系统的仓内，使用自然空气或加热空气作为干燥介质，进行机械通风干燥的作业。

3.1.11

结拱　arching

物料在仓内出料口段形成拱桥或管状拱而不能自行排出的现象。

3.2　清理

3.2.1

初清　scalping

原料入仓或加工前除去大杂和轻杂的作业。

3.2.2

去石　stoning

除去饲料原料中石子的作业。

3.2.3

通风除尘　dust removing by airation

利用风网系统控制扬尘点产生的粉尘，防止粉尘外溢的作业。

3.2.4

除杂率　impurity removal efficiency

清理后原料中的杂质质量占清理前原料中杂质质量的百分数。

3.2.5

杂中含料率　feed percentage in impurity

清理过程排出的杂质中饲料原料质量占排出物总质量的百分数。

3.2.6

液体过滤　liquid filtration

去除液体组分中的杂质或结块物的作业。

3.3　粉碎

3.3.1

切碎　cutting up

将饲料原料切割成要求尺寸的作业。

3.3.2

单一粉碎　single ingredient grinding

对单种饲料原料进行的粉碎作业。

3.3.3

混合粉碎　mixture grinding

对预先掺混的两种或两种以上原料进行粉碎的作业。

3.3.4

辅助吸风　air-assist

对粉碎机配置吸风系统来强化排料、除湿及降温的作业。

3.4　配料

3.4.1

连续喂料　continuous feeding

喂料设备不间断地给配料秤或作业设备供料的作业方式。

3.4.2

点动喂料　intermittent feeding

喂料设备以断续方式给配料秤供料的作业方式。

3.4.3

双喂料器喂料　double-feeder feeding

采用两台喂料器同时给配料秤或其他作业设备供料的作业方式。

3.4.4

多喂料器喂料　multi-feeder feeding

采用多台喂料器同时给配料秤或其他作业设备供料的作业方式。

3.4.5

变频连续喂料　frequency variable continuous feeding

采用可变频控制的喂料器给配料秤或其他作业设备不间断供料的作业方式。

3.4.6

空中物料　air material;flying material

喂料器停止喂料瞬间,在计量设备中料堆上方至喂料器排料口之间存在的物料。

3.4.7

配料准确度　proportioning accuracy

某种配料组分的计量结果与给定计量值之间的一致程度。

[GB/T 18695—2002,定义 A.4]

3.5　混合

3.5.1

干混合　dry mixing

添加液体组分之前混合机内物料的混合过程。

3.5.2

湿混合　wet mixing

添加液体组分之后混合机内物料的混合过程。

3.5.3

对流混合　convectional mixing

在混合机内,成团的物料粒子从一处向另一处做相向流动的混合过程。

3.5.4

剪切混合　cutting mixing

混合物料在工作部件作用下或在重力作用下,彼此形成许多相对滑动的剪切面的混合过程。

3.5.5

扩散混合　diffusive mixing

混合物料以单个粒子为单元向四周移动的混合过程。

3.6　调质

3.6.1

灭菌　sterilization

杀死饲料中微生物(包括繁殖体、病原体、非病原体、部分芽孢)的作业。

3.6.2

前熟化　pre-ripening

在制粒或成型之前使饲料熟化的作业。

3.6.3

后熟化　post ripening

在制粒或成型之后使颗粒饲料熟化的作业。

3.6.4

加压调质　pressurized conditioning

将饲料在具有一定压力的调质器中调质的作业。

3.6.5

高温短时调质　high temperature and short time conditioning

采用挤压膨胀机等设备对饲料进行100 ℃～160 ℃、5 s～20 s的调质处理的作业。

3.6.6

调质温升　temperature rise in conditioning

饲料从进入调质器到排出调质器时温度升高的数值,以摄氏度表示,单位为℃。

3.6.7

调质水分增量　moisture increase in conditioning

饲料从进入调质器到排出调质器时水分含量升高的数值,以百分数表示,%。

3.7　成型

3.7.1

二次制粒　double pelleting

具有两次挤压成型过程的作业。

3.7.2

加压制粒　pressurized pelleting

采用可密闭加压的挤压腔和制粒机构对饲料在高于大气压的压力下进行制粒的工艺。

3.7.3

在线压辊调节　on-line roll adjustment

在制粒机不停机条件下依靠自动控制系统实现压辊压模间隙调整的技术。

3.7.4

颗粒饲料成形率　percentage of shaped pellets

制粒机排出的物料中符合标准要求的颗粒的质量占总物料质量的百分数。

3.7.5

压模寿命　die life

一个压模从启用到报废期间能够生产的颗粒饲料总量,以吨计,单位为吨每个(t/个)。

3.7.6

压辊寿命　roller life

一个压辊从启用到报废期间能够生产的颗粒饲料总量,以吨计,单位为吨每个(t/个)。

3.7.7

油料填模　filling die holes with oiling material

每次压模结束生产前用含油饲料挤压填满模孔的作业。

3.7.8

膨化度　expanding degree

膨化后的产品体积密度与膨化前的体积密度之比。

3.8 成型后处理

3.8.1

逆流冷却　counter-flow cooling

在冷却器内冷却空气的流向与被冷却饲料流向相反的冷却方法。

3.8.2

横流冷却　cross-flow cooling

在冷却器内冷却空气的流向与被冷却饲料流向垂直的冷却方法。

3.8.3

冷却时间　cooling period

颗粒饲料从开始进入冷却器至排出该设备的时间。

3.8.4

冷却温降　temperature fall in cooling

饲料从进入冷却器到排出冷却器时温度降低的数值,单位为摄氏度(℃)。

3.8.5

冷却失水率　moisture reduction in cooling

饲料从进入冷却器到排出冷却器时水分含量的差值。

3.8.6

逆流干燥　counter-flow drying

在干燥器内热空气的流向与被干燥饲料流向相反的干燥方法。

3.8.7

横流干燥　cross-flow drying

在干燥器内热空气的流向与被干燥饲料流向垂直的干燥方法。

3.8.8

顺流干燥　concurrent-flow drying

在干燥器内热空气的流向与被干燥饲料流向相同的干燥方法。

3.8.9

干燥时间　drying period

颗粒饲料从开始进入干燥器至排出该设备所需的时间。

3.8.10

干燥过程控制　drying process control

饲料干燥过程中对风温、风速、料温、水分等关键参数实施的监测与控制措施。

3.8.11

水分在线监测　on-line moisture monitoring

在饲料加工过程中,对饲料的水分进行实时测量的措施。

3.8.12

干燥失水率　moisture reduction in drying

饲料从进入干燥机到排出干燥机时水分含量的差值。

3.8.13

后喷涂　post coating

成型后对颗粒饲料进行液体喷涂的作业。

3.8.14

常压颗粒液体喷涂　normal pressure liquid coating for pellets

常压下给颗粒饲料表面喷涂油脂、糖蜜、维生素或其他液体的作业。

3.8.15

真空颗粒液体喷涂　vacuum coating for pellets

采用抽真空，喷涂液体组分、释压渗透过程给颗粒饲料喷渗油脂、糖蜜、维生素或其他液体的作业。

3.8.16

成品筛理　finished product screening

在送入成品仓或计量包装之前，对饲料进行筛选的作业。

3.8.17

定量包装　quantitative packaging

按照设定的包装规格完成称量、灌包、封口的作业。

3.8.18

自动定量包装　automatic quantitative packaging

由设备自动完成套袋、称量、灌包、封口的作业。

3.8.19

封口　sealing

对盛装物料的包装容器口进行密封的作业。

3.8.20

缝口　sack sewing

用线缝合盛装物料的包装袋口的作业。

3.9　生产管理

3.9.1

吨料电耗　power consumption per ton feed

生产每吨饲料产品消耗的电能，以千瓦时每吨(kW·h/t)表示。

3.9.2

吨料汽耗　steam consumption per ton feed

生产每吨饲料产品消耗的蒸汽量，以千克每吨(kg/t)表示。

3.9.3

吨料煤耗　coal consumption per ton feed

生产每吨饲料产品消耗的燃煤量，以千克每吨(kg/t)表示。

3.9.4

清洁生产排序　clean production sequencing

为最大限度减少或消除前后批次之间药物的交叉污染，降低饲料安全风险，而对不同产品的生产排出先后次序。

3.9.5

良好操作规范　good manufacturing practice (GMP)

对饲料加工的环境、厂房设施、设备、原材料、加工过程、包装、运输、储存、卫生和人员等规定的规范性要求。

3.9.6

卫生标准操作程序　sanitation standard operation procedure (SSOP)

为使饲料加工产品符合卫生要求而制定的指导加工过程中实施清洗、消毒和卫生保持等的作业指导文件。

参 考 文 献

[1] GB/T 18695—2002 饲料加工设备术语.

中 文 索 引

英 文 索 引

F

G

H

I

L

M

N

O

P

Q

R

S

T

V

W

饲料产品标准

ICS 65.120
B 46

中华人民共和国国家标准

GB/T 5915—2008
代替 GB/T 5915—1993

仔猪、生长肥育猪配合饲料

Formula feeds for starter and growing-finishing pigs

2008-11-04 发布　　2009-02-01 实施

中华人民共和国国家质量监督检验检疫总局
中国国家标准化管理委员会　发布

前　言

本标准代替 GB/T 5915—1993《仔猪、生长肥育猪配合料》。

本标准与 GB/T 5915—1993 相比主要变化如下：

——标准的英文名称改为“Formula feeds for starter and growing-finishing pigs”；

——增加了前言部分；

——修改了产品名称的不同阶段；

——修改了营养成分指标；

——修改了试验方法、检验规则和判定规则；

——卫生指标后增加“3.6　饲料中药物和药物饲料添加剂的使用”，“3.7　营养性饲料添加剂和一般饲料添加剂的使用”；

——删除了附录 A 中各项营养成分的分析允许误差，各项营养成分检测结果判定的允许误差按 GB/T 18823 执行。

本标准由全国饲料工业标准化技术委员会提出。

本标准由全国饲料工业标准化技术委员会归口。

本标准起草单位：农业部饲料工业中心、河南工业大学、河南广安生物科技有限公司。

本标准主要起草人：王凤来、张彩云、高天增、李忠建、李振田。

本标准所代替标准的历次版本发布情况为：

——GB 5915—1986、GB/T 5915—1993。

仔猪、生长肥育猪配合饲料

1 范围

本标准规定了仔猪、生长肥育猪配合饲料的要求、试验方法、检验规则以及标签、包装、运输和贮存的要求。

本标准适用于加工、销售、贮存和使用的瘦肉型仔猪、生长肥育猪配合饲料。

2 规范性引用文件

下列文件中的条款通过本标准的引用而成为本标准的条款。凡是注日期的引用文件，其随后所有的修改单(不包括勘误的内容)或修订版均不适用于本标准，然而，鼓励根据本标准达成协议的各方研究是否可使用这些文件的最新版本。凡是不注日期的引用文件，其最新版本适用于本标准。

GB/T 5917.1　饲料粉碎粒度测定　两层筛筛分法

GB/T 5918　饲料产品混合均匀度的测定

GB/T 6432　饲料中粗蛋白测定方法

GB/T 6433　饲料中粗脂肪的测定(GB/T 6433—2006,ISO 6492:1999,IDT)

GB/T 6434　饲料中粗纤维的含量测定　过滤法(GB/T 6434—2006,ISO 6865:2000,IDT)

GB/T 6435　饲料中水分和其他挥发性物质含量的测定(GB/T 6435—2006,ISO 6496:1999,IDT)

GB/T 6436　饲料中钙的测定

GB/T 6437　饲料中总磷的测定　分光光度法

GB/T 6438　饲料中粗灰分的测定(GB/T 6438—2007,ISO 5984:2002,IDT)

GB/T 6439　饲料中水溶性氯化物的测定(GB/T 6439—2007,ISO 6495:1999,IDT)

GB 10648　饲料标签

GB 13078　饲料卫生标准

GB/T 14699.1　饲料　采样(GB/T 14699.1—2005,ISO 6497:2002,IDT)

GB/T 16764　配合饲料企业卫生规范

GB/T 16765　颗粒饲料通用技术条件

GB/T 18246　饲料中氨基酸的测定

GB/T 18634　饲用植酸酶活性的测定　分光光度法

GB/T 18823　饲料检测结果判定的允许误差

GB/T 19371.2　饲料中蛋氨酸羟基类似物的测定　高效液相色谱法

《饲料药物添加剂使用规范》(农业部公告)

《禁止在饲料和动物饮用水中使用的药物品种目录》(农业部公告)

《食品动物禁用的兽药及其它化合物清单》(农业部公告)

《饲料添加剂目录》(农业部公告)

3 要求

3.1 感官

无霉变、结块及异味、异嗅。

3.2 水分

不高于14.0%。

3.3 加工质量

3.3.1 粒度

a) 粉料:99%通过 2.80 mm 编织筛,但不得有整粒谷物;1.40 mm 编织筛筛上物不得大于15%。

b) 颗粒饲料:应符合 GB/T 16765 的要求。

3.3.2 混合均匀度

配合饲料应混合均匀,其变异系数应小于等于10%。

3.4 营养成分指标

见表1。

表1 仔猪、生长肥育猪配合饲料主要营养成分含量 %

产品名称		粗蛋白质 ≥	粗脂肪 ≥	粗纤维 ≤	粗灰分 ≤	钙	总磷 ≥	食盐	赖氨酸 ≥	蛋氨酸 ≥	苏氨酸 ≥
仔猪饲料	前期(3 kg~10 kg)	18	2.5	4.0	7.0	0.70~1.00	0.65	0.30~0.80	1.35	0.40	0.86
	后期(10 kg~20 kg)	17	2.5	5.0	7.0	0.60~0.90	0.60	0.30~0.80	1.15	0.30	0.75
生长肥育猪饲料	前期(20 kg~40 kg)	15	1.5	7.0	8.0	0.60~0.90	0.50	0.30~0.80	0.90	0.24	0.58
	中期(40 kg~70 kg)	14	1.5	7.0	8.0	0.55~0.80	0.40	0.30~0.80	0.75	0.22	0.50
	后期(70 kg 至出栏)	13	1.5	8.0	9.0	0.50~0.80	0.35	0.30~0.80	0.60	0.19	0.45

注1:添加植酸酶的仔猪、生长肥育猪配合饲料,总磷含量可以降低0.1%,但生产厂家应制定企业标准,在饲料标签上注明添加植酸酶,并标明其添加量。

注2:添加蛋氨酸羟基类似物的仔猪、生长肥育猪配合饲料,蛋氨酸含量可以降低,但生产厂家应制定企业标准,在饲料标签上注明添加蛋氨酸羟基类似物,并标明其添加量。

3.5 卫生指标

饲料的卫生指标应符合 GB 13078 的要求。

3.6 饲料中药物和药物饲料添加剂的使用

饲料中添加药物饲料添加剂时,应符合《饲料药物添加剂使用规范》的规定,不得使用《禁止在饲料和动物饮用水中使用的药物品种目录》和《食品动物禁用的兽药及其它化合物清单》中的药品及化合物。

3.7 营养性饲料添加剂和一般饲料添加剂的使用

仔猪、生长肥育猪配合饲料配制中添加营养性饲料添加剂、一般饲料添加剂时,应依据《饲料添加剂目录》规定,使用国家许可生产和经营的饲料添加剂和添加剂预混合饲料产品。

4 试验方法

4.1 感官指标:采用目测及嗅觉检验。

4.2 水分:按 GB/T 6435 执行。

4.3 粒度:按 GB/T 5917 执行。

4.4 混合均匀度:按 GB/T 5918 执行。

4.5 粗蛋白质:按 GB/T 6432 执行。

4.6 粗脂肪:按 GB/T 6433 执行。

4.7 粗纤维:按 GB/T 6434 执行。

4.8 粗灰分:按 GB/T 6438 执行。

4.9 钙:按 GB/T 6436 执行。

4.10 总磷:按 GB/T 6437 执行。

4.11 蛋氨酸:蛋氨酸按 GB/T 18246 执行,蛋氨酸羟基类似物按 GB/T 19371.2 执行。

4.12 赖氨酸:按 GB/T 18246 执行。

4.13 食盐:按 GB/T 6439 执行。

4.14 植酸酶活性:按 GB/T 18634 执行。

4.15 卫生指标:按 GB 13078 执行。

4.16 药物饲料添加剂:按相应的检测方法执行。

5 检验规则

5.1 采样方法

按 GB/T 14699.1 执行。

5.2 出厂检验

5.2.1 批

以同班、同原料的产品为一批,每批产品进行出厂检验。

5.2.2 出厂检验项目

感官性状、水分、细度、粗蛋白质和粗灰分含量。

5.2.3 判定方法

以本标准的有关试验方法和要求为依据,对抽取样品按出厂检验项目进行检验。检验结果中如有一项指标不符合本标准要求时,应重新加倍抽样进行复检,复检结果如仍有一项指标不符合本标准要求,则该批产品不合格。各项成分指标判定合格或验收的界限根据 GB/T 18823 执行。

5.3 型式检验

5.3.1 型式检验项目为第 3 章规定的全部项目。

5.3.2 有下列情况之一,应进行型式检验:

a) 改变配方或生产工艺;

b) 正常生产每半年或停产半年后恢复生产;

c) 国家技术监督部门提出要求时。

5.3.3 判定方法:以本标准的有关试验方法和要求为依据。检验结果中如有一项指标不符合本标准要求时,应重新加倍抽样进行复检,复检结果如仍有一项指标不符合本标准要求,则该周期产品不合格。各项成分指标判定合格或验收的界限根据 GB/T 18823 执行。微生物指标不得复检。如型式检验不合格,应停止生产至查明原因。

6 标签、包装、运输和贮存

6.1 标签应符合 GB 10648 的要求。

6.2 包装、贮存和运输应符合 GB/T 16764 中的要求。

ICS 65.120
B 46

中华人民共和国国家标准

GB/T 5916—2008
代替 GB/T 5916—2004

产蛋后备鸡、产蛋鸡、肉用仔鸡配合饲料

Formula feeds for replacement pullets, layers and broilers

2008-11-21 发布　　2009-02-01 实施

中华人民共和国国家质量监督检验检疫总局
中国国家标准化管理委员会　发布

前　言

本标准代替 GB/T 5916—2004《产蛋后备鸡、产蛋鸡、肉用仔鸡配合饲料》。

本标准与 GB/T 5916—2004 相比主要差异如下：

——修改了产品名称和饲喂阶段；

——修改了营养成分指标；

——取消了表 2 对维生素和微量元素含量的要求；

——修改了试验方法、检验规则和判定规则。

本标准由全国饲料工业标准化技术委员会提出并归口。

本标准起草单位：中国农业大学动物科技学院。

本标准主要起草人：袁建敏、张炳坤、呙于明。

本标准所代替标准的历次版本发布情况为：

——GB/T 5916—1986、GB/T 5916—1993、GB/T 5916—2004。

产蛋后备鸡、产蛋鸡、肉用仔鸡配合饲料

1 范围

本标准规定了产蛋后备鸡、产蛋鸡、肉用仔鸡配合饲料的质量指标、试验方法、检验规则、判定规则以及标签、包装、运输和贮存的要求。

本标准适用于产蛋后备鸡、产蛋鸡、肉用仔鸡的配合饲料，不适用于种鸡及地方品种鸡各阶段的配合饲料要求。

2 规范性引用文件

下列文件中的条款通过本标准的引用而成为本标准的条款。凡是注日期的引用文件，其随后所有的修改单(不包括勘误的内容)或修订版均不适用于本标准，然而，鼓励根据本标准达成协议的各方研究是否可使用这些文件的最新版本。凡是不注日期的引用文件，其最新版本适用于本标准。

GB/T 5917.1 饲料粉碎粒度测定 两层筛筛分法

GB/T 5918 饲料产品混合均匀度的测定

GB/T 6432 饲料中粗蛋白测定方法

GB/T 6433 饲料中粗脂肪的测定(GB/T 6433—2006,ISO 6492:1999,IDT)

GB/T 6434 饲料中粗纤维的含量测定 过滤法(GB/T 6434—2006,ISO 6865:2000,IDT)

GB/T 6435 饲料中水分和其他挥发性物质含量的测定(GB/T 6435—2006,ISO 6496:1999,IDT)

GB/T 6436 饲料中钙的测定

GB/T 6437 饲料中总磷的测定 分光光度法

GB/T 6438 饲料中粗灰分的测定(GB/T 6438—2007,ISO 5984:2002,IDT)

GB/T 6439 饲料中水溶性氯化物的测定(GB/T 6439—2007,ISO 6495:1999,IDT)

GB 10648 饲料标签

GB 13078 饲料卫生标准

GB/T 14699.1 饲料 采样(GB/T 14699.1—2005,ISO 6497:2002,IDT)

GB/T 16764 配合饲料企业卫生规范

GB/T 16765 颗粒饲料通用技术条件

GB/T 18246 饲料中氨基酸的测定

GB/T 18634 饲用植酸酶活性的测定 分光光度法

GB/T 18823 饲料检测结果判定的允许误差

GB/T 19371.2 饲料中蛋氨酸羟基类似物的测定 高效液相色谱法

《饲料药物添加剂使用规范》(农业部公告)

《禁止在饲料和动物饮用水中使用的药物品种目录》(农业部公告)

《食品动物禁用的兽药及其它化合物清单》(农业部公告)

《饲料添加剂目录》(农业部公告)

3 要求

3.1 感官

无霉变、结块及异味、异嗅。

3.2 水分

不高于 14.0%。

3.3 加工质量

3.3.1 粒度

a) 粉料:肉用仔鸡、产蛋后备鸡配合饲料应全部通过孔径为 5.00 mm 的编织筛,产蛋鸡配合饲料应全部通过孔径为 7.00 mm 的编织筛;

b) 颗粒饲料:应符合 GB/T 16765 的要求。

3.3.2 混合均匀度

配合饲料应混合均匀,其变异系数应小于等于 10%。

3.4 营养成分指标

见表 1。

表 1 产蛋后备鸡、产蛋鸡、肉用仔鸡配合饲料主要营养成分 %

产品名称		粗蛋白质 ≥	赖氨酸 ≥	蛋氨酸 ≥	粗脂肪 ≥	粗纤维 ≤	粗灰分 ≤	钙	总磷 ≥	食盐
产蛋后备鸡配合饲料	蛋鸡育雏期(蛋小鸡)配合饲料	18.0	0.85	0.32	2.5	6.0	8.0	0.6～1.2	0.55	0.30～0.80
	蛋鸡育成前期(蛋中鸡)配合饲料	15.0	0.66	0.27	2.5	8.0	9.0	0.6～1.2	0.50	0.30～0.80
	蛋鸡育成后期(青年鸡)配合饲料	14.0	0.45	0.20	2.5	8.0	10.0	0.6～1.4	0.45	0.30～0.80
产蛋鸡配合饲料	蛋鸡产蛋前期配合饲料	16.0	0.60	0.30	2.5	7.0	15.0	2.0～3.0	0.50	0.30～0.80
	蛋鸡产蛋高峰期配合饲料	16.0	0.65	0.32	2.5	7.0	15.0	3.0～4.2	0.50	0.30～0.80
	蛋鸡产蛋后期配合饲料	14.0	0.60	0.30	2.5	7.0	15.0	3.0～4.4	0.45	0.30～0.80
肉用仔鸡配合饲料	肉用仔鸡前期(肉小鸡)配合饲料	20.0	1.00	0.40	2.5	6.0	8.0	0.8～1.2	0.60	0.30～0.80
	肉用仔鸡中期(肉中鸡)配合饲料	18.0	0.90	0.35	3.0	7.0	8.0	0.7～1.2	0.55	0.30～0.80
	肉用仔鸡后期(肉大鸡)配合饲料	16.0	0.80	0.30	3.0	7.0	8.0	0.6～1.2	0.50	0.30～0.80

注 1:添加植酸酶大于等于 300 FTU/kg,产蛋后备鸡配合饲料、产蛋鸡配合饲料总磷可以降低 0.10%;肉用仔鸡前期、中期和后期配合饲料中添加植酸酶大于等于 750 FTU/kg,总磷可以降低 0.08%。

注 2:添加液体蛋氨酸的饲料,蛋氨酸可以降低,但应在标签中注明添加液体蛋氨酸,并标明其添加量。

3.5 卫生指标

饲料的卫生指标应符合 GB 13078 的要求。

3.6 饲料中药物和药物饲料添加剂的使用

饲料中添加药物饲料添加剂时,应符合《饲料药物添加剂使用规范》的规定,不得使用《禁止在饲料和动物饮用水中使用的药物品种目录》和《食品动物禁用的兽药及其它化合物清单》中的药品及化合物。

3.7 营养性饲料添加剂和一般饲料添加剂的使用

饲料中添加营养性饲料添加剂、一般饲料添加剂时,应依据《饲料添加剂目录》规定,使用国家许可生产和经营的饲料添加剂。

4 试验方法

4.1 感官指标:采用目测及嗅觉检验。

4.2 水分:按 GB/T 6435 执行。

4.3 粒度:按 GB/T 5917 执行。

4.4 混合均匀度:按 GB/T 5918 执行。

4.5 粗蛋白质:按 GB/T 6432 执行。

4.6 粗脂肪:按 GB/T 6433 执行。

4.7 粗纤维:按 GB/T 6434 执行。

4.8 粗灰分:按 GB/T 6438 执行。

4.9 钙:按 GB/T 6436 执行。

4.10 总磷:按 GB/T 6437 执行。

4.11 蛋氨酸:蛋氨酸按 GB/T 18246 执行,蛋氨酸羟基类似物按 GB/T 19371.2 执行。

4.12 赖氨酸:按 GB/T 18246 执行。

4.13 食盐:按 GB/T 6439 执行。

4.14 植酸酶活性:按 GB/T 18634 执行。

4.15 卫生指标:按 GB 13078 饲料卫生指标执行。

4.16 药物饲料添加剂:按相应的检测方法执行。

5 检验规则

5.1 采样方法

按 GB/T 14699.1 执行。

5.2 出厂检验

5.2.1 批

以同班、同原料的产品为一批,每批产品进行出厂检验。

5.2.2 出厂检验项目

感官性状、水分、细度、粗蛋白质和粗灰分含量。

5.2.3 判定方法

以本标准的有关试验方法和要求为依据,对抽取样品按出厂检验项目进行检验。检验结果中如有一项指标不符合本标准要求时,应重新加倍抽样进行复检,复检结果如仍有一项指标不符合标准要求,则该批产品不合格。各项成分指标判定合格或验收的界限根据 GB/T 18823 执行。

5.3 型式检验

5.3.1 型式检验项目为第 3 章规定的全部项目。

5.3.2 有下列情况之一,应进行型式检验:

a) 改变配方或生产工艺;

b) 正常生产每半年或停产半年后恢复生产;

c) 国家技术监督部门提出要求时。

5.3.3 判定方法

以本标准的有关试验方法和要求为依据。检验结果中如有一项指标不符合本标准要求时,应重新加倍抽样进行复检,复检结果如仍有一项指标不符合标准要求,则该周期产品不合格。各项成分指标判定合格或验收的界限根据 GB/T 18823 执行。微生物指标不得复检。如型式检验不合格,应停止生产至查明原因。

6 标签、包装、运输和贮存

6.1 标签应符合 GB 10648 的要求。

6.2 包装、运输和贮存应符合 GB/T 16764 中的要求。

ICS 65.120
B 46

中华人民共和国国家标准

GB/T 20715—2006

犊牛代乳粉

Calf milk replacer

2006-12-12 发布　　　　2007-03-01 实施

中华人民共和国国家质量监督检验检疫总局
中国国家标准化管理委员会　发布

前　言

本标准的附录 A 为资料性附录。

本标准由全国饲料工业标准化技术委员会提出并归口。

本标准起草单位:中国农业大学动物科技学院、上海市饲料行业协会、上海光明荷斯坦牧业有限公司、上海市饲料质量监督检验站。

本标准主要起草人:孟庆翔、王光文、凤懋熙、丁健、任丽萍、赵志辉、汪学才、袁耀明、杨海华、胡海英、张晓峰、张幸开、刘文忠、谢仙兰。

引　　言

犊牛代乳粉是由优质的乳源制品、植物蛋白等原料,经雾化、乳化等现代加工工艺制成的稳定产品。该产品作为牛乳的替代品,含有犊牛生长发育所需的能量、蛋白质、维生素、常量和微量元素等营养物质。该产品在饲料加工和储存过程中具有良好的稳定性,同时又具有很高的生物利用率,为饲料行业广泛接受应用。为了对犊牛代乳粉的质量实施有效的控制,规范市场,特制定本标准。

犊牛代乳粉

1 范围

本标准规定了犊牛代乳粉的技术要求、试验方法、检验规则、标签、包装、运输、贮存及保质期。

本标准适用于国内企业生产、加工、销售的犊牛代乳粉。

2 规范性引用文件

下列文件中的条款通过本标准的引用而成为本标准的条款。凡是注日期的引用文件，其随后所有的修改单(不包括勘误的内容)或修订版，均不适用于本标准；然而，鼓励根据本标准达成协议的各方研究是否可使用这些文件的最新版本。凡是不注日期的引用文件，其最新版本适用于本标准。

GB/T 4789.18　食品卫生微生物学检验　乳与乳制品检验

GB/T 5009.11　食品中总砷及无机砷的测定

GB/T 5009.12　食品中铅的测定

GB/T 5009.24　食品中黄曲霉毒素 M_1 与 B_1 的测定

GB/T 5413.5　婴幼儿配方食品和乳粉　乳糖、蔗糖和总糖的测定

GB/T 5413.32　乳粉　硝酸盐、亚硝酸盐的测定

GB/T 5917　配合饲料粉碎粒度测定方法

GB/T 6432　饲料中粗蛋白测定方法

GB/T 6433　饲料粗脂肪测定方法

GB/T 6434　饲料粗纤维测定方法

GB/T 6435　饲料水分的测定方法

GB/T 6436　饲料中钙的测定

GB/T 6437　饲料中总磷的测定　分光光度法

GB/T 6438　饲料粗灰分的测定方法

GB/T 6682　分析实验室用水规格和试验方法

GB 10648　饲料标签

GB/T 10649　微量元素预混合饲料混合均匀度测定方法

GB/T 14699.1　饲料　采样

GB/T 18823　饲料　检测结果判定的允许误差

饲料药物添加剂使用规范(中华人民共和国农业部公告第168号)

动物源性饲料产品安全卫生管理办法(中华人民共和国农业部令第40号)

3 技术要求

3.1 感官性状

为淡奶油色粉末，色泽一致，无结块、发霉、变质现象，具有乳香味。

3.2 粉碎粒度

100%通过0.42 mm(40目)分析筛。过0.2 mm(80目)分析筛，筛上物小于等于20%。

3.3 卫生指标

符合表1的要求。

表 1 犊牛代乳粉卫生指标

项　　目		指　　标
总砷/(mg/kg)	≤	0.3
铅/(mg/kg)	≤	0.5
亚硝酸盐(以 $NaNO_2$ 计)/(mg/kg)	≤	2
黄曲霉毒素 B_1/(μg/kg)		不得检出
霉菌/(CFU/g)	≤	50
致病菌(肠道致病菌和致病性球菌)		不得检出
细菌总数/(CFU/g)	≤	50 000

3.4 混合均匀度

按 GB/T 10649 规定的方法执行,其均匀度之变异系数小于等于 7.0%。

3.5 主要营养成分指标及来源

3.5.1 营养成分及指标

营养成分及指标符合表 2 的规定。

表 2 主要营养成分及指标(干物质基础)　　%

项　　目		指　　标
水分	≤	6
粗蛋白	≥	22
粗脂肪	≥	12
粗灰分	≤	10
粗纤维	≤	3
乳糖	≥	20
钙		0.6～1.2
磷	≥	0.6

3.5.2 蛋白质来源

以全乳蛋白或浓缩的大豆蛋白等为主。全乳蛋白有全脂乳、脱脂乳、浓缩乳蛋白、乳清粉、去乳糖乳清粉、酪蛋白等,部分替代全乳蛋白的蛋白质来源有大豆蛋白精提物、大豆分离蛋白以及改性小麦面筋粉等。不允许使用非蛋白氮类饲料原料。使用动物源性饲料产品必须符合农业部《动物源性饲料产品安全卫生管理办法》(中华人民共和国农业部令第 40 号)之规定。不允许使用除乳制品外的动物源性饲料作为蛋白质来源。

3.5.3 脂肪来源

以乳制品和植物油为主。

3.5.4 药物添加

应符合农业部《饲料药物添加剂使用规范》(中华人民共和国农业部公告第 168 号)。

3.6 重量指标

单件定量包装净重偏差±1%。批量定量包装平均偏差大于等于零。

4 试验方法

除非另有说明,所用试剂等级均为分析纯以上。实验用水达到 GB/T 6682 规定的三级水或相当纯度以上的标准。

4.1 样品的采集和制备

按照 GB/T 14699.1 规定执行。

4.2 感官性状的检验

采用目测及嗅觉检验。

4.3 粉碎粒度

按 GB/T 5917 规定执行。

4.4 水分

按 GB/T 6435 规定执行。

4.5 粗蛋白

按 GB/T 6432 规定执行。

4.6 粗脂肪

按 GB/T 6433 规定执行。

4.7 粗灰分

按 GB/T 6438 规定执行。

4.8 粗纤维

按 GB/T 6434 规定执行。

4.9 乳糖

按 GB/T 5413.5 规定执行。

4.10 钙

按 GB/T 6436 规定执行。

4.11 磷

按 GB/T 6437 规定执行。

4.12 总砷的测定

按 GB/T 5009.11 规定执行。

4.13 铅的测定

按 GB/T 5009.12 规定执行。

4.14 亚硝酸盐

按 GB/T 5413.32 规定执行。

4.15 黄曲霉毒素 B_1

按 GB/T 5009.24 规定执行。

4.16 霉菌

按 GB/T 4789.18 规定执行。

4.17 致病菌

按 GB/T 4789.18 规定执行。

4.18 细菌总数

按 GB/T 4789.18 规定执行。

4.19 净重(净含量)

随机抽取 30 包,扣除包装重量后,净重符合本标准 3.6 之规定。

平均偏差按式(1)计算：

$$\Delta m = \frac{\sum_{i=1}^{n}(m_2 - m_1)}{n} \quad \cdots\cdots(1)$$

式中：

Δm——抽样商品的平均偏差，单位为千克(kg)；

m_1——包装商品标注净重量，单位为千克(kg)；

m_2——包装商品实际净重量，单位为千克(kg)；

n——抽样件数。

5 检验规则

5.1 出厂检验

感官指标、成品粒度、水分、粗蛋白、粗脂肪、粗纤维、乳糖、钙、磷、包装重量、标签为出厂检验项目。以同班、同原料、同配方的产品为一批，每批产品进行出厂检验。

5.2 型式检验

有下列情况之一，应进行型式检验，检验项目为本标准中的所有项目：

——新产品投产时；

——改变配方或生产工艺时；

——正常生产每半年或停产半年后恢复生产时；

——出厂检验结果与上次型式检验结果有较大差异时；

——国家质量监督机构或主管部门提出进行型式检验的要求时。

6 判定规则

以本标准的试验方法和要求为判定方法和依据。检验结果如有一项不符合本标准要求，应抽样复检，复检结果如仍有一项不符合本标准要求，则判型式检验不合格。若产品检验卫生指标超标，该产品即判为不合格，不得复检。检验结果判定允许误差按 GB/T 18823 执行。

7 标签、包装、运输、贮存及保质期

7.1 标签

按 GB 10648 执行。

7.2 包装

本产品应装于防潮的纸箱、纸桶(袋)或聚丙烯塑料桶(袋)中，内衬包装食品用聚乙烯塑料袋。也可根据用户要求进行包装。

7.3 运输

本产品不得与有毒、有害或有污染的物质混装混载。运输过程要求避光、防雨。

7.4 贮存

本产品应贮存在清洁、干燥、阴凉、通风的专用仓库里。不得与有毒有害物混存。要防虫蛀、鼠害、霉变和污染。

7.5 保质期

包装产品在规定的贮存条件下保质期不少于 3 个月。

附 录 A
(资料性附录)
其他营养物质含量推荐值

A.1 矿物元素含量推荐值

矿物元素含量推荐值参见表A.1。

表A.1 矿物元素含量推荐值

项 目		指 标
镁/(%)	≥	0.07
钠/(%)	≥	0.40
钾/(%)	≥	0.65
氯/(%)	≥	0.25
硫/(%)	≥	0.29
铁/(mg/kg)	≥	100
铜/(mg/kg)	≥	10
锰/(mg/kg)	≥	40
锌/(mg/kg)	≥	40
碘/(mg/kg)	≥	0.5
钴/(mg/kg)	≥	0.11
硒/(mg/kg)	≥	0.30

A.2 维生素含量推荐值

维生素含量推荐值参见表A.2。

表A.2 维生素含量推荐值

项 目		指 标
维生素A/(IU/kg)	≥	9 000
维生素D_3/(IU/kg)	≥	600
维生素E/(IU/kg)	≥	50
维生素B_1/(mg/kg)	≥	6.5
维生素B_2/(mg/kg)	≥	6.5
维生素B_6/(mg/kg)	≥	6.5
泛酸/(mg/kg)	≥	13.0

表 A.2（续）

项　目		指　标
烟酸/(mg/kg)	≥	10.0
生物素/(mg/kg)	≥	0.1
维生素 B_{12}/(mg/kg)	≥	0.07
胆碱/(mg/kg)	≥	1 000

ICS 65.120
B 46

中华人民共和国国家标准

GB/T 20804—2006

奶牛复合微量元素维生素预混合饲料

Trace minerals and vitamins premix of dairy cattle

2006-12-20 发布　　2007-03-01 实施

中华人民共和国国家质量监督检验检疫总局
中国国家标准化管理委员会　发布

前　言

本标准根据美国国家科学研究委员会(NRC)制定的《奶牛营养需要》2001年第七版起草制定。

本标准的附录A为资料性附录。

本标准由中华人民共和国农业部提出。

本标准由全国饲料工业标准化技术委员会归口。

本标准起草单位：中国农业科学院畜牧兽医研究所、农业部饲料工业中心、中国农业大学、新疆农业大学、河北省畜牧兽医研究所。

本标准主要起草人：王加启、邓先德、邢建军、魏宏阳、范学珊、卢德勋、张军民、雒秋江、宋丽华、陆耀华、李树聪、乔绿、孙荣鑫、李英、袁耀明、周凌云。

奶牛复合微量元素维生素预混合饲料

1 范围

本标准规定了奶牛复合微量元素维生素预混合饲料使用的要求、试验方法、检测规则、标签、包装、贮存和运输。

本标准适用于奶牛场和饲料工业行业加工、销售、调拨、出口的奶牛复合微量元素维生素预混合饲料。

2 规范性引用文件

下列文件中的条款通过本标准的引用而成为本标准的条款。凡是注日期的引用文件，其随后所有的修改单(不包括勘误的内容)或修订版均不适用于本标准，然而，鼓励根据本标准达成协议的各方研究是否可使用这些文件的最新版本。凡是不注日期的引用文件，其最新版本适用于本标准。

GB/T 5917 配合饲料粉碎粒度测定法

GB/T 5918 配合饲料混合均匀度的测定

GB/T 6435 饲料水分的测定方法

GB 10648 饲料标签

GB 13078 饲料卫生标准

GB/T 13079 饲料中总砷的测定

GB/T 13080 饲料中铅的测定 原子吸收光谱法

GB/T 13083 饲料中氟的测定 离子选择性电极法

GB/T 13091 饲料中沙门氏菌的检测方法

GB/T 13882 饲料中碘的测定(硫氰酸铁-亚硝酸催化动力学法)

GB/T 13883 饲料中硒的测定方法 2,3-二氨基萘荧光法

GB/T 13885 动物饲料中钙、铜、铁、镁、锰、钾、钠和锌含量的测定 原子吸收光谱法

GB/T 14699.1 饲料 采样

GB/T 16764 配合饲料企业卫生规范

GB/T 17812 饲料中维生素 E 的测定 高效液相色谱法

GB/T 17817 饲料中维生素 A 的测定 高效液相色谱法

GB/T 17818 饲料中维生素 D_3 的测定 高效液相色谱法

GB/T 18823 饲料 检测结果判定的允许误差

饲料药物添加剂使用规范(中华人民共和国农业部公告第 168 号)

饲料添加剂品种目录(中华人民共和国农业部公告第 658 号)

饲料和饲料添加剂管理条例(中华人民共和国国务院令第 327 号)

3 要求

3.1 感官指标

色泽正常，无发霉变质、结块及异味异臭。

3.2 水分

水分含量不大于 10%。

3.3 加工质量指标

3.3.1 粉碎粒度

全部通过16目分析筛，30目以上分析筛上物≤10%。

3.3.2 混合均匀度

混合应均匀，变异系数(CV)≤5%。

3.4 有毒有害物质限量

应符合GB 13078的规定。

3.5 推荐量及其有效成分

3.5.1 奶牛微量元素和维生素需要量水平参见附录A。

3.5.2 奶牛1%微量元素和维生素预混料有效成分的含量见表1。

表1 奶牛精料补充料的1%预混料产品中微量元素和维生素的含量[a]

项　目	干奶牛	泌乳牛	犊牛(2～6月龄)	生长后备奶牛	
				7月龄	18月龄
供给量/(g/d·头)	30	100	10	10	30
预混料中微量元素含量/(mg/kg)					
钴	50～450	20～180	10～90	60～540	40～360
铜[b]	110～220	40～80	930～1 800	4 470～8 800	2 870～5 600
碘[c]	190～230	120～150	20～40	140～220	110～160
铁[d]	0～160	0～100	3 750～18 700	16 790～83 900	890～4 500
锰	0～650	0～150	3 970～39 700	11 270～112 700	5 160～51 600
硒	120～150	60～80	30～40	160～200	110～140
锌	0～220	280～840	3 570～10 700	14 720～44 100	5 090～15 200
预混料中维生素含量/(IU /kg)					
维生素A ≥	2 677 000	750 000	400 000	1 600 000	1 200 000
维生素D_3 ≥	730 000	210 000	60 000	600 000	450 000
维生素E ≥	38 900	5 450	2 500	16 000	12 000

a 其他比例奶牛复合微量元素维生素预混合饲料可参考1%预混料微量元素维生素含量按照相应比例生产。

b 日粮中的钼、硫和铁的含量过高会影响铜的吸收，从而增加铜的需要量。

c 日粮中含有致甲状腺肿的物质会导致增加碘的需要量。

d 大部分的饲料含有足够的铁，可以满足成年牛的需要；当日粮中含有棉酚时，可导致增加铁的需要量。

4 试验方法

4.1 饲料采样方法

按GB/T 14699.1执行。

4.2 水分的测定

按GB/T 6435执行。

4.3 粉碎粒度

按GB/T 5917执行。

4.4 混合均匀度的测定

按GB/T 5918执行。

4.5 碘的测定

按 GB/T 13882 执行。

4.6 硒的测定

按 GB/T 13883 执行。

4.7 铁、铜、锰、锌的测定

按 GB/T 13885 执行。

4.8 维生素 A 的测定

按 GB/T 17817 执行。

4.9 维生素 D_3 的测定

按 GB/T 17818 执行。

4.10 维生素 E 的测定

按 GB/T 17812 执行。

4.11 砷、铅的测定

按 GB/T 13079 和 GB/T 13080 执行。

4.12 氟的测定

按 GB/T 13083 执行。

4.13 沙门氏菌的测定

按 GB/T 13091 执行。

5 检验规则

5.1 感官要求、水分、粗蛋白、钙和总磷含量为出厂检验项目。

5.2 在保证产品质量的前提下，生产厂可根据工艺、设备、配方、原料等变化情况，自行确定出厂检验的批量。

5.3 试验测定值的双试验相对偏差按相应标准规定执行。

5.4 检测与仲裁判定各项指标合格与否时，允许误差应按 GB/T 18823 执行。

5.5 有下列情况之一时，应对产品的质量进行全面考核，型式检验项目包括本标准规定的所有项目：

——正式生产后，原料、工艺有所改变时；

——正式生产后，每半年进行一次；

——停产后恢复生产时；

——产品质量监督部门提出进行型式检验要求时。

5.6 检验结果如有一项指标不符合本标准要求时，应自两倍量的包装中重新采样复验。复验结果即使只有一项指标不符合本标准的要求时，则整批产品为不合格。

6 标签、包装、贮存和运输

6.1 标签

商品饲料应在包装物上附有饲料标签，标签应符合 GB 10648 中的有关规定，并明确产品保质期。

6.2 包装

6.2.1 饲料包装应完整，无污染、无异味。

6.2.2 包装材料应符合 GB/T 16764 的要求。

6.2.3 包装印刷油墨无毒，不应向内容物渗漏。

6.2.4 包装物不应重复使用。生产方和使用方另有约定的除外。

6.3 贮存

6.3.1 饲料贮存应符合 GB/T 16764 的要求。

6.3.2 不合格和变质饲料应做无害化处理，不应存放在饲料贮存场所内。

6.4 运输

6.4.1 运输工具应符合 GB/T 16764 的要求。

6.4.2 运输作业应防止污染、防雨防潮，保持包装的完整。

6.4.3 不应使用运输畜禽等动物的车辆运输饲料产品。

6.4.4 饲料运输工具和装卸场地应定期清洗和消毒。

附　录　A
（资料性附录）
奶牛微量元素和维生素需要量

表A.1给出了奶牛微量元素和维生素需要量。

表A.1　奶牛微量元素和维生素需要量

项　　目	干奶牛	泌乳牛	犊牛（2～6月龄）	生长后备奶牛	
				7月龄	18月龄
钴/(mg/kg)	0.11	0.11	0.10	0.11	0.11
铜/(mg/kg)	13	11	10	10	9
碘/(mg/kg)	0.4	0.6	0.25	0.27	0.30
铁/(mg/kg)	13	12.3	50	43	13
锰/(mg/kg)	18	14	40	22	14
硒/(mg/kg)	0.3	0.3	0.3	0.3	0.3
锌/(mg/kg)	22	43	40	32	18
维生素A/(IU/kg)	5 576	3 685	4 000	3 076	3 185
维生素D_3/(IU/ kg)	1 520	1 004	600	157	1 195
维生素E/(IU/ kg)	81	27	25	31	32
维生素A/(IU/d)	80 300	75 000	—	16 000	36 000
维生素D_3/(IU/d)	21 900	21 000	—	6 000	13 500
维生素E/(IU/d)	1 168	545	—	160	360
注：Nutrient requirements of dairy cattle, Seventh Revised Edition, 2001, NRC.					

ICS 65.120
B 46

中华人民共和国国家标准

GB/T 20807—2006

绵羊用精饲料

Concentrated feed of sheep

2006-12-20 发布　　　　2007-03-01 实施

中华人民共和国国家质量监督检验检疫总局
中国国家标准化管理委员会　发布

前　言

本标准的附录A为资料性附录。

本标准由中华人民共和国农业部提出。

本标准由全国饲料工业标准化技术委员会归口。

本标准起草单位：中国农业科学院畜牧兽医研究所、农业部饲料工业中心、中国农业大学、新疆农业大学、河北省畜牧兽医研究所。

本标准主要起草人：王加启、邓先德、邢建军、魏宏阳、范学珊、卢德勋、刘建新、张军民、雒秋江、杨红建、宋丽华、陆耀华、李树聪、乔绿、刁其玉、孙荣鑫、李英、李胜利、袁耀明、赵青余、张晓明、黄庆生、周凌云。

绵羊用精饲料

1 范围

本标准规定了绵羊用精饲料的技术要求、试验方法、检验规则以及标签、包装、贮存、运输。

本标准适用于舍饲绵羊的羊场及企业加工的绵羊用精饲料。放牧绵羊补饲精料可参照本标准执行。

2 规范性引用文件

下列文件中的条款通过本标准的引用而成为本标准的条款。凡是注日期的引用文件，其随后所有的修改单(不包括勘误的内容)或修订版均不适用于本标准，然而，鼓励根据本标准达成协议的各方研究是否可使用这些文件的最新版本。凡是不注日期的引用文件，其最新版本适用于本标准。

GB/T 5917 配合饲料粉碎粒度测定法

GB/T 5918 配合饲料混合均匀度的测定

GB/T 6432 饲料中粗蛋白测定方法

GB/T 6433 饲料粗脂肪测定方法

GB/T 6434 饲料中粗纤维测定方法

GB/T 6435 饲料水分的测定方法

GB/T 6436 饲料中钙的测定

GB/T 6437 饲料中总磷的测定 分光光度法

GB/T 6438 饲料粗灰分的测定方法

GB/T 6439 饲料中水溶性氯化物的测定方法

GB 10648 饲料标签

GB 13078 饲料卫生标准

GB/T 14669.1 饲料 采样

GB/T 16764 配合饲料企业卫生规范

GB/T 18823 饲料 检测结果判定的允许误差

饲料药物添加剂使用规范(中华人民共和国农业部公告第168号)

饲料添加剂品种目录(中华人民共和国农业部公告第658号)

3 要求

3.1 技术指标要求

3.1.1 感官性状

色泽一致，质地均匀，无发霉变质、无结块及异味。

3.1.2 水分

3.1.2.1 水分含量应小于等于12.5%。

3.1.2.2 符合下列情况中至少一项时可允许增加0.5%的含水量：

a) 平均气温在10℃以下的季节；

b) 从出厂到饲喂不超过十天者；

c) 配合饲料中添加有规定量的防霉剂者(标签中注明)。

3.1.3 加工质量

3.1.3.1 成品粉碎粒度：精饲料99%通过2.8 mm编制筛，颗粒饲料不受此限。不得有整粒谷物，1.40 mm编制筛筛上物不应大于20%。

3.1.3.2 混合均匀度：精饲料应混合均匀，其变异系数(CV)应不大于10%。

3.1.4 卫生指标

按照GB 13078的规定执行。

3.1.5 营养成分指标

营养成分指标见表1。

表1 绵羊用精饲料营养成分指标

类别	粗蛋白质/(%) ≥	粗纤维/(%) ≤	粗脂肪/(%) ≥	粗灰分/(%) ≤	钙/(%) ≥	磷/(%) ≥	氯化钠/(%)
生长羔羊	16	8	2.5	9	0.3	0.3	0.6～1.2
育成公羊	13	8	2.5	9	0.4	0.2	1.5～1.9
育成母羊	13	8	2.5	9	0.4	0.3	1.1～1.7
种公羊	14	10	3	8	0.4	0.3	0.6～0.7
妊娠羊	12	8	3	9	0.6	0.5	1.0
泌乳期母羊	16	8	3	9	0.7	0.6	1.0

注1：精饲料中若包括非蛋白氮物质，以氮计，应不超过精料粗蛋白氮含量的20%(使用氨化秸秆的羊慎用)并在标签中注明。

注2：表中各指标均以干物质计。

注3：绵羊日粮中粗饲料与精饲料推荐比例参见资料性附录A。

3.2 原料要求

3.2.1 非蛋白氮类饲料的使用

3.2.1.1 非蛋白氮类饲料的用量，非蛋白氮提供的总氮含量应低于饲料中总氮含量的10%。且需注明添加物名称、含量、用法及注意事项。

3.2.1.2 羔羊精饲料中不应添加尿素等非蛋白氮饲料。

3.2.2 饲料添加剂的使用

3.2.2.1 饲料中使用的营养性饲料添加剂和一般饲料添加剂产品应是《饲料添加剂品种目录》所规定的品种和取得产品批准文号的新饲料添加剂品种。

3.2.2.2 饲料中使用的饲料添加剂产品应是取得饲料添加剂产品生产许可证的企业生产的、具有产品批准文号的产品或取得产品进口登记证的境外饲料添加剂。

3.2.3 药物饲料添加剂的使用

3.2.3.1 药物饲料添加剂的使用应按照《饲料药物添加剂使用规范》执行。

3.2.3.2 使用药物饲料添加剂应严格执行休药期规定。

3.2.4 其他要求

3.2.4.1 不应使用除乳制品外的动物源性饲料。

3.2.4.2 有害物质及微生物允许量应符合GB 13078的要求。

3.2.4.3 饲料添加剂产品的使用应遵照产品标签所规定的用法、用量。

4 试验方法

4.1 饲料采样方法

按 GB/T 14699.1 执行。

4.2 水分的测定

按 GB/T 6435 执行。

4.3 粉碎粒度

按 GB/T 5917 执行。

4.4 混合均匀度的测定

按 GB/T 5918 执行。

4.5 粗蛋白的测定

按 GB/T 6432 执行。

4.6 粗脂肪的测定

按 GB/T 6433 执行。

4.7 粗纤维的测定

按 GB/T 6434 执行。

4.8 粗灰分的测定

按 GB/T 6438 执行。

4.9 钙的测定

按 GB/T 6436 执行。

4.10 磷的测定

按 GB/T 6437 执行。

4.11 氯化钠的测定

按 GB/T 6439 执行。

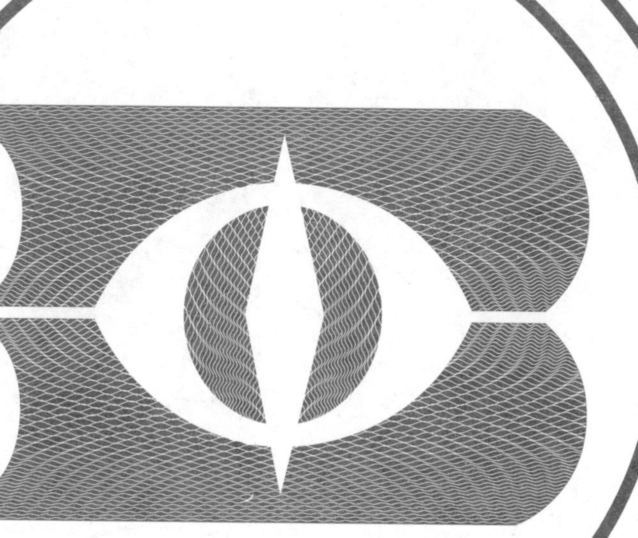

5 检验规则

5.1 感官要求、水分、粗蛋白、钙和总磷含量为出厂检验项目。

5.2 在保证产品质量的前提下，生产厂可根据工艺、设备、配方、原料等变化情况，自行确定出厂检验的批量。

5.3 试验测定值的双试验相对偏差按相应标准规定执行。

5.4 检测与仲裁判定各项指标合格与否时，允许误差应按 GB/T 18823 执行。

5.5 有下列情况之一时，应对产品的质量进行全面考核，型式检验项目包括本标准规定的所有项目：

——正式生产后，原料、工艺有所改变时；

——正式生产后，每半年进行一次；

——停产后恢复生产时；

——产品质量监督部门提出进行型式检验要求时。

5.6 检验结果如有一项指标不符合本标准要求时，应自两倍量的包装中重新采样复验。复验结果即使只有一项指标不符合本标准的要求时，则整批产品为不合格。

6 标签、包装、贮存和运输

6.1 标签

商品饲料应在包装物上附有饲料标签，标签应符合 GB 10648 中的有关规定，并明确产品保质期。

6.2 包装

6.2.1 饲料包装应完整，无污染、无异味。

6.2.2 包装材料应符合 GB/T 16764 的要求。

6.2.3 包装印刷油墨无毒，不应向内容物渗漏。

6.2.4 包装物不应重复使用。生产方和使用方另有约定的除外。

6.3 贮存

6.3.1 饲料贮存应符合 GB/T 16764 的要求。

6.3.2 不合格和变质饲料应做无害化处理，不应存放在饲料贮存场所内。

6.4 运输

6.4.1 运输工具应符合 GB/T 16764 的要求。

6.4.2 运输作业应防止污染、防雨防潮，保持包装的完整。

6.4.3 不应使用运输畜禽等动物的车辆运输饲料产品。

6.4.4 饲料运输工具和装卸场地应定期清洗和消毒。

附　录　A
（资料性附录）
绵羊日粮中粗饲料与精饲料推荐比例表（以干物质计）

表 A.1

类　别	粗饲料/(%)	精饲料/(%)
生长羔羊	0～40	100～60
育成公羊	70	30
育成母羊	65	35
种公羊	85	15
妊娠羊	85～60	15～40
泌乳期母羊	70～50	30～50
注：日粮精粗比可根据绵羊不同时期营养需要进行适当调整。		

ICS 65.120
B 46

中华人民共和国国家标准

GB/T 22544—2008

蛋鸡复合预混合饲料

Complex premix for layer

2008-11-21 发布

2009-02-01 实施

中华人民共和国国家质量监督检验检疫总局
中国国家标准化管理委员会
发布

前　言

本标准由全国饲料工业标准化技术委员会提出并归口。

本标准起草单位:中国饲料工业协会、天津正大饲料科技有限公司。

本标准主要起草人:马启华、粟胜兰、阮静、刘晓玥。

蛋鸡复合预混合饲料

1 范围

本标准规定了1%蛋鸡复合预混合饲料的相关术语和定义、技术要求、试验方法、检验规则以及标签、包装、贮存和运输的要求。

本标准适用于蛋鸡养殖场和饲料工业化生产的蛋鸡育雏期、蛋鸡育成期、蛋鸡产蛋期使用的以维生素和微量元素等为原料的蛋鸡复合预混合饲料。

2 规范性引用文件

下列文件中的条款通过本标准的引用而成为本标准的条款。凡是注日期的引用文件,其随后所有的修改单(不包括勘误的内容)或修订版均不适用于本标准,然而,鼓励根据本标准达成协议的各方研究是否可使用这些文件的最新版本。凡是不注日期的引用文件,其最新版本适用于本标准。

GB/T 5917.1 饲料粉碎粒度测定 两层筛筛分法

GB/T 6435 饲料中水分和其他挥发性物质含量的测定(GB/T 6435—2006,ISO 6496:1999,IDT)

GB 10648 饲料标签

GB/T 10649 微量元素预混合饲料混合均匀度的测定

GB 13078 饲料卫生标准

GB/T 13079 饲料中总砷的测定

GB/T 13080 饲料中铅的测定 原子吸收光谱法

GB/T 13082 饲料中镉的测定方法

GB/T 13083 饲料中氟的测定 离子选择性电极法

GB/T 13882 饲料中碘的测定(硫氰酸铁-亚硝酸催化动力学法)

GB/T 13883 饲料中硒的测定

GB/T 13885 动物饲料中钙、铜、铁、镁、锰、钾、钠和锌含量的测定 原子吸收光谱法(GB/T 13885—2003,ISO 6869:2000,IDT)

GB/T 14699.1 饲料 采样(GB/T 14699.1—2005,ISO 6497:2002,IDT)

GB/T 14700 饲料中维生素 B_1 的测定

GB/T 14701 饲料中维生素 B_2 的测定

GB/T 14702 饲料中维生素 B_6 的测定 高效液相色谱法

GB/T 16764 配合饲料企业卫生规范

GB/T 17812 饲料中维生素 E 的测定 高效液相色谱法

GB/T 17813 复合预混料中烟酸、叶酸的测定 高效液相色谱法

GB/T 17778 预混合饲料中 d-生物素的测定

GB/T 17817 饲料中维生素 A 的测定 高效液相色谱法

GB/T 17818 饲料中维生素 D_3 的测定 高效液相色谱法

GB/T 17819 维生素预混料中维生素 B_{12} 的测定 高效液相色谱法

GB/T 18397 复合预混合饲料中泛酸的测定 高效液相色谱法

GB/T 18823 饲料检测结果判定的允许误差

GB/T 18872 饲料中维生素 K_3 的测定 高效液相色谱法

NY 929 饲料中锌的允许量

AOAC Official Method 961.14 饲料、食品、药品中烟酸和烟酰胺的检测方法（Niacin and Niacinamide in Drugs，Foods，and Feeds）

3 术语和定义

下列术语和定义适用于本标准。

3.1

育雏期 brooding period

蛋鸡：0 周龄～6 周龄。

3.2

育成期 rearing period

蛋鸡：7 周龄～18 周龄（蛋鸡育成前期：7 周龄～12 周龄；蛋鸡育成后期：13 周龄～18 周龄）。

3.3

产蛋期 laying period

蛋鸡：19 周龄～72 周龄。

4 要求

4.1 感官要求

色泽一致，无发霉变质、结块及异味、异嗅。

4.2 水分

水分含量不大于 10%。

4.3 加工质量指标

4.3.1 粉碎粒度

全部通过孔径为 1.19 mm 分析筛；孔径为 0.59 mm 分析筛的筛上物≤10%。

4.3.2 混合均匀度

混合应均匀，变异系数（*CV*）≤5%。

4.4 卫生指标

应符合 GB 13078 的有关要求和表 1 的规定。

表 1 蛋鸡复合预混合饲料镉的判定指标

项 目	产品名称	指标	试验方法	备 注
镉（以 Cd 计）的允许量/（mg/kg）	蛋鸡复合预混合饲料	≤15	GB/T 13082	以在配合饲料中 1% 的添加量计。

4.5 1%预混合饲料中维生素及微量元素营养成分含量

见表 2。

表 2 维生素及微量元素营养成分含量

项 目	蛋鸡育雏期（0～6 周龄）	蛋鸡育成前期（7 周龄～12 周龄）	蛋鸡育成后期（13 周龄～18 周龄）	蛋鸡产蛋期（19 周龄～72 周龄）
维生素 A/（IU/kg） ≥	800 000	730 000		780 000
维生素 D_3/（IU/kg） ≥	220 000	180 000		170 000
维生素 E/（mg/kg） ≥	1 300	1 200		1 200
维生素 K_3/（mg/kg） ≥	140	130		120
维生素 B_1/（mg/kg） ≥	180	130		110

表 2（续）

项　　目	蛋鸡育雏期（0～6 周龄）	蛋鸡育成前期（7 周龄～12 周龄）	蛋鸡育成后期（13 周龄～18 周龄）	蛋鸡产蛋期（19 周龄～72 周龄）
维生素 B_2/(mg/kg)　≥	200	150		200
维生素 B_6/(mg/kg)　≥	200	200		200
维生素 B_{12}/(mg/kg)　≥	1.0	0.5		0.5
烟酸(烟酰胺)/(mg/kg)　≥	2 000	2 000		2 000
泛酸/(mg/kg)　≥	1 000	1 000		600
叶酸/(mg/kg)　≥	55	25		25
生物素/(mg/kg)　≥	15	10		10
锰/(g/kg)　≥	6	4		6
铁/(g/kg)　≥	8	6		6
锌/(g/kg)	6～25	6～25		6～25
铜/(g/kg)	0.8～3.5	0.6～3.5		0.8～3.5
硒/(mg/kg)	10～50	10～50		10～50
碘/(mg/kg)　≥	35	35		35

注 1：其他比例蛋鸡复合预混合饲料中维生素、微量元素含量可参考本标准按照相应比例折算生产。

注 2：使用有机微量元素时，可适当降低微量元素含量。

注 3：锌的最高允许使用量按 NY 929 规定执行。

5　试验方法

5.1　饲料采样

按 GB/T 14699.1 执行。

5.2　感官性状检验

采用目测及嗅觉检查。

5.3　水分的测定

按 GB/T 6435 执行。

5.4　加工质量指标

5.4.1　粉碎粒度

按 GB/T 5917 执行。

5.4.2　混合均匀度的测定

按 GB/T 10649 执行。

5.5　卫生指标

5.5.1　总砷的测定

按 GB/T 13079 执行。

5.5.2　铅的测定

按 GB/T 13080 执行。

5.5.3　镉的测定

按 GB/T 13082 执行。

5.5.4 氟的测定

按 GB/T 13083 执行。

5.6 维生素及微量元素营养成分

5.6.1 维生素 A 的测定

按 GB/T 17817 执行。

5.6.2 维生素 D_3 的测定

按 GB/T 17818 执行。

5.6.3 维生素 E 的测定

按 GB/T 17812 执行。

5.6.4 维生素 K_3 的测定

按 GB/T 18872 执行。

5.6.5 维生素 B_1 的测定

按 GB/T 14700 执行。

5.6.6 维生素 B_2 的测定

按 GB/T 14701 执行。

5.6.7 维生素 B_6 的测定

按 GB/T 14702 执行。

5.6.8 维生素 B_{12} 的测定

按 GB/T 17819 执行。

5.6.9 烟酸、叶酸的测定

按 GB/T 17813 执行。

5.6.10 泛酸的测定

按 GB/T 18397 执行。

5.6.11 生物素的测定

按 GB/T 17778 执行。

5.6.12 烟酰胺的测定

按 AOAC Official Method 961.14 执行。

5.6.13 铜、铁、锰、锌的测定

按 GB/T 13885 执行。

5.6.14 硒的测定

按 GB/T 13883 执行。

5.6.15 碘的测定

按 GB/T 13882 执行。

6 检验规则

6.1 检验分类

6.1.1 出厂检验

感官要求、水分为出厂检验项目。在保证产品质量的前提下，生产厂可根据工艺、设备、配方、原料等变化情况，自行规定出厂检验的批量。

6.1.2 型式检验

本标准要求中全部项目为型式检验项目，有下列情况之一时，应进行型式检验：

a) 原料变化及设备改造后；

b) 停产后再恢复生产；

c) 工艺、配方有较大改变，可能影响产品性能时；

d) 出厂检验结果与上次型式检验结果有较大差异时；

e) 国家质量技术监督部门要求时。

6.2 判定规则

6.2.1 检测与仲裁判定各项指标合格与否时，允许误差应按 GB/T 18823 执行。

6.2.2 检验结果如果有一项指标不符合本标准要求时，应从两倍量的包装中重新采样复验。复验结果即使只有一项指标不符合本标准的要求，则整批产品为不合格。

7 标签、包装、贮存和运输

7.1 标签

产品应在包装上附有饲料标签，标签应符合 GB 10648 中的有关规定，并明确产品保质期。

7.2 包装

7.2.1 产品包装应完整，无污染，无异味。

7.2.2 包装材料应符合 GB/T 16764 的要求。

7.2.3 包装印刷油墨无毒，不应向内容物渗透。

7.2.4 包装物不应重复使用。生产方和使用方另有约定的除外。

7.3 贮存

7.3.1 产品贮存应符合 GB/T 16764 的要求。

7.3.2 不合格和变质饲料应做无害化处理，不应放在饲料贮存场所内。

7.4 运输

7.4.1 运输工具应符合 GB/T 16764 的要求。

7.4.2 运输作业应防止污染、防雨防潮，保持包装的完整。

7.4.3 不应使用运输畜禽等动物的车辆运输饲料产品。

7.4.4 产品运输工具和装卸场地应定期清洗和消毒。

ICS 65.120
B 46

中华人民共和国国家标准

GB/T 22919.1—2008

水产配合饲料
第1部分:斑节对虾配合饲料

Aquafeed—Part 1:Formula feed for giant tiger shrimp (*Penaeus monodon*)

2008-12-31 发布　　2009-05-01 实施

中华人民共和国国家质量监督检验检疫总局
中国国家标准化管理委员会　发布

前　言

本标准由全国饲料工业标准化技术委员会(SAC/TC 76)提出并归口。

本标准负责起草单位:广东恒兴集团有限公司。

本标准主要起草人:张海涛、黄智成、王华朗、于明超、蔡美英、王卓铎。

水产配合饲料
第1部分:斑节对虾配合饲料

1 范围

本标准规定了斑节对虾配合饲料的产品分类、技术要求、试验方法、检验规则以及标签、包装、运输和贮存。

本标准适用于斑节对虾配合饲料。

2 规范性引用文件

下列文件中的条款通过本标准的引用而成为本标准的条款。凡是注日期的引用文件,其随后所有的修改单(不包括勘误的内容)或修订版均不适用于本标准,然而,鼓励根据本标准达成协议的各方研究是否可使用这些文件的最新版本。凡是不注日期的引用文件,其最新版本适用于本标准。

GB/T 5918 饲料产品混合均匀度的测定

GB/T 6432 饲料中粗蛋白测定方法(GB/T 6432—1994,eqv ISO 5983:1979)

GB/T 6433 饲料中粗脂肪的测定(GB/T 6433—2006,ISO 6492:1999,IDT)

GB/T 6434 饲料中粗纤维的含量测定 过滤法(GB/T 6434—2006,ISO 6865:2000,IDT)

GB/T 6435 饲料中水分和其他挥发性物质含量的测定(GB/T 6435—2006,ISO 6496:1999,IDT)

GB/T 6436 饲料中钙的测定

GB/T 6437 饲料中总磷的测定 分光光度法

GB/T 6438 饲料中粗灰分的测定(GB/T 6438—2007,ISO 5984:2002,IDT)

GB 9969.1 工业产品使用说明书 总则

GB 10648 饲料标签

GB 13078 饲料卫生标准

GB/T 14699.1 饲料 采样(GB/T 14699.1—2005,ISO 6497:2002,IDT)

GB/T 16765—1997 颗粒饲料通用技术条件

GB/T 18246 饲料中氨基酸的测定

GB/T 18823 饲料检测结果判定的允许误差

NY 5072 无公害食品 渔用配合饲料安全限量

SC/T 2002—2002 对虾配合饲料

JJF 1070 定量包装商品净含量计量检验规则

定量包装商品计量监督管理办法(国家质量监督检验检疫总局[2005]第75号令)

3 产品分类

本标准将斑节对虾配合饲料产品分成幼虾饲料、中虾饲料、成虾饲料3种,产品规格应符合斑节对虾不同生长阶段的食性要求。

4 技术要求

4.1 原料与添加剂要求

饲料原料与添加剂均应符合相关饲料原料与添加剂的国家标准或行业标准的质量指标要求。卫生

指标应符合 GB 13078 和 NY 5072 的规定。

4.2 感官要求

色泽一致，无发霉，无异味，无杂物，无结块，无虫害。

4.3 加工质量指标

加工质量指标应符合表 1 要求。

表 1 斑节对虾配合饲料加工质量指标

项目		指标
水中稳定性(散失率)/%	幼虾料	≤18.0
	中虾料/成虾料	≤16.0
混合均匀度(*CV*)/%		≤7.0
粉化率/%		≤3.0

4.4 营养指标

主要营养指标应符合表 2 规定。

表 2 斑节对虾配合饲料主要营养指标

营养成分	幼虾料	中虾料	成虾料
粗蛋白质/%	≥38.0	≥37.0	≥35.0
粗脂肪/%	≥4.5		
粗纤维/%	≤5.0		
水分/%	≤12.0		
粗灰分/%	≤15.0		
钙/%	≤3.0		
总磷/%	0.90～1.45		
赖氨酸/%	≥2.0	≥1.8	≥1.6

4.5 卫生指标

卫生指标应符合 NY 5072 的规定。

4.6 净含量

定量包装产品的净含量应符合《定量包装商品计量监督管理办法》的规定。

5 试验方法

5.1 感官检验

取 100 g 样品放置在洁净的白瓷托盘(25 cm×30 cm)内，在非直射日光、光线充足、无异味的环境中，通过正常的感官检验进行评定。

5.2 混合均匀度的测定

按 GB/T 5918 的规定执行。

5.3 水中稳定性(散失率)的测定

按 SC/T 2002—2002 中 5.4 的规定执行。

5.4 粉化率的测定

按 GB/T 16765—1997 中 5.4.3 的规定执行(幼虾料所用试验筛的筛孔尺寸为 0.250 mm，中虾料、成虾料所用试验筛的筛孔尺寸为 0.425 mm)。

5.5 粗蛋白质的测定

按 GB/T 6432 的规定执行。

5.6 粗脂肪的测定

按 GB/T 6433 的规定执行。

5.7 粗纤维的测定

按 GB/T 6434 的规定执行。

5.8 水分的测定

按 GB/T 6435 的规定执行。

5.9 钙的测定

按 GB/T 6436 的规定执行。

5.10 总磷的测定

按 GB/T 6437 的规定执行。

5.11 粗灰分的测定

按 GB/T 6438 的规定执行。

5.12 氨基酸的测定

按 GB/T 18246 的规定执行。

5.13 卫生指标检验

按 NY 5072 的规定执行。

5.14 净含量的检验

按 JJF 1070 的规定执行。

6 检验规则

6.1 组批与抽样规则

6.1.1 批的组成

在原料及生产条件基本相同的情况下，同一班组生产的产品为一个检验批。

6.1.2 抽样方法

按 GB/T 14699.1 的规定执行。

6.2 检验分类

6.2.1 出厂检验

6.2.1.1 出厂检验项目：感官指标、水中稳定性、水分、粗蛋白质、包装、标签。

6.2.1.2 出厂检验由生产企业的质检部门进行。

6.2.1.3 判定：如检验中有一项指标不符合本标准要求，应进行复检（微生物指标超标不得复检），复检有一项指标不合格者即判定为不合格产品，不合格产品不可出厂销售。

6.2.2 型式检验

6.2.2.1 型式检验项目：型式检验应对产品质量、包装、标识、标签进行全面检查，检查项目为本标准技术指标中所有项目。

6.2.2.2 型式检验周期：型式检验每六个月至少检验一次，但有下列情况之一时，应进行型式检验：

a) 新产品投产时；

b) 正式生产后，原料、配方、工艺有较大改变，可能影响产品质量时；

c) 正式生产后，工艺设备有较大改进时或主要设备进行大修时；

d) 产品停产 3 个月以上，恢复生产时；

e) 出厂检验结果与上次型式检验有较大的差异时；

f) 国家质量监督机构提出进行型式检验的要求时。

6.2.2.3 型式检验由生产企业质检部门或委托法定饲料质检机构进行。

6.2.2.4 判定：型式检验中如有一项指标不符合本标准要求，应重新取样进行复检（微生物指标超标不得复检)，复检结果中有一项不合格者即判定为不合格。

6.2.2.5　型式检验不合格，应停产，找出不合格原因，重新试生产后，再进行型式检验，全部技术指标经检验合格后，方可再正式生产和销售。

6.3　生产企业检验合格的产品，由质检部门签发检验合格证，产品凭检验合格证方可出厂。

6.4　检验与仲裁判定各项指标合格与否时，应考虑分析允许误差，饲料检测结果判定的允许误差按 GB/T 18823 的有关规定执行。

7　标签、包装、运输和贮存

7.1　标签

——销售产品的标签按 GB 10648 的规定执行；

——产品使用说明书的编写应符合 GB 9969.1 的规定，包装应随带产品说明书，以说明产品的主要技术指标和使用要求。

7.2　包装

包装材料应具有防潮、防漏、抗拉性能；产品采用复合包装袋缝合包装，缝合应牢固，不得破损漏气；包装袋应清洁卫生、无污染。

7.3　运输

产品运输时应注意防晒、防雨淋、防有毒物质污染；产品装卸时不能强烈摩擦、碰撞。

7.4　贮存

产品应贮存在通风干燥阴凉的仓库内，防止受潮，防止虫害、鼠害，不得与有毒有害物质混合堆放。产品堆放时应加垫，不得直接与地面接触。

7.5　保质期

在规定的贮存条件下，从生产之日起，原包装产品保质期为 75 d。

ICS 65.120
B 46

中华人民共和国国家标准

GB/T 22919.2—2008

水产配合饲料
第2部分：军曹鱼配合饲料

Aquafeed—Part 2：Formula feed for cobia（*Rachycentron canadum*）

2008-12-31 发布　　2009-05-01 实施

中华人民共和国国家质量监督检验检疫总局
中国国家标准化管理委员会　发布

前　言

本标准由全国饲料工业标准化技术委员会(SAC/TC 76)提出并归口。

本标准负责起草单位:广东恒兴集团有限公司。

本标准主要起草人:于明超、王华朗、张海涛、王蕾蕾。

水产配合饲料
第2部分:军曹鱼配合饲料

1 范围

本标准规定了军曹鱼配合饲料的产品分类、技术要求、试验方法、检验规则以及标签、包装、运输和贮存。

本标准适用于军曹鱼颗粒配合饲料。

2 规范性引用文件

下列文件中的条款通过本标准的引用而成为本标准的条款。凡是注日期的引用文件,其随后所有的修改单(不包括勘误的内容)或修订版均不适用于本标准,然而,鼓励根据本标准达成协议的各方研究是否可使用这些文件的最新版本。凡是不注日期的引用文件,其最新版本适用于本标准。

GB/T 5918 饲料产品混合均匀度的测定

GB/T 6432 饲料中粗蛋白测定方法(GB/T 6432—1994,eqv ISO 5983:1979)

GB/T 6433 饲料中粗脂肪的测定(GB/T 6433—2006,ISO 6492:1999,IDT)

GB/T 6434 饲料中粗纤维的含量测定 过滤法(GB/T 6434—2006,ISO 6865:2000,IDT)

GB/T 6435 饲料中水分和其他挥发性物质含量的测定(GB/T 6435—2006,ISO 6496:1999,IDT)

GB/T 6436 饲料中钙的测定

GB/T 6437 饲料中总磷的测定 分光光度法

GB/T 6438 饲料中粗灰分的测定(GB/T 6438—2007,ISO 5984:2002,IDT)

GB 9969.1 工业产品使用说明书 总则

GB 10648 饲料标签

GB 13078 饲料卫生标准

GB/T 14699.1 饲料 采样(GB/T 14699.1—2005,ISO 6497:2002,IDT)

GB/T 16765—1997 颗粒饲料通用技术条件

GB/T 18246 饲料中氨基酸的测定

GB/T 18823 饲料检测结果判定的允许误差

NY 5072 无公害食品 渔用配合饲料安全限量

SC/T 1077—2004 渔用配合饲料通用技术要求

JJF 1070 定量包装商品净含量计量检验规则

定量包装商品计量监督管理办法(国家质量监督检验检疫总局[2005]第75号令)

3 产品分类

本标准根据军曹鱼不同生长阶段的体重大小,将军曹鱼饲料产品分成稚鱼饲料、幼鱼饲料、中鱼饲料、成鱼饲料4种,产品规格应符合军曹鱼不同生长阶段的食性要求。

4 技术要求

4.1 原料与添加剂要求

饲料原料与添加剂均应符合相关饲料原料与添加剂的国家标准或行业标准的质量指标要求。卫生

指标应符合 GB 13078 和 NY 5072 的规定。

4.2 感官要求

4.2.1 外观

色泽均匀，饲料颗粒大小一致，表面平整；无发霉，无变质结块，无杂物，无虫害。

4.2.2 气味

具有饲料正常气味，无霉变、酸败、焦灼等异味。

4.3 加工质量指标

加工质量指标应符合表 1 的规定。

表 1 军曹鱼配合饲料加工质量指标

项目	稚鱼饲料	幼鱼饲料	中鱼饲料	成鱼饲料
混合均匀度(变异系数)/%	≤7.0			
水中稳定性(溶失率)/%	≤10.0			
颗粒粉化率/%	≤1.0			

4.4 营养指标

主要营养指标应符合表 2 规定。

表 2 军曹鱼配合饲料主要营养指标

营养指标	稚鱼饲料	幼鱼饲料	中鱼饲料	成鱼饲料
粗蛋白质/%	≥44.0	≥42.0	≥40.0	≥38.0
粗脂肪/%	≥6.0			
粗纤维/%	≤5.0			
水分/%	≤12.0			
粗灰分/%	≤16.0			
钙/%	≤3.5			
总磷/%	1.0～1.6			
赖氨酸/%	≥2.5	≥2.3	≥2.1	≥1.9

4.5 卫生指标

卫生指标应符合 NY 5072 的规定。

4.6 净含量

定量包装产品的净含量应符合《定量包装商品计量监督管理办法》的规定。

5 试验方法

5.1 感官检验

取 100 g 样品放置在洁净的白瓷托盘(25 cm×30 cm)内，在非直射日光、光线充足、无异味的环境中，通过正常的感官检验进行评定。

5.2 水中稳定性(溶失率)

按 SC/T 1077—2004 中第 A.2 章的规定执行。

5.3 混合均匀度的测定

按 GB/T 5918 的规定执行。

5.4 粉化率的测定

按 GB/T 16765—1997 中 5.4.3 的规定执行(所用试验筛的筛孔尺寸为 0.425 mm)。

5.5 粗蛋白质的测定

按 GB/T 6432 的规定执行。

5.6 粗脂肪的测定

按 GB/T 6433 的规定执行。

5.7 粗纤维的测定

按 GB/T 6434 的规定执行。

5.8 水分的测定

按 GB/T 6435 的规定执行。

5.9 钙的测定

按 GB/T 6436 的规定执行。

5.10 总磷的测定

按 GB/T 6437 的规定执行。

5.11 粗灰分的测定

按 GB/T 6438 的规定执行。

5.12 氨基酸的测定

按 GB/T 18246 的规定执行。

5.13 卫生指标的检验

按 NY 5072 的规定执行。

5.14 净含量的检验

按 JJF 1070 的规定执行。

6 检验规则

6.1 组批与抽样规则

6.1.1 批的组成

在原料及生产条件基本相同的情况下，同一班组生产的产品为一个检验批。

6.1.2 抽样方法

按 GB/T 14699.1 的规定执行。

6.2 检验分类

6.2.1 出厂检验

6.2.1.1 出厂检验项目：感官指标、水中稳定性、水分、粗蛋白质、包装、标签。

6.2.1.2 出厂检验由生产企业的质检部门进行。

6.2.1.3 判定：如检验中有一项指标不符合本标准要求，应进行复检（微生物指标超标不得复检），复检有一项指标不合格者即判定为不合格产品，不合格产品不可出厂销售。

6.2.2 型式检验

6.2.2.1 型式检验项目：型式检验应对产品质量、包装、标识、标签进行全面检查，检查项目为本标准技术指标中所有项目。

6.2.2.2 型式检验周期：型式检验每六个月至少检验一次，但有下列情况之一时，应进行型式检验：

a） 新产品投产时；

b） 正式生产后，原料、配方、工艺有较大改变，可能影响产品质量时；

c） 正式生产后，工艺设备有较大改进时或主要设备进行大修时；

d） 产品停产 3 个月以上，恢复生产时；

e） 出厂检验结果与上次型式检验有较大的差异时；

f） 国家质量监督机构提出进行型式检验的要求时。

6.2.2.3 型式检验由生产企业质检部门或委托法定饲料质检机构进行。

6.2.2.4 判定：型式检验中如有一项指标不符合本标准要求，应重新取样进行复检(微生物指标超标不得复检)，复检结果中有一项不合格者即判定为不合格。

6.2.2.5 型式检验不合格，应停产，找出不合格原因，重新试生产后，再进行型式检验，全部技术指标经检验合格后，方可再正式生产和销售。

6.3 生产企业检验合格的产品，由企业质检部门签发检验合格证，产品凭检验合格证方可出厂。

6.4 检验与仲裁判定各项指标合格与否时，应考虑分析允许误差，饲料检测结果判定的允许误差按 GB/T 18823 有关规定执行。

7 标签、包装、运输和贮存

7.1 标签

——销售产品的标签按 GB 10648 规定执行；

——产品使用说明书的编写应符合 GB 9969.1 规定，包装应随带产品说明书，以说明产品的主要技术指标和使用要求。

7.2 包装

包装材料应具有防潮、防漏、抗拉性能；产品采用复合包装袋缝合包装，缝合应牢固，不得破损漏气；包装袋应清洁卫生、无污染。

7.3 运输

产品运输时应注意防晒、防雨淋、防有毒物质污染；产品装卸时不能强烈摩擦、碰撞。

7.4 贮存

产品应贮存在通风干燥阴凉的仓库内，防止受潮，防止虫害、鼠害，不得与有毒有害物质混合堆放。产品堆放时应加垫，不得直接与地面接触。

7.5 保质期

在规定的贮存条件下，从生产之日起，原包装产品保质期为 75 d。

ICS 65.120
B 46

中华人民共和国国家标准

GB/T 22919.3—2008

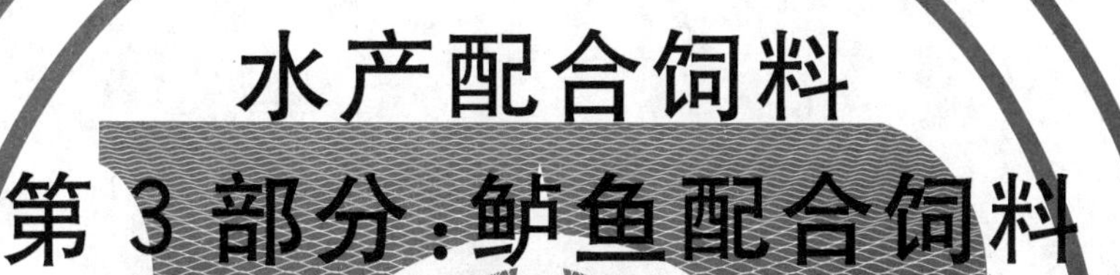

水产配合饲料 第3部分：鲈鱼配合饲料

Aquafeed—Part 3: Formula feed for Japanese seabass(*Lateolabrax japonicus*)

2008-12-31 发布 2009-05-01 实施

中华人民共和国国家质量监督检验检疫总局
中国国家标准化管理委员会 发布

前　言

本标准由全国饲料工业标准化技术委员会(SAC/TC 76)提出并归口。

本标准起草单位:广东粤海饲料集团有限公司。

本标准主要起草人:张璐、彭卫正、程开敏、张其华、马学坤、刘贤敏、刘丽燕。

水产配合饲料
第3部分：鲈鱼配合饲料

1 范围

本标准规定了鲈鱼(*Lateolabrax japonicus*)配合饲料的产品分类、技术要求、试验方法、检验规则以及标签、包装、运输和贮存。

本标准适用于鲈鱼配合饲料。

2 规范性引用文件

下列文件中的条款通过本标准的引用而成为本标准的条款。凡是注日期的引用文件，其随后所有的修改单(不包括勘误的内容)或修订版均不适用于本标准，然而，鼓励根据本标准达成协议的各方研究是否可使用这些文件的最新版本。凡是不注日期的引用文件，其最新版本适用于本标准。

GB/T 5918 饲料产品混合均匀度的测定

GB/T 6432 饲料中粗蛋白测定方法(GB/T 6432—1994,eqv ISO 5983:1979)

GB/T 6433 饲料中粗脂肪的测定(GB/T 6433—2006,ISO 6492:1999,IDT)

GB/T 6434 饲料中粗纤维的含量测定 过滤法(GB/T 6434—2006,ISO 6865:2000,IDT)

GB/T 6435 饲料中水分和其他挥发性物质含量的测定(GB/T 6435—2006,ISO 6496:1999,IDT)

GB/T 6436 饲料中钙的测定

GB/T 6437 饲料中总磷的测定 分光光度法

GB/T 6438 饲料中粗灰分的测定(GB/T 6438—2007,ISO 5984:2002,IDT)

GB 10648 饲料标签

GB 13078 饲料卫生标准

GB/T 14699.1 饲料 采样(GB/T 14699.1—2005,ISO 6497:2002,IDT)

GB/T 16765—1997 颗粒饲料通用技术条件

GB/T 18246 饲料中氨基酸的测定

GB/T 18823 饲料检测结果判定的允许误差

NY 5072 无公害食品 渔用配合饲料安全限量

SC/T 1077—2004 渔用配合饲料通用技术要求

JJF 1070 定量包装商品净含量计量检验规则

定量包装商品计量监督管理办法(国家质量监督检验检疫总局[2005]第75号令)

3 术语和定义

下列术语和定义适用于本标准。

3.1

水中稳定性 water stability

供水产动物食用的颗粒饲料在水中抗溶蚀的能力，以“溶失率”表示。

4 产品分类

根据鲈鱼不同生长阶段的体重大小，将鲈鱼配合饲料产品分为稚鱼饲料、幼鱼饲料、中鱼饲料、成鱼饲料四种规格，产品规格应符合鲈鱼不同生长阶段的食性要求。

5 技术要求

5.1 原料要求

原料应符合各类原料的标准要求。

5.2 感官指标

外观：色泽一致，无发霉、变质、结块等现象，无虫害。

气味：具有饲料正常气味，无霉变、酸败等异味。

5.3 加工质量指标

5.3.1 水分不超过12.0%。

5.3.2 颗粒粉化率不超过1.0%。

5.3.3 溶失率不超过10.0%。

5.3.4 混合均匀度(*CV*)不超过7.0%。

5.4 营养指标

营养指标应符合表1规定。

表1 营养指标

营养成分	稚鱼饲料	幼鱼饲料	中鱼饲料	成鱼饲料
粗蛋白质/%	≥40.0	≥38.0	≥37.0	≥36.0
粗脂肪/%	≥6.0			
粗纤维/%	≤5.0			
粗灰分/%	≤15.0			
钙/%	≤3.50			
总磷/%	0.90~1.50			
赖氨酸/%	≥2.20	≥2.10	≥2.00	≥1.80

5.5 卫生指标

卫生指标应符合NY 5072和GB 13078的规定。

5.6 净含量

定量包装产品的净含量应符合《定量包装商品计量监督管理办法》的规定。

6 试验方法

6.1 感官指标

取样品100 g置于白色瓷盘中，在光线充足、无异味干扰的条件下进行感官检验。

6.2 粉化率

按GB/T 16765—1997中5.4.3的规定执行(所用试验筛的筛孔尺寸为0.425 mm)。

6.3 水中稳定性(溶失率)

按SC/T 1077—2004中第A.2章的规定执行。

6.4 混合均匀度

按GB/T 5918的规定执行。

6.5 粗蛋白质

按GB/T 6432的规定执行。

6.6 粗脂肪

按GB/T 6433的规定执行。

6.7 粗纤维

按 GB/T 6434 的规定执行。

6.8 水分

按 GB/T 6435 的规定执行。

6.9 钙

按 GB/T 6436 的规定执行。

6.10 总磷

按 GB/T 6437 的规定执行。

6.11 粗灰分

按 GB/T 6438 的规定执行。

6.12 赖氨酸

按 GB/T 18246 的规定执行。

6.13 安全卫生指标

按 NY 5072 和 GB 13078 的规定执行。

6.14 净含量

按 JJF 1070 的规定执行。

7 检验规则

7.1 组批和抽样

7.1.1 组批

以同配方、同原料、同班次生产的产品为一批。

7.1.2 抽样方法

按 GB/T 14699.1 的规定执行。

7.2 检验分类

检验分为出厂检验和型式检验。

7.2.1 出厂检验

每批产品应进行出厂检验，检验项目为感官指标、水分、粗蛋白质、包装、标签。

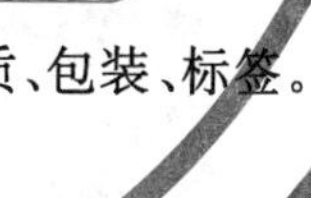

7.2.2 型式检验

检验项目为本标准规定的全部项目。有下列情况之一，应进行型式检验：

a) 新产品投产时；

b) 原料、配方、加工工艺等作了调整或变更影响产品性能时；

c) 正常生产时，应周期性进行检验(每年至少两次)；

d) 产品停产 3 个月以上，恢复生产时；

e) 出厂检验结果与上次型式检验结果之间存在较大差异时；

f) 当国家质量监督部门提出进行型式检验要求时。

7.3 判定规则

7.3.1 检测与仲裁判定各项指标合格与否，需考虑分析允许误差，分析允许误差按 GB/T 18823 的规定执行。

7.3.2 所检项目检测结果均与本标准指标规定一致判定为合格产品。

7.3.3 检验中如有霉变、酸败、生虫等现象，则判定该批产品不合格。微生物指标超标不得复检。其他指标不符合本标准规定时，应加倍抽样，对不合格指标进行复检，复检结果有一项指标不合格，则判定该批产品为不合格。

8 标签、包装、运输、贮存

8.1 标签

按 GB 10468 的规定执行。

8.2 包装

采用无毒、无害、确保产品质量要求的包装袋，包装缝口应牢固，不得有破损泄漏，包装材料具有防潮、防漏、抗拉等性能。包装袋清洁、卫生、无污染，印刷字体清晰。

8.3 运输与贮存

8.3.1 产品应贮存在阴凉、通风、干燥处，不得与有害有毒物品一起堆放，开封后应尽快使用，以免变质或使用影响效果。

8.3.2 运输、贮存需符合保质、保量、运输安全和分类贮存要求，严防受潮和污染，防止虫害、鼠害。

8.3.3 运输过程中应小心轻放、防止包装破损，不得日晒、雨淋，禁止与有毒有害物品混贮共运。

8.4 保质期限

在符合本标准规定的贮运条件下，产品的保质期限为 75 d。

ICS 65.120
B 46

中华人民共和国国家标准

GB/T 22919.4—2008

水产配合饲料 第4部分:美国红鱼配合饲料

Aquafeed—Part 4:Formula feed for red drum(*Sciaenops ocellatus*)

2008-12-31 发布　　　　2009-05-01 实施

中华人民共和国国家质量监督检验检疫总局
中国国家标准化管理委员会　发布

前　言

本标准由全国饲料工业标准化技术委员会(SAC/TC 76)提出并归口。

本标准负责起草单位:广东恒兴集团有限公司。

本标准主要起草人:黄智成、张海涛、王华朗、刘珂珂。

水产配合饲料
第4部分:美国红鱼配合饲料

1 范围

本标准规定了美国红鱼配合饲料的产品分类、技术要求、试验方法、检验规则以及标签、包装、运输和贮存。

本标准适用于美国红鱼颗粒配合饲料。

2 规范性引用文件

下列文件中的条款通过本标准的引用而成为本标准的条款。凡是注日期的引用文件,其随后所有的修改单(不包括勘误的内容)或修订版均不适用于本标准,然而,鼓励根据本标准达成协议的各方研究是否可使用这些文件的最新版本。凡是不注日期的引用文件,其最新版本适用于本标准。

GB/T 5918 饲料产品混合均匀度的测定

GB/T 6432 饲料中粗蛋白测定方法(GB/T 6432—1994,eqv ISO 5983:1979)

GB/T 6433 饲料中粗脂肪的测定(GB/T 6433—2006,ISO 6492:1999,IDT)

GB/T 6434 饲料中粗纤维的含量测定 过滤法(GB/T 6434—2006,ISO 6865:2000,IDT)

GB/T 6435 饲料中水分和其他挥发性物质含量的测定(GB/T 6435—2006,ISO 6496:1999,IDT)

GB/T 6436 饲料中钙的测定

GB/T 6437 饲料中总磷的测定 分光光度法

GB/T 6438 饲料中粗灰分的测定(GB/T 6438—2007,ISO 5984:2002,IDT)

GB 9969.1 工业产品使用说明书 总则

GB 10648 饲料标签

GB 13078 饲料卫生标准

GB/T 14699.1 饲料 采样(GB/T 14699.1—2005,ISO 6497:2002,IDT)

GB/T 16765—1997 颗粒饲料通用技术条件

GB/T 18246 饲料中氨基酸的测定

GB/T 18823 饲料检测结果判定的允许误差

NY 5072 无公害食品 渔用配合饲料安全限量

SC/T 1077—2004 渔用配合饲料通用技术要求

JJF 1070 定量包装商品净含量计量检验规则

定量包装商品计量监督管理办法(国家质量监督检验检疫总局[2005]第75号令)

3 产品分类

本标准根据美国红鱼不同生长阶段的体重大小,将美国红鱼饲料产品分成稚鱼饲料、幼鱼饲料、中鱼饲料、成鱼饲料4种,产品规格应符合美国红鱼不同生长阶段的食性要求。

4 技术要求

4.1 原料与添加剂要求

饲料原料与添加剂均应符合相关饲料原料与添加剂的国家标准或行业标准的质量指标要求。卫生

指标应符合 GB 13078 和 NY 5072 的规定。

4.2 感官要求

4.2.1 外观

色泽均匀，饲料颗粒大小一致，表面平整；无发霉，无变质结块，无杂物，无虫害。

4.2.2 气味

具有饲料正常气味，无霉变、酸败、焦灼等异味。

4.3 加工质量指标

加工质量指标应符合表 1 的规定。

表 1 美国红鱼配合饲料加工质量指标

项目	稚鱼饲料	幼鱼饲料	中鱼饲料	成鱼饲料
混合均匀度(变异系数)/%	≤7.0			
水中稳定性(溶失率)/%	≤10.0			
颗粒粉化率/%	≤1.0			

4.4 营养指标

主要营养指标应符合表 2 规定。

表 2 美国红鱼配合饲料主要营养指标

营养指标	稚鱼饲料	幼鱼饲料	中鱼饲料	成鱼饲料
粗蛋白质/%	≥42.0	≥40.0	≥38.0	≥36.0
粗脂肪/%	≥6.0			
粗纤维/%	≤5.0			
水分/%	≤12.0			
粗灰分/%	≤16.0			
钙/%	≤3.5			
总磷/%	1.0～1.6			
赖氨酸/%	≥2.3	≥2.1	≥1.9	≥1.8

4.5 卫生指标

卫生指标应符合 NY 5072 的规定。

4.6 净含量

定量包装产品的净含量应符合《定量包装商品计量监督管理办法》的规定。

5 试验方法

5.1 感官检验

取 100 g 样品放置在洁净的白瓷托盘(25 cm×30 cm)内，在非直射日光、光线充足、无异味的环境中，通过正常的感官检验进行评定。

5.2 水中稳定性(溶失率)

按 SC/T 1077—2004 中第 A.2 章的规定执行。

5.3 混合均匀度的测定

按 GB/T 5918 的规定执行。

5.4 粉化率的测定

按 GB/T 16765—1997 中 5.4.3 的规定执行(所用试验筛的筛孔尺寸为 0.425 mm)。

5.5 粗蛋白质的测定

按 GB/T 6432 的规定执行。

5.6 粗脂肪的测定

按 GB/T 6433 的规定执行。

5.7 粗纤维的测定

按 GB/T 6434 的规定执行。

5.8 水分的测定

按 GB/T 6435 的规定执行。

5.9 钙的测定

按 GB/T 6436 的规定执行。

5.10 总磷的测定

按 GB/T 6437 的规定执行。

5.11 粗灰分的测定

按 GB/T 6438 的规定执行。

5.12 氨基酸的测定

按 GB/T 18246 的规定执行。

5.13 卫生指标的检验

按 NY5072 的规定执行。

5.14 净含量的检验

按 JJF 1070 的规定执行。

6 检验规则

6.1 组批与抽样规则

6.1.1 批的组成

在原料及生产条件基本相同的情况下，同一班组生产的产品为一个检验批。

6.1.2 抽样方法

按 GB/T 14699.1 的规定执行。

6.2 检验分类

6.2.1 出厂检验

6.2.1.1 出厂检验项目：感官指标、水中稳定性、水分、粗蛋白质、包装、标签。

6.2.1.2 出厂检验由生产企业的质检部门进行。

6.2.1.3 判定：如检验中有一项指标不符合本标准要求，应进行复检（微生物指标超标不得复检），复检有一项指标不合格者即判定为不合格产品，不合格产品不可出厂销售。

6.2.2 型式检验

6.2.2.1 型式检验项目：型式检验应对产品质量、包装、标识、标签进行全面检查，检查项目为本标准技术指标中所有项目。

6.2.2.2 型式检验周期：型式检验每六个月至少检验一次，但有下列情况之一时，应进行型式检验：

a) 新产品投产时；
b) 正式生产后，原料、配方、工艺有较大改变，可能影响产品质量时；
c) 正式生产后，工艺设备有较大改进时或主要设备进行大修时；
d) 产品停产 3 个月以上，恢复生产时；
e) 出厂检验结果与上次型式检验有较大的差异时；
f) 国家质量监督机构提出进行型式检验的要求时。

6.2.2.3 型式检验由生产企业质检部门或委托法定饲料质检机构进行。

6.2.2.4 判定：型式检验中如有一项指标不符合本标准要求，应重新取样进行复检（微生物指标超标不得复检），复检结果中有一项不合格者即判定为不合格。

6.2.2.5 型式检验不合格，应停产，找出不合格原因，重新试生产后，再进行型式检验，全部技术指标经检验合格后，方可再正式生产和销售。

6.3 生产企业检验合格的产品，由质检部门签发检验合格证，产品凭检验合格证方可出厂。

6.4 检验与仲裁判定各项指标合格与否时，应考虑分析允许误差，饲料检测结果判定的允许误差按GB/T 18823的有关规定执行。

7 标签、包装、运输和贮存

7.1 标签

——销售产品的标签按GB 10648的规定执行；

——产品使用说明书的编写应符合GB 9969.1的规定，包装应随带产品说明书，以说明产品的主要技术指标和使用要求。

7.2 包装

包装材料应具有防潮、防漏、抗拉性能；产品采用复合包装袋缝合包装，缝合应牢固，不得破损漏气；包装袋应清洁卫生、无污染。

7.3 运输

产品运输时应注意防晒、防雨淋、防有毒物质污染；产品装卸时不能强烈摩擦、碰撞。

7.4 贮存

产品应贮存在通风干燥阴凉的仓库内，防止受潮，防止虫害、鼠害，不得与有毒有害物质混合堆放。产品堆放时应加垫，不得直接与地面接触。

7.5 保质期

在规定的贮存条件下，从生产之日起，原包装产品保质期为75 d。

ICS 65.120
B 46

中华人民共和国国家标准

GB/T 22919.5—2008

水产配合饲料 第5部分:南美白对虾配合饲料

Aquafeed—Part 5:Formula feed for white shrimp (*Litopenaeus vannamei*)

2008-12-31 发布 2009-05-01 实施

中华人民共和国国家质量监督检验检疫总局
中国国家标准化管理委员会 发布

前　言

本标准由全国饲料工业标准化技术委员会(SAC/TC 76)提出并归口。

本标准负责起草单位:广东恒兴集团有限公司。

本标准主要起草人:王华朗、张海涛、黄智成、于明超、王喜波、徐志雄。

水产配合饲料
第5部分：南美白对虾配合饲料

1 范围

本标准规定了南美白对虾配合饲料的产品分类、技术要求、试验方法、检验规则以及标签、包装、运输和贮存。

本标准适用于南美白对虾配合饲料。

2 规范性引用文件

下列文件中的条款通过本标准的引用而成为本标准的条款。凡是注日期的引用文件，其随后所有的修改单(不包括勘误的内容)或修订版均不适用于本标准，然而，鼓励根据本标准达成协议的各方研究是否可使用这些文件的最新版本。凡是不注日期的引用文件，其最新版本适用于本标准。

GB/T 5918 饲料产品混合均匀度的测定

GB/T 6432 饲料中粗蛋白测定方法(GB/T 6432—1994，eqv ISO 5983:1979)

GB/T 6433 饲料中粗脂肪的测定(GB/T 6433—2006，ISO 6492:1999，IDT)

GB/T 6434 饲料中粗纤维的含量测定 过滤法(GB/T 6434—2006，ISO 6865:2000，IDT)

GB/T 6435 饲料中水分和其他挥发性物质含量的测定(GB/T 6435—2006，ISO 6496:1999，IDT)

GB/T 6436 饲料中钙的测定

GB/T 6437 饲料中总磷的测定 分光光度法

GB/T 6438 饲料中粗灰分的测定(GB/T 6438—2007，ISO 5984:2002，IDT)

GB 9969.1 工业产品使用说明书 总则

GB 10648 饲料标签

GB 13078 饲料卫生标准

GB/T 14699.1 饲料 采样(GB/T 14699.1—2005，ISO 6497:2002，IDT)

GB/T 16765—1997 颗粒饲料通用技术条件

GB/T 18246 饲料中氨基酸的测定

GB/T 18823 饲料检测结果判定的允许误差

NY 5072 无公害食品 渔用配合饲料安全限量

SC/T 2002—2002 对虾配合饲料

JJF 1070 定量包装商品净含量计量检验规则

定量包装商品计量监督管理办法(国家质量监督检验检疫总局[2005]第75号令)

3 产品分类

本标准将南美白对虾配合饲料产品分成幼虾饲料、中虾饲料、成虾饲料3种，产品规格应符合南美白对虾不同生长阶段的食性要求。

4 技术要求

4.1 原料与添加剂要求

饲料原料与添加剂均应符合相关饲料原料与添加剂的国家标准或行业标准的质量指标要求。卫生

指标应符合 GB 13078 和 NY 5072 的规定。

4.2 感官要求

色泽一致，无发霉，无异味，无杂物，无结块，无虫害。

4.3 加工质量指标

加工质量指标应符合表 1 要求。

表 1 南美白对虾配合饲料加工质量指标

项目		指标
水中稳定性(散失率)/%	幼虾料	≤18.0
	中虾料/成虾料	≤16.0
混合均匀度(CV)/%		≤7.0
粉化率/%		≤3.0

4.4 营养指标

主要营养指标应符合表 2 规定。

表 2 南美白对虾配合饲料主要营养指标

营养成分	幼虾料	中虾料	成虾料
粗蛋白质/%	≥36.0	≥34.0	≥32.0
粗脂肪/%	≥4.0		
粗纤维/%	≤5.0		
水分/%	≤12.0		
粗灰分/%	≤15.0		
钙/%	≤3.0		
总磷/%	0.90～1.45		
赖氨酸/%	≥1.8	≥1.6	≥1.4

4.5 卫生指标

卫生指标应符合 NY 5072 的规定。

4.6 净含量

定量包装产品的净含量应符合《定量包装商品计量监督管理办法》的规定。

5 试验方法

5.1 感官检验

取 100 g 样品放置在洁净的白瓷托盘(25 cm×30 cm)内，在非直射日光、光线充足、无异味的环境中，通过正常的感官检验进行评定。

5.2 混合均匀度的测定

按 GB/T 5918 的规定执行。

5.3 水中稳定性(散失率)的测定

按 SC/T 2002—2002 中 5.4 的规定执行。

5.4 粉化率的测定

按 GB/T 16765—1997 中 5.4.3 的规定执行(幼虾料所用试验筛的筛孔尺寸为 0.250 mm，中虾料、成虾料所用试验筛的筛孔尺寸为 0.425 mm)。

5.5 粗蛋白质的测定

按 GB/T 6432 的规定执行。

5.6 粗脂肪的测定

按 GB/T 6433 的规定执行。

5.7 粗纤维的测定

按 GB/T 6434 的规定执行。

5.8 水分的测定

按 GB/T 6435 的规定执行。

5.9 钙的测定

按 GB/T 6436 的规定执行。

5.10 总磷的测定

按 GB/T 6437 的规定执行。

5.11 粗灰分的测定

按 GB/T 6438 的规定执行。

5.12 氨基酸的测定

按 GB/T 18246 的规定执行。

5.13 卫生指标检验

按 NY 5072 的规定执行。

5.14 净含量的检验

按 JJF 1070 的规定执行。

6 检验规则

6.1 组批与抽样规则

6.1.1 批的组成

在原料及生产条件基本相同的情况下，同一班组生产的产品为一个检验批。

6.1.2 抽样方法

按 GB/T 14699.1 的规定执行。

6.2 检验分类

6.2.1 出厂检验

6.2.1.1 出厂检验项目：感官指标、水中稳定性、水分、粗蛋白质、包装、标签。

6.2.1.2 出厂检验由生产企业的质检部门进行。

6.2.1.3 判定：如检验中有一项指标不符合本标准要求，应进行复检（微生物指标超标不得复检），复检有一项指标不合格者即判定为不合格产品，不合格产品不可出厂销售。

6.2.2 型式检验

6.2.2.1 型式检验项目：型式检验应对产品质量、包装、标识、标签进行全面检查，检查项目为本标准技术指标中所有项目。

6.2.2.2 型式检验周期：型式检验每六个月至少检验一次，但有下列情况之一时，应进行型式检验：

a) 新产品投产时；

b) 正式生产后，原料、配方、工艺有较大改变，可能影响产品质量时；

c) 正式生产后，工艺设备有较大改进时或主要设备进行大修时；

d) 产品停产 3 个月以上，恢复生产时；

e) 出厂检验结果与上次型式检验有较大的差异时；

f) 国家质量监督机构提出进行型式检验的要求时。

6.2.2.3 型式检验由生产企业质检部门或委托法定饲料质检机构进行。

6.2.2.4 判定：型式检验中如有一项指标不符合本标准要求，应重新取样进行复检（微生物指标超标不得复检)，复检结果中有一项不合格者即判定为不合格。

6.2.2.5 型式检验不合格，应停产，找出不合格原因，重新试生产后，再进行型式检验，全部技术指标经检验合格后，方可再正式生产和销售。

6.3 生产企业检验合格的产品，由质检部门签发检验合格证，产品凭检验合格证方可出厂。

6.4 检验与仲裁判定各项指标合格与否时，应考虑分析允许误差，饲料检测结果判定的允许误差按GB/T 18823的有关规定执行。

7 标签、包装、运输和贮存

7.1 标签

——销售产品的标签按GB 10648的规定执行；

——产品使用说明书的编写应符合GB 9969.1的规定，包装应随带产品说明书，以说明产品的主要技术指标和使用要求。

7.2 包装

包装材料应具有防潮、防漏、抗拉性能；产品采用复合包装袋缝合包装，缝合应牢固，不得破损漏气；包装袋应清洁卫生、无污染。

7.3 运输

产品运输时应注意防晒、防雨淋、防有毒物质污染；产品装卸时不能强烈摩擦、碰撞。

7.4 贮存

产品应贮存在通风干燥阴凉的仓库内，防止受潮，防止虫害、鼠害，不得与有毒有害物质混合堆放。产品堆放时应加垫，不得直接与地面接触。

7.5 保质期

在规定的贮存条件下，从生产之日起，原包装产品保质期为75 d。

ICS 65.120
B 46

中华人民共和国国家标准

GB/T 22919.6—2008

水产配合饲料
第6部分:石斑鱼配合饲料

Aquafeed—Part 6: Formula feed for grouper (*Epinephelus* sp.)

2008-12-31 发布　　2009-05-01 实施

中华人民共和国国家质量监督检验检疫总局
中国国家标准化管理委员会　发布

前 言

本标准由全国饲料工业标准化技术委员会(SAC/TC 76)提出并归口。

本标准负责起草单位:广东恒兴集团有限公司。

本标准主要起草人:黄智成、张海涛、于明超、姜永杰、刘兴旺。

水产配合饲料
第6部分：石斑鱼配合饲料

1 范围

本标准规定了石斑鱼配合饲料的产品分类、技术要求、试验方法、检验规则以及标签、包装、运输和贮存。

本标准适用于石斑鱼膨化颗粒配合饲料。

2 规范性引用文件

下列文件中的条款通过本标准的引用而成为本标准的条款。凡是注日期的引用文件，其随后所有的修改单(不包括勘误的内容)或修订版均不适用于本标准，然而，鼓励根据本标准达成协议的各方研究是否可使用这些文件的最新版本。凡是不注日期的引用文件，其最新版本适用于本标准。

GB/T 5918 饲料产品混合均匀度的测定

GB/T 6432 饲料中粗蛋白测定方法(GB/T 6432—1994,eqv ISO 5983:1979)

GB/T 6433 饲料中粗脂肪的测定(GB/T 6433—2006,ISO 6492:1999,IDT)

GB/T 6434 饲料中粗纤维的含量测定 过滤法(GB/T 6434—2006,ISO 6865:2000,IDT)

GB/T 6435 饲料中水分和其他挥发性物质含量的测定(GB/T 6435—2006,ISO 6496:1999,IDT)

GB/T 6436 饲料中钙的测定

GB/T 6437 饲料中总磷的测定 分光光度法

GB/T 6438 饲料中粗灰分的测定(GB/T 6438—2007,ISO 5984:2002,IDT)

GB 9969.1 工业产品使用说明书 总则

GB 10648 饲料标签

GB 13078 饲料卫生标准

GB/T 14699.1 饲料 采样(GB/T 14699.1—2005,ISO 6497:2002,IDT)

GB/T 16765—1997 颗粒饲料通用技术条件

GB/T 18246 饲料中氨基酸的测定

GB/T 18823 饲料检测结果判定的允许误差

NY 5072 无公害食品 渔用配合饲料安全限量

SC/T 1077—2004 渔用配合饲料通用技术要求

JJF 1070 定量包装商品净含量计量检验规则

定量包装商品计量监督管理办法(国家质量监督检验检疫总局[2005]第75号令)

3 产品分类

本标准根据石斑鱼不同生长阶段的体重大小，将石斑鱼饲料产品分成稚鱼饲料、幼鱼饲料、中鱼饲料、成鱼饲料4种，产品规格应符合石斑鱼不同生长阶段的食性要求。

4 技术要求

4.1 原料与添加剂要求

饲料原料与添加剂均应符合相关饲料原料与添加剂的国家标准或行业标准的质量指标要求。卫生

指标应符合 GB 13078 和 NY 5072 的规定。

4.2 感官要求

4.2.1 外观：色泽均匀，饲料颗粒大小一致，表面平整；无发霉，无变质结块，无杂物，无虫害。

4.2.2 气味：具有饲料正常气味，无霉变、酸败、焦灼等异味。

4.3 加工质量指标

加工质量指标应符合表 1 的规定。

表 1 石斑鱼配合饲料加工质量指标

项目	稚鱼饲料	幼鱼饲料	中鱼饲料	成鱼饲料
混合均匀度(变异系数)/%	≤7.0			
水中稳定性(溶失率)/%	≤10.0			
颗粒粉化率/%	≤1.0			

4.4 营养成分指标

主要营养成分指标应符合表 2 规定。

表 2 石斑鱼配合饲料主要营养指标

营养成分	稚鱼饲料	幼鱼饲料	中鱼饲料	成鱼饲料
粗蛋白质/%	≥45.0	≥43.0	≥40.0	≥38.0
粗脂肪/%	≥6.0			
粗纤维/%	≤5.0			
水分/%	≤12.0			
粗灰分/%	≤16.0			
钙/%	≤3.5			
总磷/%	1.0～1.6			
赖氨酸/%	≥2.5	≥2.3	≥2.1	≥1.9

4.5 卫生指标

卫生指标应符合 NY 5072 的规定。

4.6 净含量

定量包装产品的净含量应符合《定量包装商品计量监督管理办法》的规定。

5 试验方法

5.1 感官检验

取 100 g 样品放置在洁净的白瓷托盘(25 cm×30 cm)内，在非直射日光、光线充足、无异味的环境中，通过正常的感官检验进行评定。

5.2 水中稳定性(溶失率)

按 SC/T 1077—2004 中第 A.2 章的规定执行。

5.3 混合均匀度的测定

按 GB/T 5918 的规定执行。

5.4 粉化率的测定

按 GB/T 16765—1997 中 5.4.3 的规定执行(所用试验筛的筛孔尺寸为 0.425 mm)。

5.5 粗蛋白质的测定

按 GB/T 6432 的规定执行。

5.6 粗脂肪的测定

按 GB/T 6433 的规定执行。

5.7 粗纤维的测定

按 GB/T 6434 的规定执行。

5.8 水分的测定

按 GB/T 6435 的规定执行。

5.9 钙的测定

按 GB/T 6436 的规定执行。

5.10 总磷的测定

按 GB/T 6437 的规定执行。

5.11 粗灰分的测定

按 GB/T 6438 的规定执行。

5.12 氨基酸的测定

按 GB/T 18246 的规定执行。

5.13 卫生指标的检验

按 NY 5072 的规定执行。

5.14 净含量的检验

按 JJF 1070 的规定执行。

6 检验规则

6.1 组批与抽样规则

6.1.1 批的组成

在原料及生产条件基本相同的情况下，同一班组生产的产品为一个检验批。

6.1.2 抽样方法

按 GB/T 14699.1 的规定执行。

6.2 检验分类

6.2.1 出厂检验

6.2.1.1 出厂检验项目：感官指标、水中稳定性、水分、粗蛋白质、包装、标签。

6.2.1.2 出厂检验由生产企业的质检部门进行。

6.2.1.3 判定：如检验中有一项指标不符合本标准要求，应进行复检(微生物指标超标不得复检)，复检有一项指标不合格者即判定为不合格产品，不合格产品不可出厂销售。

6.2.2 型式检验

6.2.2.1 型式检验项目：型式检验应对产品质量、包装、标识、标签进行全面检查，检查项目为本标准技术指标中所有项目。

6.2.2.2 型式检验周期：型式检验每六个月至少检验一次，但有下列情况之一时，应进行型式检验：

a) 新产品投产时；

b) 正式生产后，原料、配方、工艺有较大改变，可能影响产品质量时；

c) 正式生产后，工艺设备有较大改进时或主要设备进行大修时；

d) 产品停产 3 个月以上，恢复生产时；

e) 出厂检验结果与上次型式检验有较大的差异时；

f) 国家质量监督机构提出进行型式检验的要求时。

6.2.2.3 型式检验由生产企业质检部门或委托法定饲料质检机构进行。

6.2.2.4 判定：型式检验中如有一项指标不符合本标准要求，应重新取样进行复检(微生物指标超标不得复检)，复检结果中有一项不合格者即判定为不合格。

6.2.2.5 型式检验不合格，应停产，找出不合格原因，重新试生产后，再进行型式检验，全部技术指标经检验合格后，方可再正式生产和销售。

6.3 生产企业检验合格的产品，由企业质检部门签发检验合格证，产品凭检验合格证方可出厂。

6.4 检验与仲裁判定各项指标合格与否时，应考虑分析允许误差，饲料检测结果判定的允许误差按GB/T 18823有关规定执行。

7 标签、包装、运输和贮存

7.1 标签

——销售产品的标签按GB 10648规定执行；

——产品使用说明书的编写应符合GB 9969.1规定，包装应随带产品说明书，以说明产品的主要技术指标和使用要求。

7.2 包装

包装材料应具有防潮、防漏、抗拉性能；产品采用复合包装袋缝合包装，缝合应牢固，不得破损漏气；包装袋应清洁卫生、无污染。

7.3 运输

产品运输时应注意防晒、防雨淋、防有毒物质污染；产品装卸时不能强烈摩擦、碰撞。

7.4 贮存

产品应贮存在通风干燥阴凉的仓库内，防止受潮，防止虫害、鼠害，不得与有毒有害物质混合堆放。产品堆放时应加垫，不得直接与地面接触。

7.5 保质期

在规定的贮存条件下，从生产之日起，原包装产品保质期为75 d。

ICS 65.120
B 46

中华人民共和国国家标准

GB/T 22919.7—2008

水产配合饲料
第7部分：刺参配合饲料

Aquafeed—Part 7:Formula feed for sea cucumber (*Stichopus japonicus*)

2008-12-31 发布　　　　2009-05-01 实施

中华人民共和国国家质量监督检验检疫总局
中国国家标准化管理委员会　发布

前　言

本标准由全国饲料工业标准化技术委员会(SAC/TC 76)提出并归口。

本标准起草单位:山东六和集团、中国饲料工业协会。

本标准主要起草人:朱伟、粟胜兰、李会涛、吕明斌、周茂澴、毛玉泽。

水产配合饲料
第7部分:刺参配合饲料

1 范围

本标准规定了刺参配合饲料的术语和定义、产品分类、要求、检验方法、检验规则以及标签、包装、运输和贮存。

本标准适用于粉状和颗粒状刺参配合饲料。

2 规范性引用文件

下列文件中的条款通过本标准的引用而成为本标准的条款。凡是注日期的引用文件,其随后所有的修改单(不包括勘误的内容)或修订版均不适用于本标准,然而,鼓励根据本标准达成协议的各方研究是否可使用这些文件的最新版本。凡是不注日期的引用文件,其最新版本适用于本标准。

GB/T 5917.1 饲料粉碎粒度测定 两层筛筛分法

GB/T 5918 饲料产品混合均匀度的测定

GB/T 6003.1 金属丝编织网试验筛(GB/T 6003.1—1997,eqv ISO 3310-1:1990)

GB/T 6432 饲料中粗蛋白测定方法(GB/T 6432—1994,eqv ISO 5983:1979)

GB/T 6433 饲料中粗脂肪的测定(GB/T 6433—2006,ISO 6492:1999,IDT)

GB/T 6434 饲料中粗纤维的含量测定 过滤法(GB/T 6434—2006,ISO 6865:2000,IDT)

GB/T 6435 饲料中水分和其他挥发性物质含量的测定(GB/T 6435—2006,ISO 6496:1999,IDT)

GB/T 6436 饲料中钙的测定

GB/T 6437 饲料中总磷的测定 分光光度法

GB/T 6438 饲料中粗灰分的测定(GB/T 6438—2007,ISO 5984:2002,IDT)

GB/T 6439 饲料中水溶性氯化物的测定(GB/T 6439—2007,ISO 6495:1999,IDT)

GB/T 8946 塑料编织袋

GB 10648 饲料标签

GB 13078 饲料卫生标准

GB/T 14699.1 饲料 采样(GB/T 14699.1—2005,ISO 6497:2002,IDT)

GB/T 16764 配合饲料企业卫生规范

GB/T 18246 饲料中氨基酸的测定

GB/T 18823 饲料检测结果判定的允许误差

NY 5072 无公害食品 渔用配合饲料安全限量

JJF 1070 定量包装商品净含量计量检验规则

动物源性饲料产品安全卫生管理办法(中华人民共和国农业部令第40号)

3 术语和定义

下列术语和定义适用于本标准。

3.1

稚参 sea cucumber seed

幼体附着后至体长(自然伸展)≤1 cm 的刺参。

3.2

幼参　young sea cucumber

体长(自然伸展)1 cm～5 cm 的刺参。

3.3

养成参　grow-out sea cucumber

体长(自然伸展)5 cm 至培育成商品的刺参。

4　产品分类

刺参配合饲料产品分类及规格应符合表1的规定。

表1　刺参配合饲料产品分类及规格

产品名称	颗粒规格	适用阶段
稚参配合饲料	0.075 mm 筛孔试验筛筛上物小于5%	稚参
幼参配合饲料	0.125 mm 筛孔试验筛筛上物小于5%	幼参
养成参配合饲料	0.180 mm 筛孔试验筛筛上物小于5%或制成颗粒	养成参

5　要求

5.1　感官指标

细度均匀一致,无霉变、结块和异味。

5.2　成品粒度

符合表1的要求。

5.3　水分

粉末状饲料水分含量不应高于10%;颗粒状饲料水分含量不应高于12%。

5.4　混合均匀度

刺参配合饲料混合均匀度的变异系数(CV)小于等于10%。

5.5　营养成分指标

刺参配合饲料营养成分指标应符合表2规定。

表2　营养成分指标

产品名称		稚参配合饲料	幼参配合饲料	养成参配合饲料
粗蛋白(CP)/%	≥	20	18	16
粗脂肪(EE)/%	≤	5	5	5
粗纤维(CF)/%	≤	6	8	8
水分(H_2O)/%	≤	10	10	10(颗粒料12)
粗灰分(Ash)/%	≤	25	25	25
钙(Ca)/%	≥	1.3	1.3	1.3
总磷(P)/%		0.6～1.0	0.6～1.0	0.6～1.0
盐分(以 NaCl 计)/%	≤	3	3	3
赖氨酸(Lys)/%	≥	0.8	0.8	0.8

5.6　安全卫生指标

安全卫生指标符合 NY 5072 的规定。

5.7 原料要求

按 GB 13078 和《动物源性饲料产品安全卫生管理办法》的规定执行。

6 检验方法

6.1 感官要求

取 50 g 样品于 20 cm×30 cm 白瓷方盘内，观察其细度、气味、状态是否正常，应符合 5.1 的要求。

6.2 粉碎粒度

根据表 1 的要求，选取符合 GB/T 6003.1 规定的 0.075 mm、0.125 mm、0.180 mm 试验筛，按 GB/T 5917.1的规定执行。

6.3 混合均匀度

按 GB/T 5918 的规定执行。

6.4 粗蛋白

按 GB/T 6432 的规定执行。

6.5 粗脂肪

按 GB/T 6433 的规定执行。

6.6 粗纤维

按 GB/T 6434 的规定执行。

6.7 水分

按 GB/T 6435 的规定执行。

6.8 钙

按 GB/T 6436 的规定执行。

6.9 总磷

按 GB/T 6437 的规定执行。

6.10 粗灰分

按 GB/T 6438 的规定执行。

6.11 盐分

按 GB/T 6439 的规定执行。

6.12 赖氨酸

按 GB/T 18246 的规定执行。

7 检验规则

7.1 批次

在保证产品质量，原料、配方和生产工艺没有改变的情况下，以一个班次生产的一批成品，为一个检验批次。

7.2 采样方法

按 GB/T 14699.1 的规定执行。

7.3 检验分类

检验分出厂检验和型式检验。

7.3.1 出厂检验

7.3.1.1 出厂检验项目：感官指标、水分、粗蛋白质和成品粒度。

7.3.1.2 出厂检验由生产企业的质检部门进行。

7.3.1.3 判定：如检验中有一项指标不符合本标准要求，应进行复检，复检有一项指标不合格者即判定为不合格品，不合格的产品不可出厂销售。

7.3.2 型式检验

7.3.2.1 型式检验周期：型式检验每六个月至少检验一次，但有下列情况之一时，应进行型式检验：

a) 新产品投产时；

b) 正式生产以后，原料及配方有较大变化，可能影响产品质量时；

c) 停产 3 个月以上或工艺设备有较大改进及主要设备进行大修，重新恢复生产时；

d) 出厂检验与上次检验相差太大时；

e) 国家质量监督机构提出进行型式检验要求时。

7.3.2.2 型式检验由生产企业质检部门或委托法定饲料质检机构进行。

7.3.2.3 判定：型式检验中如有一项指标不符合本标准要求，应重新取样进行复检，复检结果中有一项不合格者即判定为不合格。

7.4 出厂

生产企业检验合格的产品，由质检部门签发检验合格证，产品凭检验合格证方可出厂。

7.5 允许误差

检验与仲裁判定各项指标合格与否时，应考虑分析允许误差，饲料检测结果判定的允许误差按 GB/T 18823 执行。

8 标签、包装、运输和贮存

8.1 标签

产品标签应符合 GB 10648 的规定。

8.2 包装

8.2.1 包装应符合 JJF 1070 的规定。

8.2.2 包装物采用复合编织袋，包装材料应符合 GB/T 8946 的要求。

8.3 运输

8.3.1 运输工具应符合 GB/T 16764 的要求。

8.3.2 运输工具和装卸场地应定期清洗和消毒。

8.3.3 不应与化肥、农药和其他化工产品混装混运。

8.4 贮存

8.4.1 饲料产品贮存应符合 GB/T 16764 的要求。

8.4.2 饲料贮存场地不应有有毒有害物质。

8.4.3 原包装在规定的贮存条件下保质期为 3 个月，开封后应尽快用完。

ICS 65.120
B 46

中华人民共和国国家标准

GB/T 23185—2008

宠物食品　狗咬胶

Pet food—Dog chews

2008-12-31 发布　　2009-05-01 实施

中华人民共和国国家质量监督检验检疫总局
中国国家标准化管理委员会　发布

前 言

本标准由全国饲料工业标准化技术委员会提出并归口。

本标准起草单位:温州佩蒂宠物用品有限公司、中华人民共和国温州出入境检验检疫局。

本标准主要起草人:陈振标、唐照波、王忠才、李新珏、黄会秋、郑香兰。

宠物食品 狗咬胶

1 范围

本标准规定了宠物食品狗咬胶的术语和定义、原料要求、技术要求、添加剂、试验方法、检验规则以及标志、包装、运输、贮存和保质期。

本标准适用于宠物食品狗咬胶。

2 规范性引用文件

下列文件中的条款通过本标准的引用而成为本标准的条款。凡是注日期的引用文件,其随后所有的修改单(不包括勘误的内容)或修订版均不适用于本标准,然而,鼓励根据本标准达成协议的各方研究是否可使用这些文件的最新版本。凡是不注日期的引用文件,其最新版本适用于本标准。

GB/T 191 包装储运图示标志(GB/T 191—2008,ISO 780:1997,MOD)

GB 2760 食品添加剂使用卫生标准

GB/T 6432 饲料中粗蛋白测定方法

GB/T 6433 饲料中粗脂肪的测定

GB/T 6435 饲料中水分和其他挥发性物质含量的测定

GB/T 6438 饲料中粗灰分的测定

GB 10648 饲料标签

GB/T 13079 饲料中总砷的测定

GB/T 13080 饲料中铅的测定 原子吸收光谱法

GB/T 13088 饲料中铬的测定

GB/T 13091 饲料中沙门氏菌的检测方法(GB/T 13091—2002,ISO 6579:1993,MOD)

GB 14880 食品营养强化剂使用卫生标准

JJF 1070 定量包装商品净含量计量检验规则

SN 0169 出口食品中大肠菌群、粪大肠菌群和大肠杆菌检验方法

定量包装商品计量监督管理办法(国家质量监督检验检疫总局令[2005]第75号)

饲料添加剂品种目录(中华人民共和国农业部公告[2008]1126号)

3 术语和定义

下列术语和定义适用于本标准。

3.1

狗咬胶 dog chews

以生畜皮、畜禽肉及骨等动物源性原料为主要原料,经前处理、成形、高温杀菌、包装等工艺制作而成的各种形状的供宠物狗咀嚼、玩耍和食用的宠物食品。

4 原料要求

4.1 原料需来自非疫区,经检验检疫合格的畜、禽产品。

4.2 原、辅料不得掺入国家相关部门明令禁止的药物、添加剂及其违禁成分。

5 技术要求

5.1 感官要求

应符合表1的规定。

表1 感官要求

项 目	指 标
色 泽	色泽均匀,表面洁净、无污渍
气 味	气味正常,无霉味及其他异味
形 状	形状规则,符合设计要求
杂 质	不允许有肉眼可见杂物以及最大尺寸超过2 mm的金属异物

5.2 理化指标

应符合表2的规定。

表2 理化指标

项 目		指 标
粗蛋白/(g/100 g)	≥	50
粗脂肪/(g/100 g)	≤	8.0
水 分/(g/100 g)	≤	14
粗灰分/(g/100 g)	≤	4.0
总砷(以As计)/(mg/kg)	≤	10
铅(以Pb计)/(mg/kg)	≤	20
铬(以Cr计)/(mg/kg)	≤	10

5.3 微生物指标

应符合表3的规定。

表3 微生物指标

项 目	指 标
大肠菌群/(个/g)	<300
沙门氏菌	不得检出

5.4 净含量负偏差

应符合国家质量监督检验检疫总局令[2005]第75号的规定。

6 添加剂

6.1 添加剂质量应符合相应的标准和有关规定。

6.2 添加剂品种及其使用量应符合中华人民共和国农业部公告[2008]1126号的规定。

6.3 可同时使用GB 2760及GB 14880中规定的添加剂品种及使用量。

7 试验方法

7.1 感官检验

采用目测和嗅觉方法检验,金属异物采用金属探测器检测。

7.2 理化指标检验

7.2.1 粗蛋白

按 GB/T 6432 的规定进行。

7.2.2 粗脂肪

按 GB/T 6433 的规定进行。

7.2.3 水分

按 GB/T 6435 的规定进行。

7.2.4 粗灰分

按 GB/T 6438 的规定进行。

7.2.5 总砷

按 GB/T 13079 的规定进行。

7.2.6 铅

按 GB/T 13080 的规定进行。

7.2.7 铬

按 GB/T 13088 的规定进行。

7.3 微生物检验

7.3.1 大肠菌群

按 SN 0169 的规定进行。

7.3.2 沙门氏菌

按 GB/T 13091 的规定进行。

7.4 净含量偏差

按 JJF 1070 规定的方法检验。

8 检验规则

8.1 组批

以同一原料、同一班次、同一加工工艺的产品为一批次。

8.2 抽样

8.2.1 每批随机抽取 12 个最小独立包装(不含净含量抽样),样本量不少于 1 kg。6 个供感官指标、理化指标检验,2 个供微生物检验,另 4 个备用。

8.2.2 净含量抽样按照 JJF 1070 的规定进行。

8.3 检验分类

产品检验分为出厂检验和型式检验。

8.3.1 出厂检验

8.3.1.1 产品出厂前,应经企业质量检验部门按本标准规定逐批进行检验,检验合格后方可出厂。

8.3.1.2 出厂检验项目为:感官、水分、净含量、大肠菌群、沙门氏菌。

8.3.2 型式检验

8.3.2.1 有下列情况之一时,应进行型式检验:

a) 新产品鉴定时;

b) 正式生产后,每年至少检验一次;

c) 原料、工艺出现大的变化时;

d) 停产半年以上恢复生产时;

e) 出厂检验结果与上次型式检验有较大差异时;

f) 国家质量监督机构提出进行型式检验的要求时。

8.3.2.2 型式检验项目为第5章的全部项目。

8.3.3 判定规则

8.3.3.1 检验项目全部符合本标准规定时，判为合格品。

8.3.3.2 检验项目中有两项以上指标不符合本标准规定时，判为不合格；两项以下（含两项）不符合本标准规定时（微生物除外），可在同批产品中加倍抽样复验，复验后仍有一项不符合要求时，则判该批产品为不合格品。

8.3.3.3 微生物项目有一项不符合本标准规定时，不得复验，判该批产品为不合格品。

9 标志、包装、运输、贮存和保质期

9.1 标志

9.1.1 产品包装储运图形标志应符合 GB/T 191 的规定。

9.1.2 产品销售包装的标签应符合 GB 10648 的规定，并标示“宠物食品”字样。

9.2 包装

包装物应无毒无害，符合国家相关标准的规定。

9.3 运输

运输工具应清洁卫生，不得与有毒、有害、有异味、有腐蚀性等的货物混运。运输途中应防止挤压、碰撞、烈日曝晒、雨淋。装卸时应轻放，严禁抛掷。

9.4 贮存

产品应根据要求分类贮存在干燥、通风的仓库内，不得与有毒、有害、有异味、有腐蚀性等的货物混贮，避免阳光直射和靠近热源。

9.5 保质期

在本标准规定的贮运条件下，含动物肉的狗咬胶保质期不低于24个月，其他狗咬胶保质期不低于36个月。

ICS 65.120
B 46

中华人民共和国国家标准

GB/T 32140—2015

中华鳖配合饲料

Formula feed for soft-shelled turtle(*Pelodiscus sinensis*)

2015-10-09 发布 2016-05-01 实施

中华人民共和国国家质量监督检验检疫总局
中国国家标准化管理委员会 发布

前　言

本标准按照GB/T 1.1—2009给出的规则起草。

本标准由全国饲料工业标准化技术委员会(SAC/TC 76)提出并归口。

本标准起草单位:福建天马科技集团股份有限公司、厦门大学、福建天马饲料有限公司。

本标准主要起草人:艾春香、张蕉南、胡兵、李惠、张蕉霖、唐媛媛。

中华鳖配合饲料

1 范围

本标准规定了中华鳖配合饲料的产品分类，要求，试验方法，检验规则以及标签、包装、运输、贮存和保质期。

本标准适用于中华鳖粉状配合饲料和膨化配合饲料。

2 规范性引用文件

下列文件对于本文件的应用是必不可少的。凡是注日期的引用文件，仅注日期的版本适用于本文件。凡是不注日期的引用文件，其最新版本(包括所有的修改单)适用于本文件。

GB/T 5917.1　饲料粉碎粒度测定　两层筛筛分法

GB/T 5918　饲料产品混合均匀度的测定

GB/T 6003.1—2012　试验筛　技术要求和检验　第1部分:金属丝编织网试验筛

GB/T 6432　饲料中粗蛋白测定方法

GB/T 6433　饲料中粗脂肪的测定

GB/T 6434　饲料中粗纤维的含量测定　过滤法

GB/T 6435　饲料中水分的测定

GB/T 6436　饲料中钙的测定

GB/T 6437　饲料中总磷的测定　分光光度法

GB/T 6438　饲料中粗灰分的测定

GB 10648　饲料标签

GB 13078　饲料卫生标准

GB/T 14699.1　饲料　采样

GB/T 16765　颗粒饲料通用技术条件

GB/T 18246　饲料中氨基酸的测定

GB/T 18823　饲料检测结果判定的允许误差

SC/T 1077　渔用配合饲料通用技术要求

JJF 1070(所有部分)　定量包装商品净含量计量检验规则

3 产品分类

产品按中华鳖的生长阶段分为稚鳖配合饲料、幼鳖配合饲料、成鳖配合饲料、亲鳖配合饲料。各类产品分类与饲喂阶段见表1。

表1　产品分类与饲喂阶段

产品分类	稚鳖配合饲料	幼鳖配合饲料	成鳖配合饲料	亲鳖配合饲料
饲喂阶段[适宜喂养对象的体重/(g/只)]	＜150.0	150.0～400.0	＞400.0	＞500.0

4 要求

4.1 原料

应符合国家有关法律、法规的规定及相关的国家标准或行业标准的要求。

4.2 感官

色泽、颗粒大小均匀，无发霉、变质、结块、异味和异嗅。

4.3 加工质量

加工质量应符合表2、表3的要求。

表2 粉状配合饲料加工质量 %

项　目	稚鳖粉状配合饲料	幼鳖粉状配合饲料	成鳖粉状配合饲料	亲鳖粉状配合饲料
粉碎粒度(筛上物[a]) ≤	4.0	6.0	8.0	
变异系数(CV) ≤	7.0			
[a] 采用GB/T 6003.1—2012中Φ200×50—0.250/0.160试验筛。				

表3 膨化配合饲料加工质量

项　目	稚鳖膨化配合饲料	幼鳖膨化配合饲料	成鳖膨化配合饲料	亲鳖膨化配合饲料
粒径/mm	1.0～3.0	3.0～5.5	≥5.5	≥6.0
变异系数(CV)/% ≤	7.0			
溶失率(浸泡20 min)/% ≤	10.0			
含粉率[a]/% ≤	1.0			
[a] 采用GB/T 6003.1—2012中Φ200×50—0.425/0.280试验筛。				

4.4 产品成分分析保证值

粉状配合饲料和膨化配合饲料的产品成分分析保证值应分别符合表4、表5的要求。

表4 粉状配合饲料产品成分分析保证值 %

项　目	稚鳖粉状配合饲料	幼鳖粉状配合饲料	成鳖粉状配合饲料	亲鳖粉状配合饲料
粗蛋白质 ≥	42.0	40.0	38.0	41.0
赖氨酸 ≥	2.3	2.1	2.0	2.1
粗脂肪 ≥	4.0		5.0	

表 4（续）

%

项　目		稚鳖粉状配合饲料	幼鳖粉状配合饲料	成鳖粉状配合饲料	亲鳖粉状配合饲料
粗纤维	≤	3.0		5.0	
粗灰分	≤	17.0		18.0	
钙		2.0～5.0			3.0～6.0
总磷		1.0～3.0			1.2～3.0
水分	≤	10.0			

表 5　膨化配合饲料产品成分分析保证值

%

项　目		稚鳖膨化配合饲料	幼鳖膨化配合饲料	成鳖膨化配合饲料	亲鳖膨化配合饲料
粗蛋白质	≥	43.0	41.0	39.0	42.0
赖氨酸	≥	2.3	2.2	2.1	2.2
粗脂肪	≥	5.0		6.0	
粗纤维	≤	4.0		5.0	
粗灰分	≤	17.0		18.0	
钙		2.0～5.0			3.0～6.0
总磷		1.0～3.0			1.2～3.0
水分	≤	10.0			

4.5　卫生指标

应符合 GB 13078 的规定。

4.6　净含量

应符合国家质量监督检验检疫总局令第 75 号(2005)《定量包装商品计量监督管理办法》的规定。

5　试验方法

5.1　感官检验

称取 100 g～200 g 样品，置于 25 cm×30 cm 的洁净白瓷盘内，在正常光照、通风良好、无异味的环境下，通过感官进行评定。

5.2　粉碎粒度

按 GB/T 5917.1 规定执行。

5.3　变异系数

按 GB/T 5918 规定执行。

5.4 溶失率

按 SC/T 1077 规定执行。

5.5 含粉率

按 GB/T 16765 规定执行。

5.6 粗蛋白质

按 GB/T 6432 规定执行。

5.7 赖氨酸

按 GB/T 18246 规定执行。

5.8 粗脂肪

按 GB/T 6433 规定执行。

5.9 粗纤维

按 GB/T 6434 规定执行。

5.10 粗灰分

按 GB/T 6438 规定执行。

5.11 钙

按 GB/T 6436 规定执行。

5.12 总磷

按 GB/T 6437 规定执行。

5.13 水分

按 GB/T 6435 规定执行。

5.14 卫生指标

按 GB 13078 规定的相应方法执行。

5.15 净含量

按 JJF 1070 规定执行。

6 检验规则

6.1 检验分类

检验分为出厂检验和型式检验。

6.2 出厂检验

产品出厂时需经生产企业质检部门检验合格,并附有产品合格证明后方可出厂。出厂检验项目为:

感官、水分、粗蛋白质、粗灰分、净含量。

6.3 型式检验

型式检验项目为本标准要求的全部项目，型式检验的样品在出厂检验合格的产品中抽取。在保证产品质量的前提下，正常生产时，每年至少检验一次。但如有下列情况之一时，也应进行型式检验：

a) 新产品投产时；

b) 原料、工艺、配方有较大改变，可能影响产品质量时；

c) 停产 3 个月或主要生产设备进行大修后恢复生产时；

d) 出厂检验结果与上次型式检验有较大差异时；

e) 质量监督部门提出进行型式检验要求时。

6.4 组批规则

在原料、配料及生产条件相同的情况下，同一班次生产的产品为一个检验批。

6.5 采样方法

按 GB/T 14699.1 规定执行，净含量抽样按 JJF 1070 规定执行。

6.6 判定规则

6.6.1 检测结果判定的允许误差按 GB/T 18823 的规定执行。

6.6.2 所检项目的检测结果全部符合标准规定的判为合格批。

6.6.3 型式检验中如有一项指标不符合标准规定的要求，应重新取样进行复检(微生物指标超标不得复检)，复检结果中有一项不合格即判定为不合格。

7 标签、包装、运输、贮存和保质期

7.1 标签

产品标签按 GB 10648 规定执行。

7.2 包装

包装材料应清洁卫生、无毒、无污染，并具有防潮、防漏、抗拉等性能。

7.3 运输

运输工具应清洁卫生，不得与有毒有害物品混装混运，运输中应防止曝晒、雨淋与破损。

7.4 贮存

产品应贮存在通风、干燥处，防止鼠害、虫蛀，不得与有毒有害物品混贮。

7.5 保质期

包装完好的产品在符合上述规定的贮运条件下，保质期为 75 天。

ICS 65.120
B 46

中华人民共和国国家标准

GB/T 36205—2018

草鱼配合饲料

Formula feed for grass carp (*Ctenopharyngodon idellus*)

2018-05-14 发布　　2018-12-01 实施

国家市场监督管理总局
中国国家标准化管理委员会　发布

前 言

本标准按照 GB/T 1.1—2009 给出的规则起草。

本标准由全国饲料工业标准化技术委员会(SAC/TC 76)提出并归口。

本标准起草单位:广东海大集团股份有限公司、通威股份有限公司、中国饲料工业协会。

本标准主要起草人:陈家林、李竞前、米海峰、张雅惠、段元慧、张璐、姜瑞丽、尹恒、卫华。

草鱼配合饲料

1 范围

本标准规定了草鱼(*Ctenopharyngodon idellus*)配合饲料的产品分类、要求、试验方法、检验规则以及标签、包装、运输、贮存和保质期。

本标准适用于草鱼配合饲料。

2 规范性引用文件

下列文件对于本文件的应用是必不可少的。凡是注日期的引用文件,仅注日期的版本适用于本文件。凡是不注日期的引用文件,其最新版本(包括所有的修改单)适用于本文件。

GB/T 5918 饲料产品混合均匀度的测定

GB/T 6003.1 试验筛 技术要求和检验 第1部分:金属丝编织网试验筛

GB/T 6432 饲料中粗蛋白测定方法

GB/T 6433—2006 饲料中粗脂肪的测定

GB/T 6434 饲料中粗纤维的含量测定 过滤法

GB/T 6435 饲料中水分的测定

GB/T 6437 饲料中总磷的测定 分光光度法

GB/T 6438 饲料中粗灰分的测定

GB 10648 饲料标签

GB 13078 饲料卫生标准

GB/T 14699.1 饲料 采样

GB/T 16765 颗粒饲料通用技术条件

GB/T 18246 饲料中氨基酸的测定

GB/T 18823 饲料检测结果判定的允许误差

SC/T 1077 渔用配合饲料通用技术要求

3 产品分类

按照草鱼的生长阶段,草鱼配合饲料分鱼苗配合饲料、鱼种配合饲料、成鱼前期配合饲料和成鱼后期配合饲料四种,产品分类与饲喂阶段见表1。

表1 产品分类与饲喂阶段

产品分类	鱼苗配合饲料	鱼种配合饲料	成鱼前期配合饲料	成鱼后期配合饲料
饲喂阶段(适用喂养鱼体重)/(g/尾)	<10	10～<250	250～<1 500	≥1 500

4 要求

4.1 感官

颗粒色泽一致、大小均匀;无霉变、结块、异味和虫类滋生。

4.2 加工质量指标

加工质量指标的规定见表 2。

表 2 加工质量指标

%

项目	颗粒饲料	膨化饲料	碎粒饲料
混合均匀度(变异系数 CV)	≤7.0		
水分含量	≤12.5	≤11.0	≤12.5
含粉率	≤1.0	≤0.5	≤5.0
水中稳定性(溶失率)	≤20.0 (水中浸泡 5 min)	≤10.0 (水中浸泡 20 min)	≤30.0 (水中浸泡 5 min)

4.3 营养成分指标

草鱼配合饲料主要营养指标应符合表 3 规定。

表 3 主要营养成分指标

%

产品类别	指标项目					
	粗蛋白质 ≥	粗脂肪 ≥	粗灰分 ≤	粗纤维 ≤	总磷	赖氨酸 ≥
鱼苗配合饲料	32.0	3.0	15.0	10.0	1.0～1.8	1.6
鱼种配合饲料	29.0	3.0	15.0	12.0	1.0～1.8	1.4
成鱼前期配合饲料	26.0	3.0	13.0	15.0	0.8～1.6	1.2
成鱼后期配合饲料	20.0	2.5	13.0	15.0	0.8～1.6	1.0

4.4 卫生指标

应符合 GB 13078 的规定。

5 试验方法

5.1 感官检验

称取 100 g～200 g 样品,置于 25 cm×30 cm 的洁净白瓷盘内,在正常光照、通风良好、无异味的环境下，通过感官进行评定。

5.2 混合均匀度

按 GB/T 5918 规定执行。

5.3 水分

按 GB/T 6435 规定执行。

5.4 水中稳定性

按 SC/T 1077 规定进行，饲料颗粒直径 1.0 mm 以上采用 0.850 mm 筛孔尺寸，碎粒饲料和饲料颗粒直径 1.0 mm 以下的采用 0.425 mm 筛孔尺寸。

5.5 含粉率

按 GB/T 16765 和 GB/T 6003.1 规定执行，其中所用试验筛的筛孔尺寸(R20/3)应比饲料颗粒直径小一级。

5.6 粗蛋白质

按 GB/T 6432 规定执行。

5.7 粗脂肪

按 GB/T 6433—2006 规定执行，颗粒饲料按规定中 A 类饲料检测方法，膨化饲料按规定中 B 类饲料检测方法。

5.8 粗灰分

按 GB/T 6438 规定执行。

5.9 粗纤维

按 GB/T 6434 规定执行。

5.10 总磷

按 GB/T 6437 规定执行。

5.11 赖氨酸

按 GB/T 18246 规定执行。

5.12 卫生指标的测定

按 GB 13078 规定的相应方法执行。

6 检验规则

6.1 组批与抽样

6.1.1 批的组成

在正常生产情况下，以相同配方、相同原料、同一班次生产的同一品种为一批次。

6.1.2 抽样

按 GB/T 14699.1 规定执行。

6.2 出厂检验

每批产品应进行出厂检验，检验项目为感官、水分、粗蛋白质、包装、标签。

6.3 型式检验

检验项目为第 4 章的全部要求。产品正常生产时，每半年至少进行一次型式检验，但有下列情况之一时，应进行型式检验：

a) 新产品投产时；

b) 原料、配方、加工工艺有较大改变，可能影响产品性能时；

c) 产品停产 3 个月以上，恢复生产时；

d) 出厂检验结果与上次型式检验结果有较大差异时；

e) 当饲料管理部门提出进行型式检验要求时。

6.4 判定规则

6.4.1 检测与仲裁各项指标是否合格，需考虑分析允许误差，分析允许误差按 GB/T 18823 的规定执行。

6.4.2 所检项目检测结果均与本标准规定指标一致判定为合格产品。

6.4.3 检验结果中如有一项指标(除微生物指标外)不符合本标准规定时，可在原批中加倍抽样对不符合项进行复验，若复验结果仍不符合本标准规定，则判定该批产品为不合格。微生物指标出现不符合项目时，不得复验，即判定该批产品不合格。

7 标签、包装、运输、贮存和保质期

7.1 标签

产品标签按 GB 10648 规定执行。

7.2 包装

包装材料应清洁卫生、无毒、无污染，并具有防潮、防漏、抗拉等性能。

7.3 运输

运输工具应清洁卫生，不得与有毒有害物品混装混运，运输中应防止曝晒、雨淋与破损。

7.4 贮存

产品应贮存在通风、干燥处，防止鼠害、虫蛀，不得与有毒有害物品混贮。

7.5 保质期

符合规定的贮存和运输条件下，与标签中标明的保质期一致。

ICS 65.120
B 46

中华人民共和国国家标准

GB/T 36206—2018

大黄鱼配合饲料

Formula feed for yellow croaker (*Larimichthys crocea* Richardson)

2018-05-14 发布　　　　2018-12-01 实施

国家市场监督管理总局
中国国家标准化管理委员会　发布

前　言

本标准按照 GB/T 1.1—2009 给出的规则起草。

本标准由全国饲料工业标准化技术委员会(SAC/TC 76)提出并归口。

本标准起草单位:广东恒兴饲料实业股份有限公司、厦门大学、福建天马科技集团股份有限公司。

本标准主要起草人:黄智成、艾春香、王华朗、张海涛、刘兴旺、姜永杰、张蕉南。

大黄鱼配合饲料

1 范围

本标准规定了大黄鱼(*Larimichthys crocea* Richardson)配合饲料的产品分类、要求、试验方法、检验规则及标签、包装、运输、贮存和保质期。

本标准适用于大黄鱼膨化配合饲料。

2 规范性引用文件

下列文件对于本文件的应用是必不可少的。凡是注日期的引用文件,仅注日期的版本适用于本文件。凡是不注日期的引用文件,其最新版本(包括所有的修改单)适用于本文件。

GB/T 5918 饲料产品混合均匀度的测定

GB/T 6003.1 试验筛 技术要求和检验 第1部分:金属丝编织网试验筛

GB/T 6432 饲料中粗蛋白测定方法

GB/T 6433—2006 饲料中粗脂肪的测定

GB/T 6434 饲料中粗纤维的含量测定 过滤法

GB/T 6435 饲料中水分的测定

GB/T 6437 饲料中总磷的测定 分光光度法

GB/T 6438 饲料中粗灰分的测定

GB 10648 饲料标签

GB 13078 饲料卫生标准

GB/T 14699.1 饲料 采样

GB/T 16765—1997 颗粒饲料通用技术条件

GB/T 18246 饲料中氨基酸的测定

GB/T 18823 饲料检测结果判定的允许误差

SC/T 1077—2004 渔用配合饲料通用技术要求

3 产品分类

产品按大黄鱼各生长阶段,分为稚鱼配合饲料、幼鱼配合饲料、中鱼配合饲料、成鱼配合饲料。各类产品分类与饲喂阶段见表1。

表1 产品分类与饲喂阶段

产品分类	稚鱼配合饲料	幼鱼配合饲料	中鱼配合饲料	成鱼配合饲料
饲喂阶段(适宜喂养对象的体重,g/尾)	<1.0	1.0~<50.0	50.0~<300.0	≥300.0

4 要求

4.1 感官

色泽均匀、颗粒大小均匀;无发霉、无结块、无变质、无异味和无异嗅。

4.2 加工质量指标

加工质量指标应符合表 2 的规定。

表 2 加工质量指标 %

项目		稚鱼配合饲料	幼鱼配合饲料	中鱼配合饲料	成鱼配合饲料
混合均匀度(变异系数)	≤	7.0			
溶失率(20 min)	≤	10.0			
含粉率	≤	1.0			

4.3 水分

稚鱼配合饲料、幼鱼配合饲料≤10.0%,中鱼配合饲料、成鱼配合饲料≤11.0%。

4.4 产品成分分析保证值

应符合表 3 规定。

表 3 产品成分分析保证值 %

营养成分		稚鱼配合饲料	幼鱼配合饲料	中鱼配合饲料	成鱼配合饲料
粗蛋白质	≥	45.0	42.0	40.0	38.0
粗脂肪	≥	10.0	9.0		
粗纤维	≤	5.0			
总磷		1.2~2.2		1.0~1.8	
粗灰分	≤	16.0	15.0	13.0	
赖氨酸	≥	3.0	2.7	2.4	2.1

4.5 卫生指标

应符合 GB 13078 的规定。

5 试验方法

5.1 感官检验

称取 100 g~200 g 样品,置于 25 cm×30 cm 的洁净白瓷盘内,在正常光照、良好通风、无异味的环境下通过感官进行评定。

5.2 混合均匀度(变异系数)

按 GB/T 5918 的规定执行。

5.3 水中稳定性(溶失率)

按 SC/T 1077—2004 中附录 A 的规定执行。

5.4 含粉率

按 GB/T 16765—1997 中 5.4.2 和 GB/T 6003.1 规定执行,其中所用试验筛的筛孔尺寸(R20/3)应比饲料颗粒直径小一级。

5.5 水分

按 GB/T 6435 规定执行。

5.6 粗蛋白质

按 GB/T 6432 规定执行。

5.7 粗脂肪

按 GB/T 6433—2006 规定执行,膨化配合饲料按 B 类方法执行。

5.8 粗纤维

按 GB/T 6434 规定执行。

5.9 总磷

按 GB/T 6437 规定执行。

5.10 粗灰分

按 GB/T 6438 规定执行。

5.11 赖氨酸

按 GB/T 18246 规定执行。

5.12 卫生指标

按 GB 13078 规定执行。

6 检验规则

6.1 组批

在原料及生产条件基本相同的情况下,同一班次、同一配方和同一工艺生产的产品为一个检验批。

6.2 采样

按 GB/T 14699.1 规定执行。

6.3 检验分类

检验分出厂检验和型式检验。

6.4 出厂检验

产品出厂时需经生产企业质检部门检验合格,并附有产品合格证明后方可出厂。出厂检验项目为感官指标、水分、粗蛋白质和粗灰分。

6.5 型式检验

6.5.1 型式检验应在下列情况下进行:

a) 产品定型投产时;

b) 正常生产情况下,每年至少进行 1 次;

c) 生产工艺、配方或主要原料来源有较大变化,可能影响产品质量时;

d) 停产 3 个月或以上,恢复生产时;

e) 出厂检验结果与上次型式检验结果有较大差异时;

f) 饲料管理部门提出进行型式检验要求时。

6.5.2 型式检验应在产品检验合格的产品中抽取样品。

6.5.3 型式检验项目为第 4 章规定的所有项目。

6.5.4 型式检验由本企业化验室检验或委托检验。

6.6 判定规则

6.6.1 检测结果判定的允许误差按 GB/T 18823 的规定执行。

6.6.2 所检项目检测结果均与本标准指标规定一致判定为合格产品。

6.6.3 检验中如有一项指标不符合本标准规定的要求,应在同批产品中重新自两倍量的包装中取样或用试样留样进行复检(微生物指标不合格时不得复检),复检结果中有一项不合格即判定为不合格。

7 标签、包装、运输、贮存

7.1 标签

按 GB 10648 规定执行。

7.2 包装

包装材料应清洁、卫生,并能防污染、防潮湿、防泄漏。

7.3 运输

运输工具应清洁卫生、能防暴晒、防雨淋,不应与有毒有害的物质混装混运。

7.4 贮存

贮存于通风、干燥、能防暴晒、防雨淋、有防虫、防鼠设施，不应与有毒有害物质混储。

8 保质期

符合上述规定的包装、运输、贮存条件下，与标签中表明的保质期一致。

ICS 65.120
B 46

中华人民共和国国家标准

GB/T 36782—2018

鲤鱼配合饲料

Formula feed for common carp (*Cyprinus carpio*)

2018-09-17 发布　　　　2019-04-01 实施

国家市场监督管理总局
中国国家标准化管理委员会　发布

前　言

本标准按照 GB/T 1.1—2009 给出的规则起草。

本标准由全国饲料工业标准化技术委员会(SAC/TC 76)提出并归口。

本标准起草单位:苏州大学。

本标准主要起草人:叶元土、吴萍、蔡春芳。

鲤鱼配合饲料

1 范围

本标准规定了鲤鱼(*Cyprinus carpio*)配合饲料的产品分类、要求、试验方法、检验规则以及标签、包装、运输、贮存和保质期。

本标准适用于鲤鱼配合饲料。

2 规范性引用文件

下列文件对于本文件的应用是必不可少的。凡是注日期的引用文件,仅注日期的版本适用于本文件。凡是不注日期的引用文件,其最新版本(包括所有的修改单)适用于本文件。

GB/T 5918 饲料产品混合均匀度的测定

GB/T 6003.1 试验筛 技术要求和检验 第1部分:金属丝编织网试验筛

GB/T 6432 饲料中粗蛋白测定方法

GB/T 6433—2006 饲料中粗脂肪的测定

GB/T 6434 饲料中粗纤维的含量测定 过滤法

GB/T 6435 饲料中水分的测定

GB/T 6437 饲料中总磷的测定 分光光度法

GB/T 6438 饲料中粗灰分的测定

GB 10648 饲料标签

GB 13078 饲料卫生标准

GB/T 14699.1 饲料 采样

GB/T 18246 饲料中氨基酸的测定

GB/T 18823 饲料检测结果判定的允许误差

SC/T 1077 渔用配合饲料通用技术要求

3 产品分类

按照鲤鱼的生长阶段,鲤鱼配合饲料分鱼苗配合饲料、鱼种配合饲料、成鱼配合饲料三种,产品分类与饲喂阶段见表1。

表1 产品分类与饲喂阶段

产品分类	鱼苗配合饲料	鱼种配合饲料	成鱼配合饲料
饲喂阶段(适用喂养鱼体重,g/尾)	<10	10～<150	≥150

4 要求

4.1 外观与性状

颗粒色泽一致、大小均匀;无霉变,无结块,无异味,无虫类滋生。

4.2 加工质量指标

加工质量指标应符合表 2 的规定。

表 2 加工质量指标 %

<table>
<tr><th>饲料形态</th><th>碎粒饲料</th><th>颗粒饲料</th><th>膨化饲料</th></tr>
<tr><td>混合均匀度(变异系数 CV) ≤</td><td colspan="3">7.0</td></tr>
<tr><td>水分含量 ≤</td><td colspan="2">12.5</td><td>11.0</td></tr>
<tr><td>含粉率 ≤</td><td>5.0</td><td>1.0</td><td>0.5</td></tr>
<tr><td>水中稳定性(溶失率) ≤</td><td>30.0
(水中浸泡 5 min)</td><td>20.0
(水中浸泡 5 min)</td><td>10.0
(水中浸泡 20 min)</td></tr>
</table>

4.3 营养成分指标

鲤鱼配合饲料主要营养指标应符合表 3 的规定。

表 3 主要营养成分指标 %

<table>
<tr><th>产品类别</th><th>粗蛋白质
≥</th><th>粗脂肪
≥</th><th>粗灰分
≤</th><th>粗纤维
≤</th><th>总磷</th><th>赖氨酸
≥</th></tr>
<tr><td>鱼苗配合饲料</td><td>32.0</td><td>5.5</td><td rowspan="3">15.0</td><td>6.5</td><td rowspan="2">0.9～1.8</td><td>1.6</td></tr>
<tr><td>鱼种配合饲料</td><td>30.0</td><td>5.0</td><td>9.0</td><td>1.5</td></tr>
<tr><td>成鱼配合饲料</td><td>28.0</td><td>4.0</td><td>10.0</td><td>0.8～1.7</td><td>1.4</td></tr>
</table>

4.4 卫生指标

应符合 GB 13078 的规定。

5 试验方法

5.1 感官检验

称取 100 g～200 g 样品，置于 25 cm×30 cm 的洁净白瓷盘内，在正常光照、通风良好、无异味的环境下，通过感官进行评定。

5.2 混合均匀度

按 GB/T 5918 规定执行。

5.3 水分

按 GB/T 6435 规定执行。

5.4 水中稳定性

按 SC/T 1077 规定进行，饲料颗粒直径 1.0 以上采用 0.850 mm 筛孔尺寸，碎粒饲料和饲料颗粒直径 1.0 以下的采用 0.425 mm 筛孔尺寸。

5.5 含粉率

5.5.1 仪器设备

标准筛一套(GB/T 6003.1);

顶击式标准筛振筛机(频率 220 次/min,行程 25 mm);

粉化仪 (双箱体式);

天平(感量 0.1 g)。

5.5.2 含粉率测定步骤及计算

5.5.2.1 按照 GB/T 14699.1 取样品约 1.2 kg,用四分法分为两份,每份约 600 g(m_1);按照 GB/T 6003.1 规定,选取比饲料颗粒直径小一级筛孔尺寸(R20/3)的试验筛;将样品放于筛格内,在振筛机上筛理 5 min 或用手工筛(每分钟 110 次～122 次,往复范围 10 cm),将筛下物称量(m_2)。

5.5.2.2 含粉率按式(1)计算:

$$\Phi = \frac{m_2}{m_1} \times 100\% \quad \cdots\cdots\cdots\cdots (1)$$

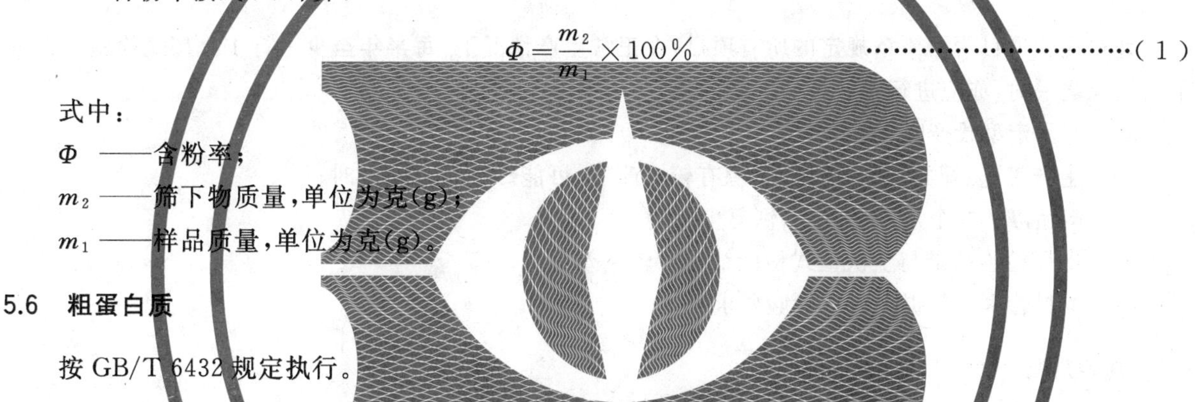

式中:

Φ ——含粉率;

m_2 ——筛下物质量,单位为克(g);

m_1 ——样品质量,单位为克(g)。

5.6 粗蛋白质

按 GB/T 6432 规定执行。

5.7 粗脂肪

按 GB/T 6433—2006 规定执行,颗粒饲料按规定中 A 类饲料检测方法,膨化饲料按规定中 B 类饲料检测方法。

5.8 粗灰分

按 GB/T 6438 规定执行。

5.9 粗纤维

按 GB/T 6434 规定执行。

5.10 总磷

按 GB/T 6437 规定执行。

5.11 赖氨酸

按 GB/T 18246 规定执行。

5.12 卫生指标的测定

按 GB 13078 规定的相应方法执行。

6 检验规则

6.1 组批与抽样

6.1.1 批的组成

在正常生产情况下，以相同配方、相同原料、同一班次生产的同一品种为一批次。

6.1.2 抽样

按 GB/T 14699.1 规定执行。

6.2 出厂检验

每批产品应进行出厂检验，检验项目为外观与性状、水分、粗蛋白质。

6.3 型式检验

型式检验项目为第 4 章规定的所有项目，在正常生产情况下，每半年至少进行 1 次型式检验。在有下列情况之一时，亦应进行型式检验：

a) 产品定型投产时；

b) 生产工艺、配方或主要原料来源有较大改变，可能影响产品质量时；

c) 产品停产 3 个月以上，重新恢复生产时；

d) 出厂检验结果与上次型式检验结果有较大差异时；

e) 饲料管理部门提出进行检验要求时。

6.4 判定规则

6.4.1 检测与仲裁各项指标是否合格，需考虑分析允许误差，分析允许误差按 GB/T 18823 的规定执行。

6.4.2 有任何指标不符合本标准规定的要求时，可以从双倍量的包装中抽取样品进行复检，复检结果即使有一项指标不符合标准要求，则判该批产品不合格。

7 标签、包装、运输、贮存和保质期

7.1 标签

产品标签按 GB 10648 规定执行。

7.2 包装

包装材料应清洁卫生、无毒、无污染，并具有防潮、防漏、抗拉等性能。

7.3 运输

运输工具应清洁卫生，不得与有毒有害物品混装混运，运输中应防止曝晒、雨淋与破损。

7.4 贮存

产品应贮存在通风、干燥处，防止鼠害、虫蛀，不得与有毒有害物品混贮。

7.5 保质期

在符合规定的贮存和运输条件下，与标签中标明的保质期一致。

ICS 65.120
B 46

中华人民共和国国家标准

GB/T 36862—2018

青鱼配合饲料

Formula feed for black carp (*Mylopharyngodon piceus*)

2018-09-17 发布

2019-04-01 实施

国家市场监督管理总局
中国国家标准化管理委员会 发布

前言

本标准按照 GB/T 1.1—2009 给出的规则起草。

本标准由全国饲料工业标准化技术委员会(SAC/TC 76)提出并归口。

本标准起草单位:中国农业科学院饲料研究所、中国饲料工业协会。

本标准主要起草人:薛敏、吴秀峰、郑银桦、杨洁、李军国、王黎文、张雅惠。

青鱼配合饲料

1 范围

本标准规定了青鱼配合饲料的产品分类、技术要求、取样、试验方法、检验规则、标签、包装、运输、贮存和保质期。

本标准适用于青鱼配合饲料。

2 规范性引用文件

下列文件对于本文件的应用是必不可少的。凡是注日期的引用文件，仅注日期的版本适用于本文件。凡是不注日期的引用文件，其最新版本(包括所有的修改单)适用于本文件。

GB/T 5918 饲料产品混合均匀度的测定

GB/T 6003.1 试验筛 技术要求和检验 第1部分：金属丝编织网试验筛

GB/T 6432 饲料中粗蛋白的测定 凯氏定氮法

GB/T 6433 饲料中粗脂肪的测定

GB/T 6434 饲料中粗纤维的含量测定 过滤法

GB/T 6435 饲料中水分的测定

GB/T 6437 饲料中总磷的测定 分光光度法

GB/T 6438 饲料中粗灰分的测定

GB/T 8170 数值修约规则与极限数值的表示和判定

GB/T 10647 饲料工业术语

GB 10648 饲料标签

GB 13078 饲料卫生标准

GB/T 14699.1 饲料 采样

GB/T 18246 饲料中氨基酸的测定

GB/T 18823 饲料检测结果判定的允许误差

SC/T 1077 渔用配合饲料通用技术要求

3 术语和定义

GB/T 10647界定的以及下列术语和定义适用于本文件。

3.1

碎粒饲料 crumbles

将颗粒饲料破碎、筛分得到的不规则小粒状饲料产品。

3.2

颗粒饲料 pelleted feed

将粉状饲料经调质、挤出压模模孔制成的规则粒状饲料产品。

3.3

膨化饲料 extruded feed

经调质、增压挤出模孔和骤然降压过程制成的规则蓬松颗粒饲料。

注：膨化饲料同膨化颗粒饲料。

4 产品分类

根据青鱼不同生长阶段的体重大小，将青鱼配合饲料产品分为鱼苗配合饲料、鱼种配合饲料和成鱼配合饲料三种。产品分类和饲喂阶段见表1。

表1 产品分类与饲喂阶段

单位为克每尾

产品分类	饲喂阶段
鱼苗配合饲料	＜10.0
鱼种配合饲料	10.0～＜1 500.0
成鱼配合饲料	≥1 500.0
注：饲喂阶段以适宜饲喂对象的体重表示。	

5 技术要求

5.1 外观与性状

颗粒(碎粒)应色泽一致、大小均匀；无霉变、结块、异味和虫类滋生。

5.2 加工质量指标

加工质量指标应符合表2的要求。

表2 加工质量指标

%

<table>
<tr><th>项目</th><th>碎粒饲料</th><th>颗粒饲料</th><th>膨化饲料</th></tr>
<tr><td>混合均匀度(变异系数) ≤</td><td colspan="3">7.0</td></tr>
<tr><td>水分 ≤</td><td>12.0</td><td>12.0</td><td>11.0</td></tr>
<tr><td>含粉率 ≤</td><td>5.0</td><td>1.0</td><td>0.5</td></tr>
<tr><td>水中稳定性(溶失率) ≤</td><td>30.0
(水中浸泡5 min)</td><td>10.0
(水中浸泡5 min)</td><td>10.0
(水中浸泡20 min)</td></tr>
</table>

5.3 营养成分指标

营养成分指标应符合表3的要求。

表3 营养成分指标

%

<table>
<tr><th rowspan="2">产品类别</th><th colspan="7">指标项目</th></tr>
<tr><th>粗蛋白</th><th>粗脂肪
≥</th><th>粗灰分
≤</th><th>粗纤维
≤</th><th>总磷</th><th>赖氨酸
≥</th><th>赖氨酸
/粗蛋白
≥</th></tr>
<tr><td>鱼苗配合饲料</td><td>31.0～41.0</td><td>6.5</td><td rowspan="3">15.0</td><td>7.5</td><td rowspan="2">0.9～1.8</td><td>1.7</td><td rowspan="3">5.0</td></tr>
<tr><td>鱼种配合饲料</td><td>30.0～38.0</td><td>5.0</td><td>8.0</td><td>1.6</td></tr>
<tr><td>成鱼配合饲料</td><td>27.0～35.0</td><td>4.5</td><td>9.0</td><td>0.8～1.6</td><td>1.5</td></tr>
</table>

5.4 卫生指标

卫生指标应符合 GB 13078 的规定。

6 取样

取样按 GB/T 14699.1 规定执行。

7 试验方法

7.1 感官检验

取适量样品置于清洁、干燥的白瓷盘中，在正常光照、通风良好、无异味的环境下，通过感官进行评定。

7.2 混合均匀度

混合均匀度测定按 GB/T 5918 执行。

7.3 水分

水分测定按 GB/T 6435 执行。

7.4 含粉率

7.4.1 仪器设备

7.4.1.1 标准筛：应符合 GB/T 6003.1 规定。

7.4.1.2 顶击式标准筛振筛机：频率为 220 次/min，行程 25 mm。

7.4.1.3 天平：感量 0.1 g。

7.4.2 测定步骤

取样品约 1.2 kg，用四分法分为两份，每份约 600 g (m_1)；选取比饲料颗粒直径小一级筛孔尺寸(R 20/3)的试验筛；将样品放于筛格内，在振筛机上筛理 5 min 或用手工筛，每分钟 110～122 次，往复范围 10 cm，称量筛下物 (m_2)。

7.4.3 结果计算

含粉率 Φ 以质量分数表示，按式(1)计算：

$$\Phi = \frac{m_2}{m_1} \times 100 \qquad \cdots\cdots (1)$$

式中：

Φ ——含粉率，%；

m_2——筛下物质量，单位为克(g)；

m_1——样品质量，单位为克(g)。

每个样品平行测定两次，以两次测定结果的算术平均值表示结果，两次测定结果绝对差值不大于 0.2%，数值表示至一位小数。

7.5 水中稳定性(溶失率)

水中稳定性测定按 SC/T 1077 的规定执行,饲料颗粒直径 1.0 mm 以上时采用 0.85 mm 筛孔尺寸,碎粒饲料和饲料颗粒直径 1.0 mm 以下时采用 0.425 mm 筛孔尺寸。

7.6 粗蛋白

粗蛋白测定按 GB/T 6432 执行。

7.7 粗脂肪

粗脂肪测定按 GB/T 6433 执行。

7.8 粗灰分

粗灰分测定按 GB/T 6438 执行。

7.9 粗纤维

粗纤维测定按 GB/T 6434 执行。

7.10 总磷

总磷测定按 GB/T 6437 执行。

7.11 赖氨酸

赖氨酸测定按 GB/T 18246 执行。

8 检验规则

8.1 组批

组批是以相同原料、相同的生产配方、相同的生产工艺和生产条件,连续生产或同一班次生产的同一规格的产品为一批,每批产品不超过 100 t。

8.2 出厂检验

出厂检验项目为外观与性状、水分、粗蛋白。

8.3 型式检验

型式检验项目为第 5 章规定的所有项目,在正常生产情况下,每半年至少进行一次型式检验。在有下列情况之一时,亦应进行型式检验:

a) 产品定型投产时;
b) 生产工艺、配方或主要原料来源有较大改变,可能影响产品质量时;
c) 停产 3 个月或以上,恢复生产时;
d) 出厂检验结果与上次型式检验结果有较大差异时;
e) 饲料行政管理部门提出检验要求时。

8.4 判定规则

8.4.1 所检项目全部合格,判定为该批次产品合格。

8.4.2 检验项目中有任何指标不符合本标准规定时,可自同批产品中重新加倍取样进行复检。若复检结果仍不符合本标准规定,则判定该批产品为不合格。微生物指标不得复检。

8.4.3 各项目指标的极限数值判定按 GB/T 8170 中的修约值比较法执行。

8.4.4 营养成分指标检验结果判定的允许误差按 GB/T 18823 的规定执行。

9 标签、包装、运输、贮存和保质期

9.1 标签

标签按 GB 10648 的规定执行。

9.2 包装

包装材料应无毒、无害、防潮。

9.3 运输

运输工具应清洁、干燥,不得与有毒有害物品混装混运。运输过程中应注意防潮、防日晒雨淋。

9.4 贮存

贮存时防止日晒、雨淋,不得与有毒有害物质混储。

9.5 保质期

未开启包装的产品,在规定的包装、运输、贮存条件下,产品保质期与标签中标明的保质期一致。

ICS 67.120.30
B 54

中华人民共和国水产行业标准

SC/T 1056—2002

蛙类配合饲料

Formula feed for frogs

2002-11-05发布　　2002-12-20实施

中华人民共和国农业部　发布

前　言

本标准由农业部渔业局提出。

本标准由全国水产标准化技术委员会淡水养殖分技术委员会归口。

本标准起草单位:厦门市同安银祥实业有限公司。

本标准主要起草人:苏永裕、王玮玮、王渊源(邀请)。

蛙类配合饲料

1 范围

本标准规定了蛙类配合饲料的产品分类、技术要求、试验方法、检验规则及标志、包装、运输和贮存。

本标准适用于蛙类配合饲料。

2 规范性引用文件

下列文件中的条款通过本标准的引用而成为本标准的条款。凡是注日期的引用文件,其随后所有的修改单(不包括勘误的内容)或修订版均不适用于本标准,然而,鼓励根据本标准达成协议的各方研究是否可使用这些文件的最新版本。凡是不注日期的引用文件,其最新版本适用于本标准。

GB/T 5917 配合饲料粉碎粒度测定法

GB/T 5918 配合饲料混合均匀度的测定

GB/T 6003.1—1997 金属丝编织网试验筛

GB/T 6432 饲料中粗蛋白测定方法

GB/T 6433 饲料粗脂肪测定方法

GB/T 6434 饲料中粗纤维测定方法

GB/T 6435 饲料水分的测定方法

GB/T 6436 饲料中钙的测定方法

GB/T 6437 饲料中总磷量的测定方法 光度法

GB/T 6438 饲料中粗灰分的测定方法

GB 10648—1999 饲料标签

GB/T 14699.1 饲料采样方法

GB/T 15398 饲料有效赖氨酸测定方法

NY 5072 无公害食品 渔用配合饲料安全限量

3 术语和定义

下列术语和定义适用于本标准。

膨化饲料浮水率 float rate of expanded feed

饲料投入淡水中(水温 25℃～28℃),30 min 后漂浮水面的饲料颗粒数量占投入饲料颗粒总数量的百分率。

4 产品分类

蛙类配合饲料分蝌蚪(tadpole)、仔蛙(post frog)、幼蛙(soft-shelled frog)、成蛙(grown frog)用配合饲料。蝌蚪用配合饲料有粉末型和膨化型两种,其他均为膨化型饲料。

蛙类配合饲料产品规格及饲喂对象应符合表 1 的要求。

表 1　蛙类配合饲料产品规格及适喂对象

产品规格	粒径/mm	养殖牛蛙体重/g	养殖虎纹蛙体重/g
蝌蚪粉料		前期蝌蚪	前期蝌蚪
蝌蚪粒料	＜1.8	后期蝌蚪	后期蝌蚪
仔蛙料	1.8～4.0	5～50	5～30
幼蛙料	4.0～8.5	50～200	30～150
成蛙料	＞8.5	＞200	＞150

5　技术要求

5.1　原料要求

原料应符合各类原料标准的规定，不得使用发霉变质的原料和未经国家批准在配合饲料中使用的添加剂。

5.2　感官要求

5.2.1　外观：色泽均匀，膨化饲料颗粒大小一致，表面平整；无发霉、变质、结块现象，不得夹有杂物，不得有虫寄生。

5.2.2　气味：具鱼腥味，无霉变、酸败、焦灼等异味。

5.2.3　粘弹性能：膨化饲料吸水膨胀后具有良好的粘弹性。

5.2.4　水中稳定性：膨化饲料在水中吸水膨胀后95%以上的饲料颗粒不开裂、表面不出现脱皮现象。

5.3　加工质量指标

加工质量指标应符合表2的要求。

表 2　蛙类配合饲料加工质量指标　　%

加工质量	蝌蚪饲料	仔蛙饲料	幼蛙饲料	成蛙饲料
原料粉碎粒度(筛上物)	≤5.0[a]		≤5.0[b]	
混合均匀度(变异系数)	≤10.0			
膨化饲料浮水率	≥90.0		≥98.0	

a　采用"φ200×50－0.180/0.125试验筛"筛分(GB/T 6003.1—1997)。

b　采用"φ200×50－0.250/0.160试验筛"筛分(GB/T 6003.1—1997)。

5.4　主要营养成分指标

主要营养成分指标应符合表3的规定。

表 3　主要营养成分指标　　%

营养成分	蝌蚪料	仔蛙料	幼蛙料	成蛙料
粗蛋白质	≥41.0		≥38.0	≥35.0
粗脂肪	≥4.0			
粗纤维	≤4.0			
水分	≤10.0			
钙	≤4.5			
总磷	≥1.2			
粗灰分	≤15.0			
食盐	—			
赖氨酸	≥2.1		≥1.9	≥1.7

5.5 卫生指标

卫生指标应符合 NY 5072 的规定。

6 试验方法

6.1 感官性状的检测

将样品放在洁净的白瓷盘内，在无外界干扰的条件下，由正常感官目测、鼻嗅、手感等方法，按 5.2.1 和 5.2.2 的要求评定颗粒的质量。

6.2 膨化饲料粘弹性的检验

取一份蛙类膨化饲料放入已备好的网框中，网框置于盛水的容器中，淡水水温为 25℃～28℃，待浸泡 30 min，取出网框，将框内的饲料做手感实验，用食指轻压单个饲料不裂开，且当松手后饲料能基本恢复原状，则具有良好的粘弹性。

6.3 饲料水中稳定性的测定

取一份蛙类膨化饲料投入盛有淡水的容器中，浸泡约 60 min 以上，待饲料完全膨胀后，观察饲料颗粒是否开裂或者表层是否出现脱皮现象。

6.4 原料粉碎粒度的测定

采用"ϕ200×50－0.180/0.125 试验筛"(GB/T 6003.1—1997)和"ϕ200×50－0.250/0.160 试验筛"(GB/T 6003.1—1997)筛分，参照 GB/T 5917 标准执行后，再用长毛刷轻轻刷动至不能筛下为止，将毛刷在筛上轻轻敲打五下，以抖落其所带物料。

6.5 混合均匀度的测定

按 GB/T 5918 规定进行检验。

6.6 膨化饲料浮水率的测定

随机抽取 50 粒～100 粒样品，将样品撒入盛水的容器中(容器直径 20 cm 左右，深度 5 cm 以上)，观察饲料的上浮情况，经 30 min 后计算漂浮的样品颗粒数量占样品总量的百分率。

6.7 粗蛋白质的测定

按 GB/T 6432 规定执行。

6.8 粗脂肪的测定

按 GB/T 6433 规定执行。

6.9 粗纤维的测定

按 GB/T 6434 规定执行。

6.10 水分的测定

按 GB/T 6435 规定执行。

6.11 钙的测定

按 GB/T 6436 规定执行。

6.12 总磷量的测定

按 GB/T 6437 规定执行。

6.13 粗灰分的测定

按 GB/T 6438 规定执行。

6.14 赖氨酸的测定

按 GB/T 15398 规定执行。

6.15 卫生指标的检验

按 NY 5072 规定执行。

7 检验规则

7.1 取样

7.1.1 批的组成

以一个班次生产的同一产品为一个检验批。

7.1.2 抽样方法

产品的抽样按 GB/T 14699.1 中的规定执行。

7.2 检验分类

7.2.1 出厂检验

对标准中规定的感官指标、粘弹性、水中稳定性、浮水率、粗蛋白质、水分进行检验。

7.2.2 型式检验

有下列情况之一时，进行型式检验：

——新产品投产时；

——工艺、配方较大改变，可能影响产品性能时；

——正常生产时，每年至少一次；

——长期停产后，恢复生产时；

——出厂检验结果与上次型式检验有较大差异时；

——国家质量监督机构提出进行型式检验的要求时。

7.3 判定规则

检验中如有霉变、酸败、生虫等现象时，则判定该产品不合格。其他指标，若有一项指标不符合规定，应进行复检。复检结果中如有一项仍不符合指标要求，则判定该产品不合格。

8 标志、包装、运输、贮存

8.1 标签

产品标签按 GB 10648 有关规定执行，其中食盐含量不作要求。

8.2 包装

产品采用复合包装袋缝口包装，缝口应牢固，不得破损漏气。包装材料应具有防潮、防漏、抗拉性能。包装袋应清洁卫生、无污染、印刷字体端正清晰。使用过的包装袋不得回收重复使用。

8.3 运输

运输工具应清洁卫生，不得与化学药品、农药、煤炭、石灰、漂白粉等混装，防止引起污染，在运输中应防止曝晒、雨淋。

8.4 贮存

产品应贮存在干燥、阴凉、通风的仓库内，防止受潮、有害物质污染和鼠、虫等损害。

9 保质期限

在规定的运输和贮存条件下，产品的保质期限为 3 个月。

ICS 65.120
B54

中华人民共和国水产行业标准

SC/T 1066—2003

罗 氏 沼 虾 配 合 饲 料

Formulated feed of giant freshwater prawn

2003-07-30 发布　　2003-10-01 实施

中华人民共和国农业部　发 布

前　言

本标准由农业部渔业局提出。

本标准由全国水产标准化技术委员会淡水养殖分技术委员会归口。

本标准起草单位:广西壮族自治区水产研究所、国家水产品质量监督检验中心。

本标准主要起草人:张天来、梁万文、蒋伟明、李晓川、季文娟。

罗氏沼虾配合饲料

1 范围

本标准规定了罗氏沼虾[*Macrobrachium rosenbergii*(de Man)]配合饲料的产品分类、技术要求、试验方法、检验规则、标志、包装、运输和贮存。

本标准适用于罗氏沼虾配合饲料，其他淡水虾的配合饲料可参照执行。

2 规范性引用文件

下列文件中的条款通过本标准的引用而成为本标准的条款。凡是注日期的引用文件，其随后所有的修改单(不包括勘误的内容)或修订版均不适用于本标准，然而，鼓励根据本标准达成协议的各方研究是否可使用这些文件的最新版本。凡是不注日期的引用文件，其最新版本适用于本标准。

GB/T 191 包装储运图示标志(GB/T 191—2000,eqv ISO 780:1997)

GB/T 5917 配合饲料粉碎粒度测定法

GB/T 5918 配合饲料混合均匀度的测定

GB/T 6003.1—1997 金属丝编织网试验筛

GB/T 6432 饲料中粗蛋白测定方法(GB/T 6432—1994,eqv ISO 5983:1979)

GB/T 6433 饲料粗脂肪测定方法(GB/T 6433—1994,eqv ISO 5983:1979)

GB/T 6434 饲料中粗纤维测定方法(GB/T 6434—1994,eqv ISO 5983:1979)

GB/T 6435 饲料水分的测定方法(GB/T 6435—1986,neq ISO 6496:1983)

GB/T 6436 饲料中钙的测定

GB/T 6437 饲料中总磷的测定 分光光度法

GB/T 6438 饲料中粗灰分的测定方法(GB/T 6438—1992,idt ISO 5984:1978)

GB/T 6439 饲料中水溶性氯化物的测定方法

GB 9969.1 工业产品使用说明书 总则

GB 10648 饲料标签

GB/T 14699.1 饲料采样方法(GB/T 14699.1—1993,neq ISO 7002:1986)

GB/T 16765 颗粒饲料通用技术条件

GB/T 18246 饲料中氨基酸的测定

NY 5072 无公害食品 渔用配合饲料安全限量

3 产品分类

罗氏沼虾配合饲料产品分类与规格应符合表1的要求。

表1 罗氏沼虾配合饲料产品分类与规格

产品类别	粒径/mm	形状	适宜投喂虾的体长/cm
幼虾料	0.3～1.0	多角形[a]	0.7～4.0
中虾料	1.6～2.0	圆柱[b]	4.1～8.0
成虾料	2.1～2.5	圆柱	>8.0

a 多角形为破碎筛分后的碎粒。

b 圆柱颗粒的长度为粒径的1倍～3倍。

4 技术要求

4.1 原辅料要求

按 NY 5072 的规定执行。

4.2 感官要求

色泽一致，颗粒均匀，表面光滑；无发霉，无异味，无杂物，无结块和无虫卵滋生。

4.3 加工质量指标

加工质量指标应符合表 2 的要求。

表 2 罗氏沼虾配合饲料加工质量指标

项 目		指 标
原料粉碎粒度(筛上物)/(%)	筛孔尺寸 0.425 mm 试验筛	≤5
	筛孔尺寸 0.250 mm 试验筛	≤15
混合均匀度(*CV*)/(%)		≤10
含 粉 率/(%)		≤1.0
水中稳定性(散失率)/(%)		≤12.0

4.4 营养成分指标

主要营养成分指标应符合表 3 的规定。

表 3 罗氏沼虾配合饲料主要营养成分指标 %

饲料类别	水分	粗蛋白质	粗脂肪	粗纤维	粗灰分	钙	总磷	食盐	赖氨酸	含硫氨基酸
幼虾料	≤12.0	≥36.0	≥3.0	≤5.0	≤18.0	≤4.0	≥1.0	≤3.0	≥1.5	≥0.8
中虾料	≤12.0	≥32.0	≥3.0	≤5.0	≤18.0	≤4.0	≥1.0	≤3.0	≥1.3	≥0.6
成虾料	≤12.0	≥30.0	≥3.0	≤5.0	≤18.0	≤4.0	≥1.0	≤3.0	≥1.2	≥0.4
注：含硫氨基酸为蛋氨酸+0.6×胱氨酸。										

4.5 安全卫生指标

安全卫生指标应符合 NY 5072 的规定。

5 试验方法

5.1 感官检验

将样品放在洁净白色瓷盘内，在无异味的环境下，通过正常的感官检验进行评定。

5.2 原料粉碎粒度的测定

准确称取经粉碎后的原料 100 g，根据 GB/T 6003.1—1997 选取筛孔尺寸为 0.425 mm 和 0.250 mm 的试验筛，按 GB/T 5917 规定的方法执行。

5.3 混合均匀度的测定

按 GB/T 5918 规定执行。

5.4 含粉率的测定

按 GB/T 16765 规定执行。

5.5 水中稳定性(散失率)的测定

5.5.1 仪器和设备

a) 天平：感量为 0.01 g；

b) 恒温烘干箱；

c）孔径为 0.850 mm 的金属筛网制作的网框（高为 6.5 cm，直径为 6.5 cm，呈圆筒形）；

d）刻度尺：精度为 0.1 cm；

e）温度计：精度为 0.1℃；

f）秒表。

5.5.2 步骤

称取 10 g 试料（准确至 0.1 g）放入已备好的圆筒形网筛内，然后置于水深为 5.5 cm 的容器中，水温为（25±2）℃，浸泡 120 min 后，把网筛从水中缓慢提升至水面，又缓慢沉入水中，使饲料离开筛底，如此反复三次，取出网筛，斜放沥干附水，把网筛内的饲料置于 105℃烘箱内烘干至恒重。同时，称取一份未浸水的同样的试料，置于 105℃烘箱内烘干至恒重，再分别称量。

5.5.3 计算

按式（1）计算。

$$S = \frac{m_1 - m_2}{m_1} \times 100 \quad \cdots\cdots (1)$$

式中：

S——散失率，%；

m_1——对照料烘干后质量，单位为克（g）；

m_2——浸泡料烘干后质量，单位为克（g）。

5.5.4 数据处理

每个试样取两个平行样进行测定，以算术平均值为结果，数值表示至一位小数，允许相对误差为 4%。

5.6 粗蛋白的测定

按 GB/T 6432 执行。

5.7 粗脂肪的测定

按 GB/T 6433 执行。

5.8 粗纤维的测定

按 GB/T 6434 执行。

5.9 水分的测定

按 GB/T 6435 执行。

5.10 钙的测定

按 GB/T 6436 执行。

5.11 总磷的测定

按 GB/T 6437 执行。

5.12 粗灰分的测定

按 GB/T 6438 执行。

5.13 食盐的测定

按 GB/T 6439 执行。

5.14 赖氨酸的测定

按 GB/T 18246 执行。

5.15 含硫氨基酸的测定

按 GB/T 18246 执行。

5.16 安全卫生指标的检验

按 NY 5072 的规定执行。

6 检验规则

6.1 抽样与组批规则

6.1.1 批的组成

按一个班次生产的成品为一个检验批。

6.1.2 抽样方法

按 GB/T 14699.1 执行。

6.2 检验分类

6.2.1 出厂检验

出厂检验的项目为:感官性状、含粉率、水分、粗蛋白质和包装、标志。

6.2.2 型式检验

有下列情况之一时,进行型式检验:

a) 新产品投产时;

b) 原料、配方、工艺有较大改变,可能影响产品性能时;

c) 正常生产时,定期或积累一定产量后,应周期性进行检验;

d) 长期停产后,恢复生产时;

e) 出厂检验结果与上次型式检验有较大差异时;

f) 国家质量监督机构提出进行型式检验的要求时。

6.3 产品合格判定

如产品有虫卵滋生、或已霉烂变质、或有明显的异味和结块,则判定该产品为不合格产品。其他指标若有不合格项,应在原样本中加倍取样复检,以复检结果为依据,若仍有不合格项,则判定该产品为不合格产品。

7 标志、包装、运输、贮存

7.1 标志

——储运图示标志按 GB/T 191 规定执行;

——销售产品的标签按 GB 10648 规定执行;

——产品使用说明书的编写必须符合 GB 9969.1 规定,包装应随带产品说明书,以说明产品的主要技术指标和使用要求。

7.2 包装

包装材料应具有防潮、防漏、抗拉性能;产品采用复合包装袋缝合包装,缝合应牢固,不得破损漏气;包装袋应清洁卫生、无污染。

7.3 运输

产品运输时应注意防晒、防雨淋、防有毒物质污染;产品装卸时不能强烈摩擦、碰撞。

7.4 贮存

产品应贮存在阴凉、通风、干燥的库房内,防止受潮、鼠害、虫蛀和有毒物质污染。

在规定的贮存条件下,产品的保质期为三个月。

ICS 67.120.30
B 54

中华人民共和国水产行业标准

SC/T 2002—2002
代替 SC/T 2002—1994

对虾配合饲料

Formula feed for shrimp

2002-11-05 发布　　2002-12-20 实施

中华人民共和国农业部　发布

前　言

本标准对 SC/T 2002—1994《中国对虾配合饲料》进行修订。修订时，在格式上增加了前言；在内容上，对配合饲料理化指标中原料粉碎粒度、水中稳定性(散失率)、粗蛋白质、粗脂肪、粗纤维的指标值进行了调整，删除了酸碱度指标，增加了含粉率、钙、总磷和赖氨酸指标，卫生要求改为引用相关标准。

本标准由农业部渔业局提出。

本标准由全国水产标准化技术委员会海水养殖分技术委员会归口。

本标准起草单位：中国水产科学研究院黄海水产研究所、国家水产品质量检测中心、山东省渔业技术推广站、福州海马饲料有限公司。

本标准主要起草人：于东祥、陈四清、李晓川、翟毓秀、马爱军、常青、李鲁晶、王春生、翁祥斌。

对虾配合饲料

1 范围

本标准规定了对虾配合饲料的产品分类、要求、试验方法、检验规则及标签、包装、运输、贮存。

本标准适用于中国对虾(*Penaeus chinensis* Osbeck)、南美白对虾(*Penaeus vannamei* Boone)、斑节对虾(*Penaeus monodon* Fabricius)、日本对虾(*Penaeus japonicus* Bate)配合饲料，其他对虾配合饲料也可参照使用。

2 规范性引用文件

下列文件中的条款通过本标准的引用而成为本标准的条款。凡是注日期的引用文件，其随后所有的修改单(不包括勘误的内容)或修订版均不适用于本标准，然而，鼓励根据本标准达成协议的各方研究是否可使用这些文件的最新版本。凡是不注日期的引用文件，其最新版本适用于本标准。

GB/T 5917 配合饲料粉碎粒度测定法

GB/T 5918 配合饲料混合均匀度的测定

GB/T 6003.1—1997 金属丝编织网试验筛

GB/T 6432 饲料中粗蛋白测定方法

GB/T 6433 饲料粗脂肪测定方法

GB/T 6434 饲料中粗纤维测定方法

GB/T 6435 饲料水分的测定方法

GB/T 6436 饲料中钙的测定方法

GB/T 6437 饲料中总磷量的测定方法 光度法

GB/T 6438 饲料中粗灰分的测定方法

GB 10648 饲料标签

GB/T 14699.1 饲料采样方法

GB/T 18246 饲料中氨基酸的测定

NY 5072 无公害食品 渔用配合饲料安全限量

3 产品分类

配合饲料分为养殖前期配合饲料、养殖中期配合饲料、养殖后期配合饲料三类(见表1)。

表1 配合饲料产品分类

编号	产品种类	养殖对虾体长/cm	粒径/mm	粒长/mm
01	养殖前期配合饲料	0.7～3.0	0.5～1.5	为粒径的2倍～3倍
02	养殖中期配合饲料	3.1～8.0	1.6～2.0	
03	养殖后期配合饲料	>8.0	2.1～2.5	

4 要求

4.1 感官性状

具有饲料的正常气味，呈颗粒状，色泽一致，表面光滑，无裂纹，切口整齐，大小均匀，无酸败、油烧等异味，无发霉变质、结块现象，无虫害。

4.2 理化指标

理化指标应符合表2的要求。

表2 配合饲料理化指标 %

项目		指标
原料粉碎粒度（筛上物）	0.425 mm 孔径试验筛	≤2
	0.250 mm 孔径试验筛	≤5
混合均匀度（变异系数）		≤10
水中稳定性（散失率）		≤10
粉化率		≤3
水分		≤11
粗蛋白质	中国对虾、日本对虾	≥38
	斑节对虾	≥35
	南美白对虾	≥28
赖氨酸	中国对虾、日本对虾	≥2.0
	斑节对虾	≥1.8
	南美白对虾	≥1.4
粗脂肪		≥4
粗纤维		≤6
粗灰分		≤16
钙		≤5
总磷		≥1.2

4.3 安全卫生指标

安全卫生指标应符合 NY 5072 的规定。

5 试验方法

5.1 感官性状

将样品放在白色瓷盘内，在无外界干扰的条件下，通过正常的感官检验进行评定。

5.2 原料粉碎粒度的测定

根据 GB/T 6003.1 选取孔径为 0.425 mm 和 0.250 mm 的试验筛,按 GB/T 5917 的方法执行。

5.3 混合均匀度的测定

按 GB/T 5918 执行。

5.4 水中稳定性的测定

5.4.1 仪器和设备

天平:感量为 0.01 g。

孔径为 0.450 mm(用于粒径小于 1.5 mm 的对虾饲料)、0.850 mm(用于粒径等于和大于 1.5 mm 的对虾饲料)的金属筛网分别制作的网筛(高 6.5 cm,直径为 6.5 cm,呈圆桶形)。

刻度尺:精度为 0.1 cm。

温度计:精度 0.1℃。

秒表。

恒温电热烘箱:105℃±2℃。

干燥器。

5.4.2 测定步骤

称取对虾配合饲料试样三份,每份 10 g,先取一份(对照样)在烘箱内 105℃烘至恒重。将另外 2 份(试验样)作平行试验:分别放入已备好的网筛中,网筛置于内盛 5.5 cm 深的海水之容器中;海水水温为 25℃～28℃,盐度为 20～30,海水也可用 2.5%～2.8%氯化钠溶液代替;待浸泡到 2 h,把网筛从底部至水面提动上下各三次,下沉时使饲料离开网筛底面,然后取出网筛,把网筛内饲料置 105℃烘箱烘至恒重;取算术平均值,允许相对偏差为 4%。水中稳定性用散失率表示,按式(1)计算。

$$C=\frac{m_0-m}{m_0}\times 100 \qquad \cdots\cdots(1)$$

式中:

C——散失率,%;

m_0——烘干后对照样质量,单位为克(g);

m——烘干后试验样质量,单位为克(g)。

5.5 含粉率的测定

5.5.1 仪器

天平:感量为 0.1 g。

试验筛:Φ 200 mm×50—0.5/0.36。

震荡机。

5.5.2 实验步骤

称取 250 g 待检样品,放入试验筛,在震荡机上筛 5 min,将筛下物称量。

5.5.3 计算

含粉率按式(2)计算。

$$\Phi_1=\frac{m_2}{m_1} \qquad \cdots\cdots(2)$$

式中:

Φ_1——样品含粉率,%;

m_1——样品质量,单位为克(g);

m_2——筛下物质量,单位为克(g)。

5.6 水分的测定

按 GB/T 6435 的规定执行。

5.7 粗蛋白质的测定

按GB/T 6432的规定执行。

5.8 粗脂肪的测定

按GB/T 6433的规定执行。

5.9 粗纤维的测定

按GB/T 6434的规定执行。

5.10 粗灰分的测定

按GB/T 6438的规定执行。

5.11 钙的测定

按GB/T 6436的规定执行。

5.12 总磷的测定

按GB/T 6437的规定执行。

5.13 赖氨酸的测定

按GB/T 18246的规定执行。

5.14 安全卫生指标的测定

安全卫生指标的测定按NY 5072的规定执行。

6 检验规则

6.1 检验分类

6.1.1 出厂检验

对标准中规定的感官性状、水分、粗蛋白质、包装、标签进行检验。

6.1.2 型式检验

有下列情况之一时进行型式检验：

——新产品投产时；

——材料、配方、工艺有较大改变，可能影响产品性能时；

——正常生产时，定期或积累一定产量后，应周期性地进行检验，每年不少于一次；

——停产60天后，恢复生产时；

——出厂检验结果与上次型式检验有较大差异时；

——国家质量监督检验机构提出进行型式检验的要求时。

6.2 取样

6.2.1 批的组成

生产企业至少应以一天生产的同一产品为一个检验批；在销售或用户处按产品出厂包装的标示批号抽样。

6.2.2 抽样方法

产品抽样按GB/T 14699.1规定执行。

6.3 判定规则

检验结果中如卫生指标不符合要求或有霉变、酸败、结块、寄生虫时，则判定该产品不合格；其他指标若有不合格项，应在原样本中重新抽样复检，以复检结果为准，若仍有不合格项，则判定该产品为不合格。

7 标签、包装、运输、贮存

7.1 标签

产品标签按 GB 10648 规定执行。

7.2 包装、运输、贮存

7.2.1 对虾配合饲料的包装、运输和贮存，应符合保质、保量、运输安全和分类分等贮存的要求，防止变质和污染。

7.2.2 包装应随带产品说明书，以说明产品的主要技术指标和使用要求。

7.3 保质期

产品保质期为 3 个月。

前　　言

为了规范牙鲆配合饲料的生产、管理和销售，加强对牙鲆配合饲料产品的监督检验，提高产品质量，特制定本标准。

本标准吸取了国内外有关科研成果和生产经验。

本标准为首次制定。

本标准由农业部渔业局提出。

本标准由全国水产标准化技术委员会海水养殖分技术委员会归口。

本标准起草单位：中国水产科学研究院黄海水产研究所、山东省渔业技术推广站。

本标准主要起草人：于东祥、陈四清、王春生、李晓川、马爱军、雷霁霖。

中华人民共和国水产行业标准

牙鲆配合饲料

SC/T 2006—2001

Formula feed of flounder

1 范围

本标准规定了牙鲆(*Paralichthys olivaceus* T & S.)配合饲料的分类、技术要求、试验方法、检验规则和标签、包装、运输、储存要求。

本标准适用于牙鲆配合饲料生产和检验。

2 引用标准

下列标准所包含的条文,通过在本标准中引用而构成为本标准的条文。本标准出版时,所示版本均为有效。所有标准都会被修订,使用本标准的各方应探讨使用下列标准最新版本的可能性。

GB/T 5009.45—1996 水产品卫生标准的分析方法
GB/T 5917—1986 配合饲料粉碎粒度测定方法
GB/T 5918—1997 配合饲料混合均匀度的测定
GB/T 6432—1994 饲料中粗蛋白测定方法
GB/T 6433—1994 饲料粗脂肪测定方法
GB/T 6434—1994 饲料中粗纤维测定方法
GB/T 6435—1986 饲料水分的测定方法
GB/T 6436—1992 饲料中钙的测定方法
GB/T 6437—1992 饲料中总磷量的测定方法 光度法
GB/T 6438—1992 饲料中粗灰分的测定方法
GB 10648—1999 饲料标签
GB/T 13080—1991 饲料中铅的测定方法
GB/T 13081—1991 饲料中汞的测定方法
GB/T 13082—1991 饲料中镉的测定方法
GB/T 13091—1991 饲料中沙门氏菌的检验方法
GB/T 13092—1991 饲料中霉菌的检验方法
GB/T 13093—1991 饲料中细菌总数的测定方法
GB/T 14699.1—1993 饲料采样方法
GB/T 17480—1998 饲料中黄曲霉毒素 B_1 的测定 酶联免疫吸附法
SC/T 3501—1996 鱼粉

3 产品规格分类

牙鲆配合饲料分为稚鱼配合饲料、苗种配合饲料、成鱼配合饲料三种。产品规格分类和适用范围见表1。

中华人民共和国农业部 2001-06-01 批准　　2001-10-01 实施

表 1 产品规格

产品类别	稚鱼配合饲料	苗种配合饲料	养成配合饲料
适用鱼的全长 cm	<5.0	5.0～15.0	>15.0

4 技术要求

4.1 感官要求

感官要求见表 2。

表 2 感官要求

产品类别 项目	稚鱼配合饲料	苗种配合饲料	养成配合饲料
气味	具有饲料正常气味，无酸败、油烧等异味		
外观	色泽均匀一致，无发霉、变质、结块现象，饲料无虫害		

4.2 理化指标

理化指标见表 3。

表 3 理化指标 %

产品类别 项目	稚鱼配合饲料	苗种配合饲料	养成配合饲料
原料粉碎粒度 ≤ (筛上物)	0.20 mm 孔试验筛 5.0	0.25 mm 孔试验筛 2.0	0.25 mm 孔试验筛 5.0
混合均匀度 ≤ (变异系数)	8.0	10.0	10.0
散失率 ≤	4.0	4.0	4.0
粗蛋白 ≥	50	45	40
粗脂肪 ≥	6.5	5.5	4.5
粗纤维 ≤	1	2	3
粗灰分 ≤	15	16	16
水分 ≤	10	10	10
钙 ≤	4	4	4
总磷 ≥	1.5	1.5	1.2
砂分 ≤ (盐酸不溶物)	2.2	2.2	2.2

4.3 卫生指标

卫生指标应符合表 4 的要求。

表 4 卫生指标

项 目	允许量
无机砷(以 As 计),mg/kg	≤3
铅(以 Pb 计),mg/kg	≤5
汞(以 Hg 计),mg/kg	≤0.3
镉(以 Cd 计),mg/kg	≤1.0

表 4(完)

项　　目	允许量
黄曲霉毒素 B_1,mg/kg	≤0.01
霉菌总数(不含酵母菌),cfu/g	≤4.0×10^4
细菌总数,cfu/g	<2×10^6
沙门氏菌,cfu/g	不得检出

4.4　对激素、药物和添加剂的规定

饲料中不得添加国家禁止和未公布允许在配合饲料中使用的激素、药物和添加剂。

5　试验方法

5.1　感官指标检验

将样品放在洁净的白瓷盘内,在无异味干扰的条件下,通过正常的感官检验进行评定。

5.2　理化指标检验

5.2.1　饲料原料粉碎粒度的测定

选用相应孔径的标准试验筛,参照 GB/T 5917 方法操作后再用长毛刷轻轻刷动,直到不能筛下粉料为止,将毛刷在筛框上轻轻敲动,以振落其所带物料。称量并计算筛上物。

5.2.2　混合均匀度的测定按 GB/T 5918 中的氯离子选择性电极法执行。

5.2.3　散失率的测定

5.2.3.1　仪器和设备

a) 天平:感量为 0.01 g。

b) 稚鱼饲料用孔径为 0.20 mm、苗种饲料用孔径为 0.25 mm、养成鱼饲料用孔径为 0.25 mm 的金属筛网制作的网框(高 6.5 cm,直径为 6.5 cm,呈圆筒形)。

c) 刻度尺:精度为 0.1 cm。

d) 温度计:精度为 0.1℃。

e) 秒表。

f) 恒温电热烘箱:(105±2)℃。

g) 干燥器。

5.2.3.2　测定步骤

在测定牙鲆干颗粒配合饲料散失率时,准确称取牙鲆配合饲料 10 g 放入已备好的网框中,网框置于内盛 5.5 cm 深海水容器中。海水水温(20±0.5)℃,盐度为 28‰～33‰,海水也可以用 2.8%～3.3% 的氯化钠溶液代替。待浸泡 0.5 h,把筛框从底部至水面提动上下各一次,下沉时使饲料离开筛框底面,然后取出网框,把网框饲料置 105℃烘箱烘至恒重。另取该样品未浸水饲料,测其含水量,并按式(1)计算散失率:

$$D(\%) = \frac{G(1-X)-W}{G(1-X)} \qquad \cdots\cdots(1)$$

式中:D——散失率;

G——用作试样的配合饲料重量,g;

X——水分百分含量;

W——烘干后的网框内饲料重量,g。

每个试样应取两个平行样进行测定,以其算术平均值为结果。允许相对偏差为 4%。

5.2.4　粗蛋白的测定按 GB/T 6432 规定执行。

5.2.5　粗脂肪的测定按 GB/T 6433 规定执行。

5.2.6 粗纤维的测定按 GB/T 6434 规定执行。

5.2.7 粗灰分的测定按 GB/T 6438 规定执行。

5.2.8 水分的测定按 GB/T 6435 规定执行。

5.2.9 总钙量的测定按 GB/T 6436 规定执行。

5.2.10 总磷量的测定按 GB/T 6437 规定执行。

5.2.11 砂分的测定按 SC/T 3501—1996 中 5.9 的规定执行。

5.3 卫生指标检验

5.3.1 无机砷的测定按 GB/T 5009.45 规定执行。

5.3.2 铅的测定按 GB/T 13080 规定执行。

5.3.3 汞的测定按 GB/T 13081 规定执行。

5.3.4 镉的测定按 GB/T 13082 规定执行。

5.3.5 黄曲霉毒素 B_1 的测定按 GB/T 17480 规定执行。

5.3.6 霉菌数的测定按 GB/T 13092 规定执行。

5.3.7 细菌总数的测定按 GB/T 13093 规定执行。

5.3.8 沙门氏菌的测定按 GB/T 13091 规定执行。

6 检验规则

6.1 检验分类

6.1.1 出厂检验

对标准中规定的感官指标、水分、散失率、混合均匀度、粗蛋白、粗脂肪、灰分、粗纤维及包装、标签进行检验。

6.1.2 型式检验

有下列情况之一时进行型式检验：

a）新产品投产时；

b）材料、配方、工艺有较大改变，可能影响产品性能时；

c）正常生产时，定期或积累一定产量后周期性地进行检验（每年至少两次）；

d）停产 90 天后，恢复生产时；

e）出厂检验与上次型式检验有较大差异时；

f）国家质量监督检验机构提出进行型式检验的要求时。

6.2 取样

6.2.1 批的组成

生产企业中以一个班次生产的产品为一个检验批，在销售或用户处按产品出厂包装的标示批号抽样。

6.2.2 抽样方法

产品的抽样按 GB/T 14699.1 的规定执行。

对待检产品按批号随机取样，每批号产品抽样袋数比不得低于 1%，取样袋数最少不低于 5 袋；对制造日期不同、批号两个以上的产品，取样袋数比不得低于 3%，取样袋数不低于 9 袋。总抽样量不少于 5 000 g。把样品按四分法缩分至 1 500 g，分为三份，一份用作检测，两份储存备查。

6.2.3 抽样记录

抽样记录内容包括：样品名称、型号、抽样时间、地点、产品批号、抽样数量、抽样人签字等。

6.3 判定规则

检验结果中如卫生指标不符合要求或有霉变、酸败、结块、生虫时，则判定该产品不合格。其他指标若有不合格项，应在原样本中加倍取样复检，以复检结果为准，若仍有不合格项，则判定该产品为不合格产品。

7 标签、包装、运输、储存

7.1 标签

按 GB 10648 的有关规定执行。应标明保质期。

7.2 包装、运输、储存

7.2.1 牙鲆配合饲料的包装、运输和储存，必须符合保质、保量、运输安全和分类分等储存的要求，严防污染。

7.2.2 包装应随带产品说明书，以说明产品的主要性能和使用要求。

前　　言

为了规范真鲷配合饲料的生产、管理和销售，加强对真鲷配合饲料产品的监督检验，提高产品质量，特制定本标准。

本标准吸取了国内外有关科研成果和生产经验。

本标准系首次制定。

本标准由农业部渔业局提出。

本标准由全国水产标准化技术委员会海水养殖分技术委员会归口。

本标准起草单位：中国水产科学研究院黄海水产研究所、山东省渔业技术推广站、福州保税区天农科技开发有限公司。

本标准主要起草人：于东祥、陈四清、王春生、李晓川、常青、唐光钤、雷霁霖、杨葆根。

中华人民共和国水产行业标准

真鲷配合饲料

SC/T 2007—2001

Formula feed of sea bream

1 范围

本标准规定了真鲷(*Pagrosomus major Temminck et Schlegel*)配合饲料的分类、技术要求、试验方法、检验规则和标签、包装、运输、储存要求。

本标准适用于真鲷配合饲料的生产和检验。

2 引用标准

下列标准所包含的条文,通过在本标准中引用而构成为本标准的条文。本标准出版时,所示版本均为有效。所有标准都会被修订,使用本标准的各方应探讨使用下列标准最新版本的可能性。

GB/T 5009.45—1996 水产品卫生标准的分析方法

GB/T 5917—1986 配合饲料粉碎粒度测定方法

GB/T 5918—1997 配合饲料混合均匀度的测定

GB/T 6432—1994 饲料中粗蛋白测定方法

GB/T 6433—1994 饲料粗脂肪测定方法

GB/T 6434—1994 饲料中粗纤维测定方法

GB/T 6435—1986 饲料水分的测定方法

GB/T 6436—1992 饲料中钙的测定方法

GB/T 6437—1992 饲料中总磷量的测定方法 光度法

GB/T 6438—1992 饲料中粗灰分的测定方法

GB 10648—1999 饲料标签

GB/T 13080—1991 饲料中铅的测定方法

GB/T 13081—1991 饲料中汞的测定方法

GB/T 13082—1991 饲料中镉的测定方法

GB/T 13091—1991 饲料中沙门氏菌的检验方法

GB/T 13092—1991 饲料中霉菌的检验方法

GB/T 13093—1991 饲料中细菌总数的测定方法

GB/T 14699.1—1993 饲料采样方法

GB/T 17480—1998 饲料中黄曲霉毒素 B_1 的测定 酶联免疫吸附法

SC/T 3501—1996 鱼粉

3 产品规格分类

真鲷配合饲料分为稚鱼配合饲料、苗种配合饲料、养成配合饲料三种。各种配合饲料适用鱼的全长见表1。

中华人民共和国农业部2001-06-01批准 2001-10-01实施

表 1 产品规格

产品类别	稚鱼配合饲料	苗种配合饲料	养成配合饲料
适用鱼全长 cm	<2.0	2.0～10.0	>10.0

4 技术要求

4.1 感官要求

感官要求见表 2。

表 2 感官要求

项目 \ 产品类别	稚鱼配合饲料	苗种配合饲料	养成配合饲料
气味	具有饲料正常气味，无酸败、油烧等异味		
外观	色泽均匀一致，无发霉、变质、结块现象，饲料无虫害		

4.2 理化指标

理化指标见表 3。

表 3 理化指标 %

项目 \ 产品类别		稚鱼配合饲料	苗种配合饲料	养成配合饲料
原料粉碎粒度（筛上物）	≤	0.20 mm 孔试验筛 5.0	0.25 mm 孔试验筛 2.0	0.25 mm 孔试验筛 5.0
混合均匀度（变异系数）	≤	8.0	10.0	10.0
散失率	≤	4.0	4.0	4.0
粗蛋白	≥	48	42	38
粗脂肪	≥	5.5	4.5	4.5
粗纤维	≤	1.5	2.5	3.5
粗灰分	≤	15	16	16
水分	≤	10	10	10
钙	≤	4	4	4
总磷	≥	1.5	1.5	1.2
砂分（盐酸不溶物）	≤	2.2	2.2	2.2

4.3 卫生指标

卫生指标应符合表 4 的要求。

表 4 卫生指标

项目	允许量
无机砷（以 As 计），mg/kg	≤3
铅（以 Pb 计），mg/kg	≤5
汞（以 Hg 计），mg/kg	≤0.3
镉（以 Cd 计），mg/kg	≤1.0

表 4(完)

项　　目	允许量
黄曲霉毒素 B_1,mg/kg	≤0.01
霉菌总数(不含酵母菌),cfu/g	≤4.0×10^4
细菌总数,cfu/g	<2×10^6
沙门氏菌,cfu/g	不得检出

4.4 对激素、药物和添加剂的规定

饲料中不得添加国家禁止和未公布允许在配合饲料中使用的激素、药物和添加剂。

5 试验方法

5.1 感官指标检验

将样品放在洁净的白瓷盘内,在无异味干扰的条件下,通过正常的感官检验进行评定。

5.2 理化指标检验

5.2.1 饲料原料粉碎粒度的测定

选用相应孔径的标准试验筛,参照 GB/T 5917 方法操作后再用长毛刷轻轻刷动,直到不能筛下粉料为止,将毛刷在筛框上轻轻敲动,以振落其所带物料。称量并计算筛上物。

5.2.2 混合均匀度的测定按 GB/T 5918 中的氯离子选择性电极法执行。

5.2.3 散失率的测定

5.2.3.1 仪器和设备

a) 天平:感量为 0.01 g。

b) 稚鱼饲料用孔径为 0.20 mm、苗种鱼饲料用孔径为 0.25 mm、养成鱼饲料用孔径为 0.25 mm 的金属筛网制作的网框(高 6.5 cm,直径为 6.5 cm,呈圆筒形)。

c) 刻度尺:精度为 0.1 cm。

d) 温度计:精度为 0.1℃。

e) 秒表。

f) 恒温电热烘箱:(105±2)℃。

g) 干燥器。

5.2.3.2 测定步骤

在测定牙鲆干颗粒配合饲料散失率时,准确称取真鲷配合饲料 10 g 放入已备好的网框中,网框置于内盛 5.5 cm 深海水容器中。海水水温(20±0.5)℃,盐度为 28‰～33‰,海水也可以用 2.8%～3.3% 的氯化钠溶液代替。待浸泡到 0.5 h,把筛框从底部至水面提动上下各一次,下沉时使饲料离开筛框底面,然后取出网框,把网框饲料置 105℃烘箱烘至恒重。另取该样品未浸水饲料,测其含水量,并按式(1)计算散失率:

$$D(\%) = \frac{G(1-X)-W}{G(1-X)} \qquad \cdots\cdots(1)$$

式中:D——散失率;

G——用作试样的配合饲料重量,g;

X——水分百分含量;

W——烘干后的网框内饲料重量,g。

每个试样应取两个平行样进行测定,以其算术平均值为结果。允许相对偏差为 4%。

5.2.4 粗蛋白的测定按 GB/T 6432 规定执行。

5.2.5 粗脂肪的测定按 GB/T 6433 规定执行。

5.2.6 粗纤维的测定按GB/T 6434规定执行。

5.2.7 粗灰分的测定按GB/T 6438规定执行。

5.2.8 水分的测定按GB/T 6435规定执行。

5.2.9 总钙量的测定按GB/T 6436规定执行。

5.2.10 总磷量的测定按GB/T 6437规定执行。

5.2.11 砂分的测定按SC/T 3501—1996中5.9的规定执行。

5.3 卫生指标检验

5.3.1 无机砷的测定按GB/T 5009.45规定执行。

5.3.2 铅的测定按GB/T 13080规定执行。

5.3.3 汞的测定按GB/T 13081规定执行。

5.3.4 镉的测定按GB/T 13082规定执行。

5.3.5 黄曲霉毒素B_1的测定按GB/T 17480规定执行。

5.3.6 霉菌数的测定按GB/T 13092规定执行。

5.3.7 细菌总数的测定按GB/T 13093规定执行。

5.3.8 沙门氏菌的测定按GB/T 13091规定执行。

6 检验规则

6.1 检验分类

6.1.1 出厂检验

对标准中规定的感官指标、水分、散失率、混合均匀度、粗蛋白、粗脂肪、灰分、粗纤维及包装、标签进行检验。

6.1.2 型式检验

有下列情况之一时进行型式检验：

a）新产品投产时；

b）材料、配方、工艺有较大改变，可能影响产品性能时；

c）正常生产时，定期或积累一定产量后周期性地进行检验（每年至少两次）；

d）停产90天后，恢复生产时；

e）出厂检验与上次型式检验有较大差异时；

f）国家质量监督检验机构提出进行型式检验的要求时。

6.2 取样

6.2.1 批的组成

生产企业中以一个班次生产的产品为一个检验批，在销售或用户处按产品出厂包装的标示批号抽样。

6.2.2 抽样方法

产品的抽样按GB/T 14699.1规定执行。

对待检产品按批号随机取样，每批号产品抽样袋数比不得低于1%，取样袋数最少不低于5袋；对制造日期不同、批号两个以上的产品，取样袋数比不得低于3%，取样袋数不低于9袋。总抽样量不少于5 000 g。把样品按四分法缩分至1 500 g，分为三份，一份用作检测，两份储存备查。

6.2.3 抽样记录

抽样记录内容包括：样品名称、型号、抽样时间、地点、产品批号、抽样数量、抽样人签字等。

6.3 判定规则

检验结果中如卫生指标不符合要求或有霉变、酸败、结块、生虫时，则判定该产品不合格。其他指标若有不合格项，应在原样本中加倍取样复检，以复检结果为准，若仍有不合格项，则判定该产品为不合格产品。

7 标签、包装、运输、储存

7.1 标签

按 GB 10648 的有关规定执行。应标明保质期。

7.2 包装、运输、储存

7.2.1 真鲷配合饲料的包装、运输和储存，必须符合保质、保量、运输安全和分类分等储存的要求，严防污染。

7.2.2 包装应随带产品说明书，以说明产品的主要性能和使用要求。

饲料原料标准

前　言

我国对螺旋藻工业化生产的研究始于80年代，1993年后开始将科技成果产业化。目前已有年产约1 000 t干藻粉，占世界总产量的三分之一以上，其中饲料用螺旋藻粉约占30%左右。1995年以前，藻粉基本以原料形式出口日本、美国、欧洲等国家和地区。1996年以来，已有企业将藻粉加工成对虾、河蟹、鲍鱼等珍贵水产的饲饵料在国内销售，受到水产养殖者的欢迎。

本标准由中华人民共和国科学技术委员会提出。

本标准由全国饲料工业标准化技术委员会归口。

本标准负责起草单位：中国农村技术开发中心，参加起草单位：中国科学院水生生物研究所、广州南方螺旋藻有限公司、国内贸易部武汉科研设计研究院。

本标准主要起草人：李定梅、沈银武、董文、於德姣、陈丽芬、韩德明。

中华人民共和国国家标准

饲料用螺旋藻粉

GB/T 17243—1998

Feed grade spirulina powder

1 范围

本标准规定了饲料用螺旋藻粉的技术要求、试验方法、检验规则和标志、包装、运输、贮存要求。

本标准适用于大规模人工培养的钝顶螺旋藻(*Spirulina platensis*)或极大螺旋藻(*Spirulina maxima*)经瞬时高温喷雾干燥制成的螺旋藻粉。

2 引用标准

下列标准所包含的条文,通过在本标准中引用而构成为本标准的条文。本标准出版时,所示版本均为有效。所有标准都会被修订,使用本标准的各方应探讨使用下列标准最新版本的可能性。

GB/T 6432—94 饲料中粗蛋白测定方法

GB/T 6435—86 饲料水分的测定方法

GB/T 6438—92 饲料中粗灰分的测定方法

GB/T 10648—93 饲料标签

GB/T 13079—91 饲料中总砷的测定方法

GB/T 13080—91 饲料中铅的测定方法

GB/T 13081—91 饲料中汞的测定方法

GB/T 13082—91 饲料中镉的测定方法

GB/T 13091—91 饲料中沙门氏菌的检验方法

GB/T 13092—91 饲料中霉菌检测方法

GB/T 13093—91 饲料中细菌总数测定方法

GB/T 14698—93 饲料显微镜检测方法

3 定义

本标准采用下列定义。

螺旋藻 spirulina

属蓝藻门(Cyanophyta),颤藻目,颤藻科,螺旋藻属。属原核生物(Prokanyota),由于其植物体为螺旋形,因而称它为螺旋藻。它是由单细胞或多细胞组成的丝体,无鞘,圆柱形,呈疏松或紧密的有规则的螺旋状弯曲。细胞间的横隔壁常不明显,不收缢或收缢。顶端细胞圆形,外壁不增厚。目前世界上应用于生产的螺旋藻主要为钝顶螺旋藻(*Spirulina platensis*)和极大螺旋藻(*Spirulina maxima*)(见图 1)。

国家技术监督局 1998-03-06 批准 1998-10-01 实施

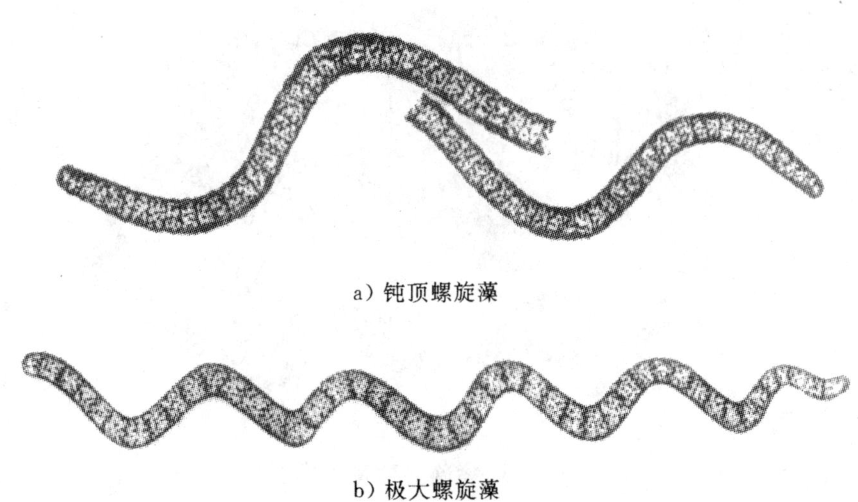

a）钝顶螺旋藻

b）极大螺旋藻

图 1 螺旋藻鲜藻显微镜下形态

4 要求

4.1 鉴别检查

4.1.1 形态描述：

螺旋藻在显微镜下的形态见定义。其干粉在显微镜下为紧密相连的螺旋形或环形和单个细胞或几个细胞相连的短丝体(见图 2)。

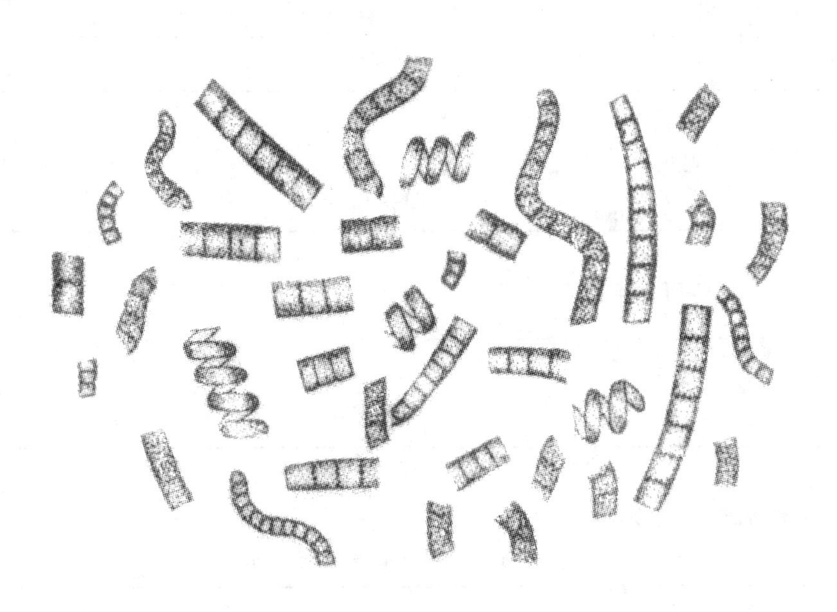

图 2 螺旋藻干粉显微镜下形态

4.1.2 螺旋藻细胞不少于 80%。

4.1.3 不得检出有毒藻类(微囊藻)。

微囊藻在显微镜下的形态为细胞球形，有时略椭圆形，排列紧密，无胶被。细胞呈浅蓝色、亮蓝绿色、橄榄绿色，常有颗粒和伪空泡(见图 3)。

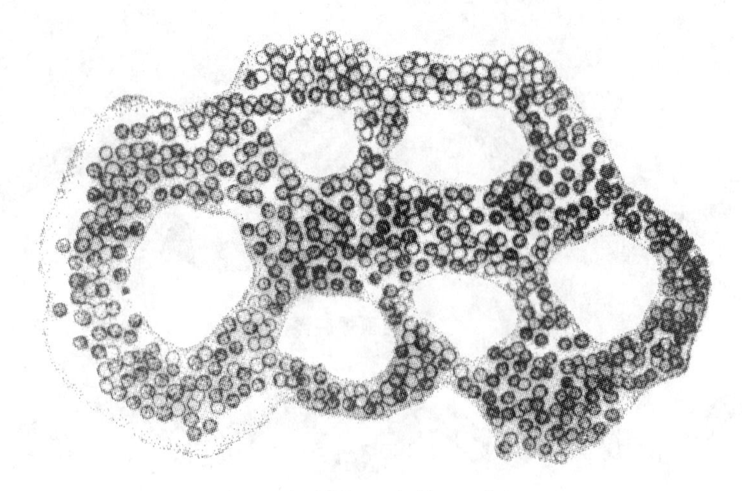

图 3　微囊藻显微镜下形态

4.2　感官要求

感官应符合表 1 的规定。

表 1　感官要求

项　　目	要　　求
色泽	蓝绿色或深蓝绿色
气味	略带海藻鲜味,无异味
外观	均匀粉末
粒度,mm	0.25

4.3　理化指标

理化指标应符合表 2 规定。

表 2　理化指标　　%(*m*/*m*)

项　　目		指　　标
水分	≤	7
粗蛋白质	≥	50
粗灰分	≤	10

4.4　重金属限量

重金属限量应符合表 3 的规定。

表 3　每千克产品重金属限量　　mg

项　　目		指　　标
铅	≤	6.0
砷	≤	1.0
镉	≤	0.5
汞	≤	0.1

4.5　微生物学要求

微生物学指标应符合表 4 的规定。

表 4 微生物学指标

项目		指标
菌落总数,个/g	≤	5×10^4
大肠菌群,个/100 g	≤	90
霉菌,个/g	≤	40
致病菌(沙门氏菌)	≤	不得检出

5 试验方法

5.1 感官检验

5.1.1 气味:嗅觉检验。

5.1.2 色泽、外观:自然光下目测。

5.1.3 鉴别检查:按 GB/T 14698 规定的方法检验。

5.2 理化检验

5.2.1 水分按 GB/T 6435 规定的方法测定。

5.2.2 粗蛋白质按 GB/T 6432 规定的方法测定。

5.2.3 粗灰分按 GB/T 6438 规定的方法测定。

5.3 重金属检验

5.3.1 砷按 GB/T 13079 规定的方法测定。

5.3.2 铅按 GB/T 13080 规定的方法测定。

5.3.3 镉按 GB/T 13082 规定的方法测定。

5.3.4 汞按 GB/T 13081 规定的方法测定。

5.4 微生物学检验

5.4.1 菌落总数按 GB/T 13093 规定的方法检验。

5.4.2 大肠菌群按 GB/T 4789.3 规定的方法检验。

5.4.3 沙门氏菌按 GB/T 13091 规定的方法检验。

5.4.4 霉菌按 GB/T 13092 规定的方法检验。

6 检验规则

6.1 组批

在同一批接种、采收、干燥、包装规格相同的产品为一个批次。

6.2 出厂检验

6.2.1 抽样方法及数量

在同一批次产品中,随机从 3 个以上的包装单位中各抽取 200 g,混合均匀后,取其中的 400 g 作试样。

6.2.2 出厂检验项目

感官、蛋白质、水分、灰分、菌落总数、霉菌和大肠菌群为每批必检项目,其他项目作不定期抽检。

6.3 型式检验

6.3.1 型式检验每一个生产周期进行一次。

在更换主要设备或主要工艺、长期停产再恢复生产、出厂检验结果与上次型式检验有较大差异、国家质量监督机构进行抽查时,其中任何一种情况,亦须进行型式检验。

6.3.2 抽检方法和数量

同 6.2.1。

6.3.3 型式检验项目

应包括 4.2 和 4.3 所有项目。

6.4 判定规则

6.4.1 出厂检验判定

菌落总数、大肠菌群不符合本标准,则判为不合格品;感官要求、蛋白质、水分、灰分中有一项不符合本标准,可加倍抽样复验,仍不符合本标准时,则判为不合格品。

6.4.2 型式检验判定

经检验微生物学指标中有一项不符合本标准,则判为不合格品;感官要求、理化指标和重金属限量,若有一项不符合本标准,可加倍抽样复验,仍不符合本标准时,则判为不合格品。

7 标签、包装、运输、贮存

7.1 标签

产品内外包装的标签应符合 GB/T 10648 的规定。

7.2 包装

产品内包装应用聚丙烯袋密封包装。外包装应用具有一定强度的包装袋进行包装,以免产品发生吸水变潮和防止在有效期期间内的变质现象。

7.3 贮存、运输

产品应存放于避光、干燥的专用仓库中,不得与有害、有毒物品同时贮存。运输时严格防雨、防潮、防晒。

7.4 保质期

符合 7.3 条的规定时,产品保质期不少于 18 个月。

ICS 65.120
B 46

中华人民共和国国家标准

GB/T 17890—2008
代替 GB/T 17890—1999

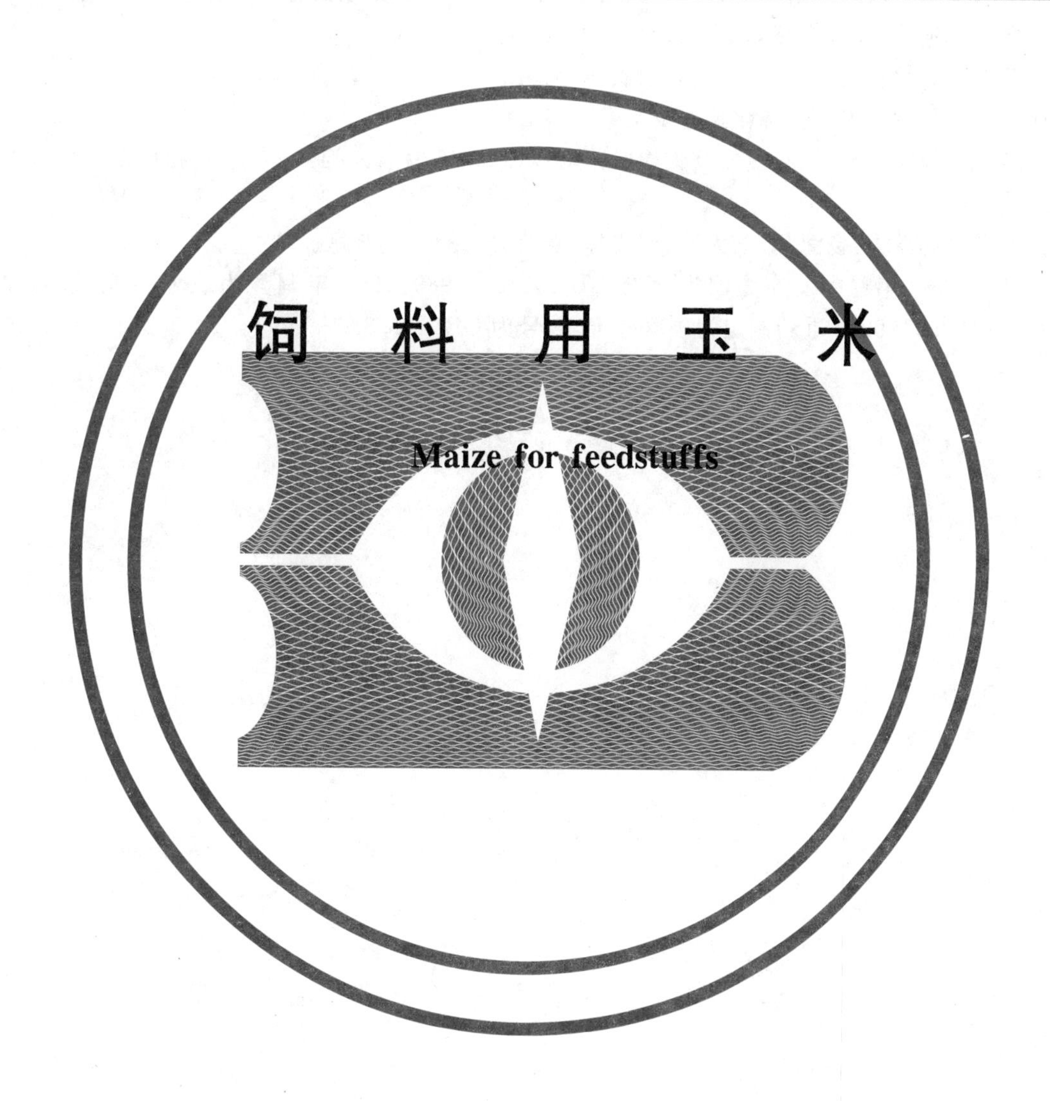

饲料用玉米

Maize for feedstuffs

2008-02-01 发布 2008-04-01 实施

中华人民共和国国家质量监督检验检疫总局
中国国家标准化管理委员会 发布

前　言

本标准是对 GB/T 17890—1999《饲料用玉米》的修订。

本标准与 GB/T 17890—1999 的主要差异如下：

——要求中对一级玉米增加了脂肪酸值要求；粗蛋白质取消分级指标，均为≥8%（干基）。

本标准自实施之日起，代替 GB/T 17890—1999。

本标准由国家粮食局、中华人民共和国农业部提出。

本标准由全国饲料工业标准化技术委员会归口。

本标准起草单位：国家饲料质量监督检验中心（武汉）、湖南唐人神集团、广西壮族自治区粮油质量监督检验站。

本标准主要起草人：杨海鹏、刘大建、郭吉原、黄晓赞、杨林、刘晓敏。

本标准于 1989 年首次发布为国家标准 GB 10363—1989，1997 年调整为农业行业标准，编号为 NY/T 114—1989，1999 年重新制定为国家标准，编号为 GB/T 17890—1999。

饲 料 用 玉 米

1 范围

本标准规定了饲料用玉米的定义、要求、抽样、检验方法、检验规则、包装、运输和贮存。

本标准适用于收购、贮存、运输、加工、销售的商品饲料用玉米。

2 规范性引用文件

下列文件中的条款通过本标准的引用而成为本标准的条款。凡是注日期的引用文件，其随后所有的修改单(不包括勘误的内容)或修订版均不适用于本标准，然而，鼓励根据本标准达成协议的各方研究是否可使用这些文件的最新版本。凡是不注日期的引用文件，其最新版本适用于本标准。

GB 1353 玉米

GB/T 6432 饲料中粗蛋白测定方法

GB/T 6435 饲料中水分和其他挥发性物质含量的测定

GB/T 15684 谷物制品脂肪酸值测定法

3 术语和定义

下列术语和定义适用于本标准。

3.1

容重 test weight

玉米籽粒在单位容积内的质量，以克/升(g/L)表示。

3.2

不完善粒 imperfect kernel

不完善粒包括下列受到损伤但尚有饲用价值的玉米粒。

3.2.1

虫蚀粒 injured kernel

被虫蛀蚀，伤及胚或胚乳的颗粒。

3.2.2

病斑粒 spotted kernel

粒面带有病斑，伤及胚或胚乳的颗粒。

3.2.3

破损粒 broken kernel

籽粒破损达到该籽粒体积五分之一以上的籽粒。

3.2.4

生芽粒 sprouted kernel

芽或幼根突破表皮的颗粒。

3.2.5

生霉粒 moldy kernel

粒面生霉的颗粒。

3.2.6

热损伤粒 heat-damaged kernel

受热后胚或胚乳已经显著变色和损伤的颗粒。

3.3

杂质 foreign matter

能通过直径3.0 mm圆孔筛的物质;无饲用价值的玉米;玉米以外的其他物质。

4 要求

4.1 色泽、气味正常。

4.2 杂质含量≤1.0%。

4.3 生霉粒≤2.0%。

4.4 粗蛋白质(干基)≥8.0%。

4.5 水分含量≤14.0%。

4.6 以容重、不完善粒为定等级指标(见表1)。

表1 饲料用玉米等级质量指标

等级	容重/(g/L)	不完善粒/%
一级	≥710	≤5.0
二级	≥685	≤6.5
三级	≥660	≤8.0

4.7 一级饲料用玉米的脂肪酸值(KOH)≤60 mg/100 g。

4.8 卫生检验和动植物检疫按国家有关标准和规定执行。

5 抽样

抽样按照GB 1353执行。

6 检验方法

6.1 色泽、气味、容重、不完善粒、杂质测定按照GB 1353执行。

6.2 粗蛋白质测定按照GB/T 6432执行。

6.3 水分测定按照GB/T 6435执行。

6.4 脂肪酸值测定按照GB/T 15684执行。

7 检验规则

检验规则按照GB 1353执行。

8 包装、运输和贮存

包装、运输和贮存按照GB 1353执行。

ICS 67.120.30
X 20

中华人民共和国国家标准

GB/T 19164—2003

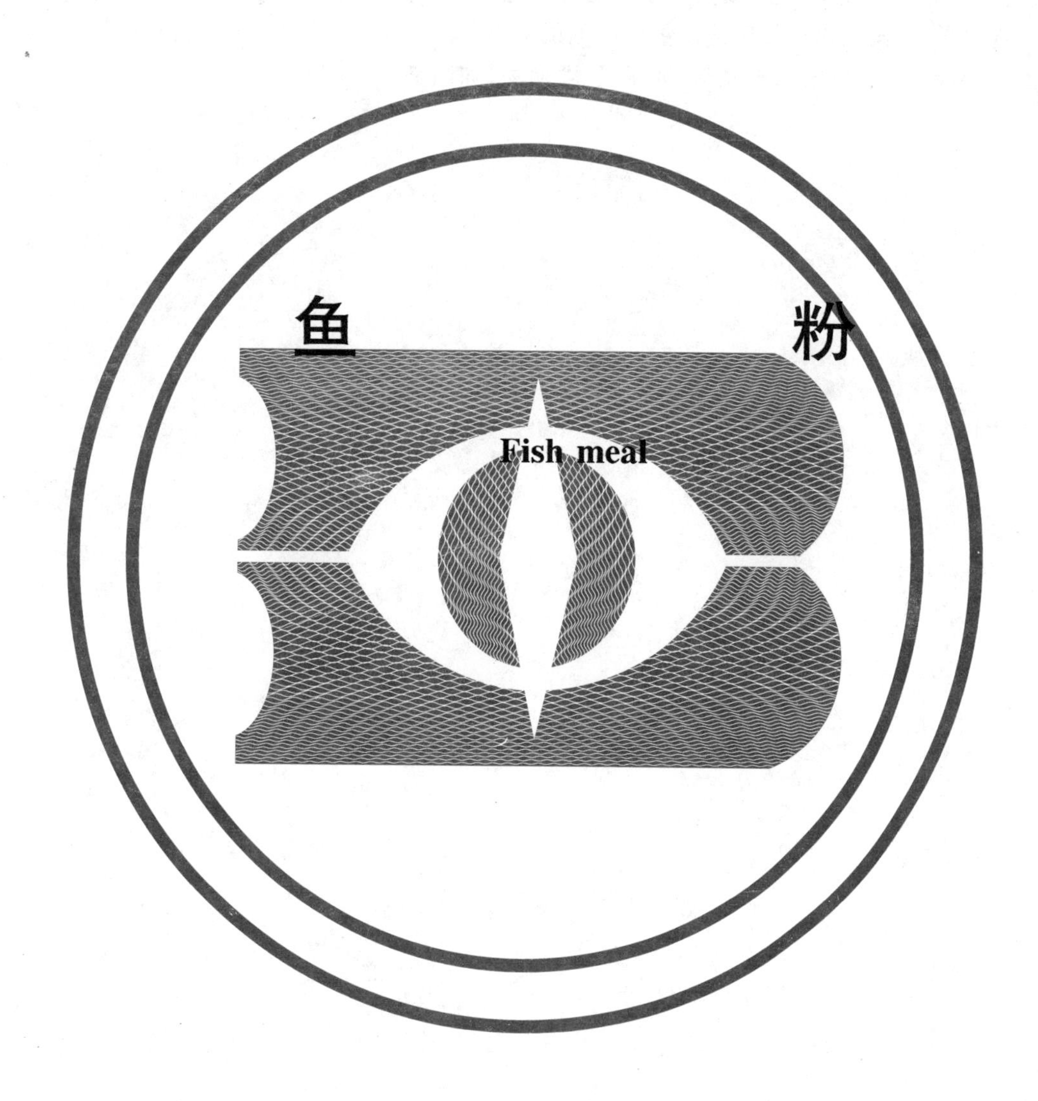

2003-06-04 发布

2003-12-01 实施

中华人民共和国
国家质量监督检验检疫总局 发布

前　　言

本标准的附录 A、附录 B、附录 C 都是规范性附录。

本标准由中华人民共和国农业部提出。

本标准由全国水产标准化技术委员会水产品加工分技术委员会归口。

本标准起草单位：国家水产品质量监督检验测试中心。

本标准主要起草人：李晓川、王联珠、谭乐义、翟毓秀、陈远惠。

鱼　　粉

1　范围

本标准规定了鱼粉的要求、试验方法、检验规则、标志、包装、运输及贮存。

本标准适用于以鱼、虾、蟹类等水产动物及其加工的废弃物为原料，经蒸煮、压榨、烘干、粉碎等工序制成的饲料用鱼粉。

2　规范性引用文件

下列文件中的条款通过本标准的引用而成为本标准的条款。凡是注日期的引用文件，其随后所有的修改单(不包括勘误的内容)或修订版均不适用于本标准，然而，鼓励根据本标准达成协议的各方研究是否可使用这些文件的最新版本。凡是不注日期的引用文件，其最新版本适用于本标准。

GB/T 5009.44—1996　肉与肉制品卫生标准的分析方法

GB/T 5009.45—1996　水产品卫生标准的分析方法

GB/T 5917—1986　配合饲料粉碎粒度测定法

GB/T 6003.1—1997　金属丝编织网试验筛

GB/T 6432—1994　饲料中粗蛋白质测定方法

GB/T 6433—1994　饲料粗脂肪测定方法

GB/T 6435—1986　饲料水分的测定方法

GB/T 6438—1992　饲料中粗灰分的测定方法

GB 10648　饲料标签

GB 13078　饲料卫生标准

GB/T 13088—1991　饲料中铬的测定方法

GB/T 13091—1991　饲料中沙门氏菌的检验方法

GB/T 13092—1991　饲料中霉菌检验方法

GB/T 14698—1993　饲料显微镜检查方法

GB/T 14699.1—1993　饲料采样方法

GB/T 17811—1999　动物蛋白饲料中消化率的测定　胃蛋白酶法

GB/T 18246—2000　饲料中氨基酸的测定

SC/T 3012—2001　水产品中盐分的测定方法

3　要求

3.1　原料

鱼粉生产所使用的原料只能是鱼、虾、蟹类等水产动物及其加工的废弃物，不得使用受到石油、农药、有害金属或其他化合物污染的原料加工鱼粉。必要时，原料应进行分拣，并去除沙石、草木、金属等杂物。

原料应保持新鲜，不得使用已腐败变质的原料。

3.2　感官要求

感官要求见表 1。

表 1　鱼粉的感官要求

项　目	特级品	一级品	二级品	三级品
色　泽	红鱼粉黄棕色、黄褐色等鱼粉正常颜色；白鱼粉呈黄白色			
组　织	膨松、纤维状组织明显、无结块、无霉变	较膨松、纤维状组织较明显无结块、无霉变		松软粉状物、无结块、无霉变
气　味	有鱼香味，无焦灼味和油脂酸败味		具有鱼粉正常气味，无异臭、无焦灼味和明显油脂酸败味	

3.3　理化指标

理化指标的规定见表 2。

表 2　鱼粉的理化指标

项　目	指　标			
	特级品	一级品	二级品	三级品
粗蛋白质/(%)	≥65	≥60	≥55	≥50
粗脂肪/(%)	≤11(红鱼粉) ≤9(白鱼粉)	≤12(红鱼粉) ≤10(白鱼粉)	≤13	≤14
水分/(%)	≤10	≤10	≤10	≤10
盐分(以 NaCl 计)/(%)	≤2	≤3	≤3	≤4
灰分/(%)	≤16(红鱼粉) ≤18(白鱼粉)	≤18(红鱼粉) ≤20(白鱼粉)	≤20	≤23
砂分/(%)	≤1.5	≤2	≤3	
赖氨酸/(%)	≥4.6(红鱼粉) ≥3.6(白鱼粉)	≥4.4(红鱼粉) ≥3.4(白鱼粉)	≥4.2	≥3.8
蛋氨酸/(%)	≥1.7(红鱼粉) ≥1.5(白鱼粉)	≥1.5(红鱼粉) ≥1.3(白鱼粉)	≥1.3	
胃蛋白酶消化率/(%)	≥90(红鱼粉) ≥88(白鱼粉)	≥88(红鱼粉) ≥86(白鱼粉)	≥85	
挥发性盐基氮(VBN)/(mg/100 g)	≤110	≤130	≤150	
油脂酸价(KOH)/(mg/g)	≤3	≤5	≤7	
尿素/(%)	≤0.3	≤0.7		
组胺/(mg/kg)	≤300(红鱼粉)	≤500(红鱼粉)	≤1 000(红鱼粉)	≤1 500(红鱼粉)
	≤40(白鱼粉)			
铬(以 6 价铬计)/(mg/kg)	≤8			
粉碎粒度/(%)	≥96(通过筛孔为 2.80 mm 的标准筛)			
杂质/(%)	不含非鱼粉原料的含氮物质(植物油饼粕、皮革粉、羽毛粉、尿素、血粉肉骨粉等)以及加工鱼露的废渣。			

3.4　安全指标

砷、铅、汞、镉、亚硝酸盐、六六六、滴滴涕指标应符合 GB 13078 的规定。

3.5 微生物指标

微生物指标的规定见表 3。

表 3 鱼粉的微生物指标

项目	指标			
	特级品	一级品	二级品	三级品
霉菌/(cfu/g)	$\leqslant 3\times10^3$			
沙门氏菌/(cfu/25g)	不得检出			
寄生虫	不得检出			

4 试验方法

4.1 感官

将样品放置在白瓷盘内,在非直射日光、光线充足、无异味的环境中,按 3.2 条逐项检验。

4.2 理化指标

4.2.1 样品处理

样品在分析检验之前应粉碎,使其通过直径为 1 mm 的分样筛,并充分混匀。

4.2.2 粗蛋白质

粗蛋白质的测定按 GB/T 6432—1994 规定。

4.2.3 粗脂肪

粗脂肪的测定按 GB/T 6433—1994 的规定。

4.2.4 水分

水分的测定 GB/T 6435—1986 的规定。

4.2.5 盐分

盐分的测定按 SC/T 3012—2001 中的规定。

4.2.6 灰分

灰分测定按 GB/T 6438—1992 的规定。

4.2.7 砂分

砂分的测定按本标准附录 A 的规定。

4.2.8 赖氨酸

赖氨酸的测定按 GB/T 18246—2000 的规定。

4.2.9 蛋氨酸

蛋氨酸的测定按 GB/T 18246—2000 的规定。

4.2.10 胃蛋白酶消化率

胃蛋白酶消化率的测定按 GB/T 17811—1999 的规定。

4.2.11 挥发性盐基氮

挥发性盐基氮的测定按 GB/T 5009.44—1996 中 4.1 的规定。

4.2.12 油脂酸价

油脂酸价的测定按本标准附录 B 的规定。

4.2.13 尿素

尿素的测定按本标准附录 C 的规定。

4.2.14 组胺

组胺的测定按 GB/T 5009.45—1996 中 4.5 的规定。

4.2.15 铬

铬的测定按 GB/T 13088—1991 的规定执行。

4.2.16 粉碎粒度

根据 GB/T 6003.1—1997 规定选取孔径为 2.80 mm 的试验筛后，粉碎粒度的测定按 GB/T 5917—1986规定执行。

4.2.17 杂质

杂质的测定按 GB/T 14698—1993 的规定执行。

4.3 微生物指标

4.3.1 霉菌

霉菌的检验按 GB/T 13092—1991 的规定执行。

4.3.2 沙门氏菌

沙门氏菌的检验按 GB/T 13091—1991 的规定执行。

4.3.3 寄生虫

寄生虫的检查在解剖显微镜下观察平摊在白瓷板上的鱼粉中是否有寄生虫及螨虫。

5 检验规则

5.1 组批规则

同一班组生产的，原料相同的，以最后一道工序的产品经均匀混合后，装袋的鱼粉成品为一检验批。

5.2 抽样方法

鱼粉产品的抽样按 GB/T 14699.1—1993 的规定。批量在 1 t 以下时，按其袋数的二分之一抽取样品。批量在 1 t 以上时，抽样袋数不少于 20 袋，沿堆积立面以 X 形或 W 形对各袋抽取。产品未堆垛时应在各部位随机抽取。

样品抽取时一般应用钢管或铜管制成的槽形取样器，每批鱼粉取出的样品不少于 500 g。

由各袋取出的样品应充分混匀立即装入棕色磨口瓶或复合薄膜塑料袋中密封待用。样品袋或瓶上应标明产品名称、批号、取样日期、取样人等有关内容，必要时应做取样时的天气、气温及仓贮情况的记录。

5.3 检验分类

产品检验分为出厂检验和型式检验。

5.3.1 出厂检验

每批产品必须进行出厂检验。出厂检验由生产单位质量检验部门执行，也可委托正式检验机构进行，检验项目应选择能快速、准确反映产品质量的为感官、粗蛋白质、粗脂肪、水分、盐分、灰分、砂分、粉碎粒度等主要技术指标。检验合格签发检验合格证，产品凭检验合格证入库或出厂。

5.3.2 型式检验

有下列情况之一时，应进行型式检验，检验项目为本标准中规定的所有项目。

a) 长期停产，恢复生产时；

b) 原料变化或改变主要生产工艺，可能影响产品质量时；

c) 国家质量监督机构提出进行型式检验的要求时；

d) 出厂检验与上次型式检验有大差异时；

e) 进行鱼粉生产许可证的发放和复查时；

f) 正常生产时，每年至少一次的周期性检验。

5.4 判定规则

5.4.1 粉碎粒度不作为质量判定依据的指标，只作为鱼粉使用者的参考指标。

5.4.2 除粉碎粒度外的所检项目的检验结果均应符合标准要求，检验结果全部符合标准规定的判为合格批。

5.4.3 微生物指标及铬、尿素、组胺等卫生指标有一项不符合要求或有霉变、腐败、生虫等现象时，该批产品判为不合格且不应再使用。

5.4.4 其他指标不符合规定时，应加倍抽样复验一次，按复验结果判定本批产品是否合格。

6 标志、包装、运输、贮存

6.1 标志、标签

产品标签按 GB 10648 的规定执行，必须标明产品名称、质量等级、产品成分分析保证值、净含量、生产日期、保质期、生产者、经销者的名称、地址、生产许可证和产品批准文号及其他内容。

标志应以无毒印刷，字体大小适中，字迹清晰且必须耐久。

6.2 包装

包装材料应采用干净、防潮的纸袋或塑料编织袋或麻袋包装，内衬塑料薄膜袋，缝口牢固无鱼粉漏出。

6.3 运输

产品运输应保证运输工具的洁净，防止受农药、化学药品、煤炭、油类、石灰等有毒物质的污染；防日晒雨淋、防霉潮；在装卸中应轻装轻卸，禁用手钩。

6.4 贮存

贮存仓库必须清洁、干燥、阴凉通风，堆放时应离开干墙壁 20 cm，底面应有垫板与地面隔开。防止受潮、霉变、虫、鼠害及有害物质的污染。产品保质期为 12 个月。

附 录 A
（规范性附录）
鱼粉中砂分的测定方法

A.1 原理

样品经灰化后再以酸处理，酸不溶性炽灼残渣为砂分。

A.2 试剂

15％盐酸：以分析纯盐酸（浓度36％～38％）配制。

A.3 设备

马福炉。

A.4 操作步骤

将预先用稀盐酸煮过1 h～2 h并洗净的50 mL坩埚在马福炉中加热30 min取出，在空气中冷却1 min，放入于燥器中冷却30 min，精确称重至0.000 1 g。

称取5 g试样（精确至0 001 g），置于坩埚中，先在电炉上逐步加热，使试样充分炭化，而后将坩埚移入马福炉中，550℃～600℃下烧灼4 h，至颜色变白。如仍有灰粒，在马福炉中继续加热1 h，如仍有可疑黑点存在，则放冷后用水湿润后，再在烘箱中烘干，而后再移入马福炉中至完全灰化。取出，冷却，用15％盐酸50 mL溶解灰分并冲洗于250 mL的烧杯中，然后用约50 mL蒸馏水充分洗涤坩埚，洗液并入烧杯小心加热煮沸30 min。用无灰滤纸趁热过滤，并用热蒸馏水洗净至流下洗液不呈酸性为止。而后将滤纸和滤渣一起移入原坩埚中，先在130℃烘箱中烘干，再移入550℃～600℃马福炉烧灼30 min，取出在空气中冷却1 min，再在干燥器中冷却30 min，精确称重（称准至0.001 g）。

A.5 结果计算

按式（A.1）计算砂分的含量：

$$X_1=\frac{m_2-m_0}{m_1-m_0}\times 100 \qquad \text{(A.1)}$$

式中：

X_1——样品中砂分含量，％；

m_0——坩埚质量，单位为克（g）；

m_1——坩埚加试样质量，单位为克（g）；

m_2——灼烧后坩埚加试样质量，单位为克（g）。

A.6 重复性

每个试样应取两个平行样测试，取其算术平均值，当两个平行样相对误差超过5％时应重做。

附 录 B
（规范性附录）
鱼粉中酸价测定方法

B.1 原理

鱼粉中游离脂肪酸用氢氧化钾标准溶液滴定，每克鱼粉消耗氢氧化钾的毫克数称为酸价。

B.2 试剂

B.2.1 酚酞指示液

1%乙醇溶液。

B.2.2 乙醚-乙醇混合液

按乙醚-乙醇 2∶1 混合，用 0.1 mol/L 氢氧化钾溶液中和至对酚酞指示液呈中性。

B.2.3 0.1 mol/L 氢氧化钾标准液

B.3 操作步骤

称取 5 g 试样（精确至 0.001 g），置于锥形瓶中，加入 50 mL 中性乙醚-乙醇混合液摇匀静止 30 min 过滤。滤渣用 20 mL 中性乙醚-乙醇混合液清洗，并重复洗一次，滤液合并后加入酚酞指示液 2 滴～3 滴，以 0.1 mol/L 氢氧化钾标准液滴定，至初显微红色且 0.5 min 内不褪色为终点。

B.4 结果计算

按式（B.1）计算酸价：

$$X_2 = \frac{V \times c \times 56.11}{m_3} \qquad \cdots\cdots(B.1)$$

式中：

X_2——样品酸价值（KOH），每克样品中氢氧化钾的毫克数（mg/g）；

V——样品消耗氢氧化钾标准液体积数，单位为毫升（mL）；

c——氢氧化钾标准溶液浓度，单位为摩尔每升（mol/L）；

m_3——鱼粉试样质量，单位为克（g）；

56.11——每毫升 1 mol/L 氢氧化钾溶液相当氢氧化钾毫克数。

B.5 重复性

每个样品做两个平行样，结果以算术平均值计。酸价（KOH）在 2.0 mg/g 及以下时两个平行试样的相对偏差不得超过 8%，在 2.0 mg/g 以上时，两个平行试样相对偏差不得超过 5%，否则重做。

附　录　C
（规范性附录）
鱼粉内掺加尿素含量的测定方法

C.1　原理

利用在乙醇和酸性条件下，尿素与对二甲氨基苯甲醛（DMAB）反应，生成黄色的物质，在 420 nm 波下有最大吸收，且吸光度与尿素的浓度成线性关系。通过查标准曲线，计算试样中的尿素含量。

C.2　试剂

C.2.1　对二甲氨基苯甲醛（DMAB）溶液

溶解 4.0 g DMAB 于 100 mL 无水乙醇中，加 10 mL 盐酸。

C.2.2　乙酸锌溶液

溶解 22.0 g 乙酸锌[$Zn(CH_3COO)_2 \cdot 2H_2O$]于水中，加入 3 mL 冰乙酸，并稀释至 100 mL。

C.2.3　亚铁氰化钾溶液

溶解 10.6 g 亚铁氰化钾[$K_4Fe(CN)_6 \cdot 3H_2O$]于水中，并稀释至 100 mL。

C.2.4　磷酸盐缓冲液（pH7.0）

将 3.403 g 无水磷酸二氢钾（KH_2PO_4）和 4.355 g 无水磷酸氢二钾（K_2HPO_4）分别溶于 100 mL 蒸馏水中，合并此溶液用水稀释到 1 L。

C.2.5　尿素标准溶液：

储备液：10 mg/mL，溶解 5.000 g 尿素（分析纯），用水稀释至 500 mL。

工作液：1.0 mg/mL，取 10 mL 储备液稀释至 100 mL。

工作液：0.2 mg/mL，取 10 mL 储备液稀释至 50 mL，再取此液 10 mL 稀释至 100 mL。

C.2.6　活性炭

化学纯或分析纯。

C.2.7　盐酸

分析纯。

C.2.8　无水乙醇

分析纯。

C.3　操作步骤

C.3.1　样品处理

称取预先粉碎至 20 目以下的样品 1 g（精确至 0.001 g）至 100 mL 比色管中，加入 1 g 活性炭，加水至约 80 mL，摇匀，分别加入 5 mL 乙酸锌溶液和亚铁氰化钾溶液，用水稀释至刻度摇匀，并放置 30 min，用中速滤纸过滤，取滤液进行试验，同时做试剂空白。

C.3.2　标准曲线绘制

C.3.2.1　样品尿素含量在 1%以下：分别取浓度为 0.2 mg/mL 的尿素标准液 0、1、2、3、4、5、7、10 mL（相当于 0、0.2、0.4、0.6、1.0、1.4、2.0 mg 尿素）和 5 mL 磷酸盐缓冲液于 25 mL 具塞比色管中，加水至约 18 mL，用定量加液器分别加入 5 mL DMAB 显色液，用水稀释至刻度，摇匀，放置 20 min；以磷酸盐缓冲液为参比，在 420 nm 波长下，用 5 cm 比色池，测定吸光度，以吸光度为纵坐标，尿素含量为横坐标作图，应为一条直线，否则重做。

C.3.2.2　样品尿素含量在 1%以上：将标准液浓度改为 1.0 mg/mL，比色池改为 1 cm，其他步骤同C. 3. 2. 1 条。

C. 3. 3　操作步骤

分别取一定量滤液(样品尿素含量在 1%以下，取 15 mL，1%以上取 5 mL)加入 25 mL 比色管中(其他步骤同 C. 3. 2 条标准曲线的绘制)，在标准曲线上由吸光度查得尿素含量，通过计算，即得试样的尿素含量。

C. 3. 4　结果计算：

样品中尿素的含量按式 C. 1 计算：

$$X_3 = \frac{(c_1 - c_2)}{m_4 \times \frac{V_1}{100}} \times \frac{1}{1\,000} \times 100 = \frac{(c_1 - c_2)}{m_4 \times V_1} \times 10 \quad \cdots\cdots(\text{C. 1})$$

式中：

X_3——样品中尿素含量，%；

c_1——从标准曲线上查得的试样的尿素含量，单位为毫克(mg)；

c_2——从标准曲线查得的试剂空白的尿素含量，单位为毫克(mg)；

m_4——测定时所取样品的质量，单位为克(g)；

V_1——测定所取样品液体积，单位为毫升(mL)。

C. 3. 5　重复性

尿素含量在 1%以下时，相对偏差不大于 10%；尿素含量在 1%以上相对偏差不大于 5%。

C. 3. 6　注意事项

C. 3. 6. 1　DMAB 显色液在 420 nm 处有吸收，因此应尽量加准。

C. 3. 6. 2　DMAN 显色液应尽量避免见光和暴露在空气中，否则易变成黄色，从而干扰测定。

C. 3. 6. 3　测定时，仪器稳定后只进行一次调零即可，以免颜色的变化调零时引进误差。

ICS 65.120
B 46

中华人民共和国国家标准

GB/T 19541—2017
代替 GB/T 19541—2004

饲料原料 豆粕

Feed materials—Soybean meal

2017-07-12 发布 2018-02-01 实施

中华人民共和国国家质量监督检验检疫总局
中国国家标准化管理委员会 发布

前　言

本标准按照 GB/T 1.1—2009 给出的规则起草。

本标准代替 GB/T 19541—2004《饲料用大豆粕》，与 GB/T 19541—2004 相比，除编辑性修改外主要技术变化如下：

——标准名称由《饲料用大豆粕》修改为《饲料原料　豆粕》；

——修改了标准的范围(见第 1 章)；

——修改了规范性引用文件(见第 2 章)；

——感官性状中删除了浅黄褐色，增加了淡棕色或红褐色，增加了粗颗粒状，删除了结块(见 4.1)；

——删除了夹杂物指标(见 2004 年版的 4.2)；

——修改了质量等级指标(见 4.2)；

——增加了净含量要求(见 4.4)；

——删除了夹杂物的检验(见 2004 年版的 5.1)；

——修改了感官性状和尿素酶活性的检验(见 5.1 和 5.7)；

——增加了赖氨酸、卫生指标和净含量的检验(见 5.6、5.9 和 5.10)；

——把氢氧化钾蛋白质溶解度的测定方法调整为附录 A(见 5.8)；

——删除了试验方法中允许误差以及监测与仲裁的要求(见 2004 年版的 5.8 和 5.9)；

——修改了检验规则(见第 6 章)；

——增加了使用转基因大豆生产的豆粕，按照《农业转基因生物标识管理办法》的规定执行(见 7.1)；

——修改了氢氧化钾蛋白质溶解度的测定(见附录 A)。

本标准由全国饲料工业标准化技术委员会(SAC/TC 76)提出并归口。

本标准起草单位：农业部饲料质量监督检验测试中心(济南)。

本标准主要起草人：汤文利、郭吉原、李玉玲、褚丽霞、史永革、梁萌、李桂华。

本标准所代替标准的历次版本发布情况为：

——GB/T 10380—1989、GB/T 19541—2004。

饲料原料　豆粕

1　范围

本标准规定了饲料原料豆粕的相关术语和定义、要求、试验方法、检验规则、标签、包装、运输和贮存。

本标准适用于大豆经预压浸提或直接溶剂浸提取油后获得的饲料原料豆粕;或由大豆饼浸提取油后获得的饲料原料豆粕;或大豆胚片经膨胀浸提制油工艺提取油后获得的饲料原料豆粕。

2　规范性引用文件

下列文件对于本文件的应用是必不可少的。凡是注日期的引用文件,仅注日期的版本适用于本文件。凡是不注日期的引用文件,其最新版本(包括所有的修改单)适用于本文件。

GB/T 6432　饲料中粗蛋白测定方法
GB/T 6434　饲料中粗纤维的含量测定　过滤法
GB/T 6435　饲料中水分的测定
GB/T 6438　饲料中粗灰分的测定
GB/T 6682　分析实验室用水规格和试验方法
GB/T 8622　饲料用大豆制品中尿素酶活性的测定
GB 10648　饲料标签
GB 13078　饲料卫生标准
GB/T 14698—2002　饲料显微镜检查方法
GB/T 14699.1　饲料　采样
GB/T 18246　饲料中氨基酸的测定
GB/T 18823　饲料检测结果判定的允许误差
GB/T 20195　动物饲料　试样的制备
JJF 1070　定量包装商品净含量计量检验规则
定量包装商品计量监督管理办法(2005年国家质量监督检验检疫总局第75号令)

3　术语和定义

下列术语和定义适用于本文件。

3.1

氢氧化钾蛋白质溶解度　protein solubility in potassium-hydroxide solution

豆粕样品在附录A所示条件下,可溶于0.2%氢氧化钾溶液中的粗蛋白质含量占样品中总的粗蛋白质含量的质量分数。

4　要求

4.1　感官性状

本品呈浅黄色或淡棕色或红褐色;不规则的碎片状或粗颗粒状或粗粉状;无发酵、霉变、虫害及异味异臭。

4.2 质量等级指标

质量等级指标见表1。

表1 质量等级指标

项目	等级			
	特级品	一级品	二级品	三级品
粗蛋白质/%	≥48.0	≥46.0	≥43.0	≥41.0
粗纤维/%	≤5.0	≤7.0	≤7.0	≤7.0
赖氨酸/%	≥2.50		≥2.30	
水分/%	≤12.5			
粗灰分/%	≤7.0			
尿素酶活性/(U/g)	≤0.30			
氢氧化钾蛋白质溶解度[a]/%	≥73.0			
[a] 大豆饼浸提取油后获得的饲料原料豆粕,该指标由供需双方约定。				

4.3 卫生指标

应符合GB 13078的有关规定。

4.4 净含量

净含量应符合标签标注,偏差应符合《定量包装商品计量监督管理办法》的规定。

5 试验方法

5.1 感官性状

按GB/T 14698—2002中第7章的规定执行。

5.2 粗蛋白质

按GB/T 6432的规定执行。

5.3 粗纤维

按GB/T 6434的规定执行。

5.4 水分

按GB/T 6435的规定执行。

5.5 粗灰分

按GB/T 6438的规定执行。

5.6 赖氨酸

按 GB/T 18246 的规定执行。

5.7 尿素酶活性

按 GB/T 8622 的规定执行。

5.8 氢氧化钾蛋白质溶解度

按附录 A 的规定执行。

5.9 卫生指标

按 GB 13078 的规定执行。

5.10 净含量

按 JJF 1070 的规定执行。

6 检验规则

6.1 组批

同一批原料、相同工艺、同一生产日、连续生产的、相同规格的产品为一个批次。

6.2 采样

按 GB/T 14699.1 的规定执行。

6.3 出厂检验

感官性状、水分、粗蛋白质、尿素酶活性为出厂检验项目。

6.4 型式检验

有下列情况之一时，应进行型式检验，检验项目包括本标准规定的全部项目：

a) 正式生产后，原料、工艺有较大变动时；
b) 正式生产后，每半年进行一次型式检验；
c) 停产三个月以上重新恢复生产时；
d) 出厂检验结果与上次型式检验结果有较大差异时；
e) 产品质量监督部门提出进行型式检验要求时。

6.5 判定规则

6.5.1 检测结果判定的允许误差按 GB/T 18823 的规定执行。

6.5.2 检测结果若有项目不符合本标准要求时，应重新自同批产品两倍数量的包装单元中采样复检，复检结果如仍有项目不符合本标准要求，则判定该批产品不合格。

7 标签、包装、运输和贮存

7.1 标签

按照 GB 10648 的规定执行。使用转基因大豆生产的豆粕,按照《农业转基因生物标识管理办法》的规定执行。

7.2 包装

定量包装,或按用户要求包装。

7.3 运输

不得与有毒有害物品或其他有污染的物品混合运输。

7.4 贮存

在通风、干燥处贮存,不得与有毒有害物品或其他有污染的物品混合贮存。

附 录 A
（规范性附录）
氢氧化钾蛋白质溶解度的测定

A.1 方法原理

豆粕中粗蛋白质在氢氧化钾溶液中的溶解度受热加工程度的影响。在规定条件下分别测定豆粕样品溶解于氢氧化钾溶液的粗蛋白质含量和该样品的粗蛋白质含量，计算二者含量之比得出氢氧化钾蛋白质溶解度。

A.2 试剂

除非另有规定，仅使用分析纯试剂。

A.2.1 水，GB/T 6682，三级。

A.2.2 0.2% 氢氧化钾溶液：称取氢氧化钾适量（相当于氢氧化钾 2.00 g），溶解于水中，稀释并定容至 1 L（pH=12.5）。

A.3 仪器

A.3.1 实验室用样品粉碎机：粉碎时应不产生强热。

A.3.2 样品筛：孔径 0.25 mm。

A.3.3 分析天平：感量 0.000 1 g。

A.3.4 磁力搅拌器：磁子的转速为 700 r/min；搅拌磁子为椭圆形、八角边、中部直径 8 mm、长度 25 mm。

A.3.5 离心机：相对离心力 1 100.28×g（相当于转速为 2 700 r/min），配备 80 mL 带盖离心管。

A.3.6 高型烧杯：250 mL、外径 60 mm。

A.4 试样的制备

按照 GB/T 20195 的规定执行，粉碎过 0.25 mm 孔径样品筛，充分混匀，装入具塞磨口瓶中备用。

A.5 测定步骤

A.5.1 称取试料 1.0 g，精确到 0.000 1 g，置于 250 mL 高型烧杯（A.3.6）中。

A.5.2 在室温（25±5）℃下进行。用移液管准确加入 50.00 mL 氢氧化钾溶液（A.2.2）立即在磁力搅拌器（A.3.4）上搅拌（搅拌器不加热、磁子转速为 700 r/min），准确计时 20 min。搅拌结束后立即将全部溶液转移至 80 mL 带盖离心管中，以 2 700 r/min（A.3.5）离心 10 min，离心结束后立即用移液管准确移取上清液 15.00 mL 于消化管中，立即按 GB/T 6432 的规定加入催化剂和硫酸测定氢氧化钾溶液中粗蛋白质含量（W_1）。

A.5.3 同一样品中总的粗蛋白质含量按 GB/T 6432 的规定执行，以两次平行测定结果的算术平均值为测定结果（W_2）。

A.6　结果计算

氢氧化钾蛋白质溶解度以质量分数 X 计，数值以%表示，按式(A.1)计算：

$$X = \frac{W_1}{W_2} \times 100 \qquad \text{(A.1)}$$

式中：

W_1——试料溶解于氢氧化钾溶液中的粗蛋白质含量，%；

W_2——试料中总的粗蛋白质含量，%。

计算结果表示到小数点后一位。

A.7　精密度

在重复性条件下，两个平行测定结果的相对偏差不大于2%，以两次平行测定结果的算术平均值为测定结果。

ICS 65.120
B 46

中华人民共和国国家标准

GB/T 20193—2006

饲料用骨粉及肉骨粉

Bone meal, meat and bone meal for feedstuffs

2006-02-24 发布　　2006-07-01 实施

中华人民共和国国家质量监督检验检疫总局
中国国家标准化管理委员会　发布

前　言

本标准根据饲料用骨粉及肉骨粉的品质现状，并参照国家饲料管理部门有关规定进行制定。

本标准由全国饲料工业标准化技术委员会提出并归口。

本标准起草单位：中国饲料工业协会、国家饲料质量监督检验中心（武汉）、中国农业大学。

本标准主要起草人：王随元、杨海鹏、李德发、徐百志、杨林、孙鸣。

饲料用骨粉及肉骨粉

1 范围

本标准规定了饲料用骨粉、肉骨粉的术语和定义、要求、检验方法、检验规则和包装、运输与贮存等。

本标准适用于以动物骨经高压蒸汽灭菌或经脱胶处理后，粉碎制成的饲料用骨粉和以动物废弃组织及骨经蒸煮、脱脂、干燥、粉碎制成的饲料用肉骨粉。

2 规范性引用文件

下列文件中的条款通过本标准的引用而成为本标准的条款。凡是注日期的引用文件，其随后所有的修改单(不包括勘误的内容)或修订版均不适用于本标准，然而，鼓励根据本标准达成协议的各方研究是否可使用这些文件的最新版本。凡是不注日期的引用文件，其最新版本适用于本标准。

GB/T 5009.44 肉与肉制品卫生标准的分析方法

GB/T 6432 饲料中粗蛋白测定方法

GB/T 6433 饲料粗脂肪测定方法

GB/T 6434 饲料中粗纤维测定方法

GB/T 6435 饲料水分的测定方法

GB/T 6436 饲料中钙的测定

GB/T 6437 饲料中总磷的测定 分光光度法

GB/T 6438 饲料中粗灰分的测定方法

GB 10648 饲料标签

GB 13078 饲料卫生标准

GB/T 13088 饲料中铬的测定方法

GB/T 13091 饲料中沙门氏菌的检测方法

GB/T 13093 饲料中细菌总数的测定方法

GB/T 14698 饲料显微镜检查方法

GB/T 14699.1 饲料 采样

GB/T 17811 动物蛋白质饲料消化率的测定 胃蛋白酶法

GB/T 18246 饲料中氨基酸的测定

GB/T 19164—2003 鱼粉

动物源性饲料产品安全卫生管理办法(中华人民共和国农业部令[2004]第40号)

3 术语和定义

下列术语和定义适用于本标准。

3.1

饲料用骨粉 bone meal for feedstuffs

饲料用骨粉是以新鲜无变质的动物骨经高压蒸汽灭菌、脱脂或经脱胶、干燥、粉碎后的产品。

3.2

饲料用肉骨粉 meat and bone meal for feedstuffs

饲料用肉骨粉是以新鲜无变质的动物废弃组织及骨经高温高压、蒸煮、灭菌、脱脂、干燥、粉碎后的产品。

4 要求

4.1 饲料用骨粉

4.1.1 饲料用骨粉为浅灰褐至浅黄褐色粉状物，具骨粉固有气味，无腐败气味。除含少量油脂、结缔组织以外，本品中不得添加骨粉以外的物质。不得使用发生疫病的动物骨加工饲料用骨粉。加入抗氧剂时应标明其名称。

4.1.2 应符合《动物源性饲料产品安全卫生管理办法》(中华人民共和国农业部令[2004]第40号)的有关规定；应符合国家检疫有关规定；应符合GB 13078的规定。沙门氏杆菌不得检出。

4.1.3 饲料用骨粉质量指标见表1。

表1 饲料用骨粉质量指标

总磷/(%)	粗脂肪/(%)	水分/(%)	酸价(KOH)/(mg/g)
≥11.0	≤3.0	≤5.0	≤3

4.1.4 钙含量应为总磷含量的180%～220%。

4.2 饲料用肉骨粉

4.2.1 饲料用肉骨粉为黄至黄褐色油性粉状物，具肉骨粉固有气味，无腐败气味。除不可避免的少量混杂以外，本品中不应添加毛发、蹄、角、羽毛、血、皮革、胃肠内容物及非蛋白含氮物质。不得使用发生疫病的动物废弃组织及骨加工饲料用肉骨粉。加入抗氧剂时应标明其名称。

4.2.2 应符合《动物源性饲料产品安全卫生管理办法》(中华人民共和国农业部令[2004]第40号)的有关规定；应符合国家检疫有关规定；应符合GB 13078的规定。沙门氏杆菌不得检出。铬含量≤5 mg/kg。

4.2.3 总磷含量≥3.5%。

4.2.4 粗脂肪含量≤12.0%。

4.2.5 粗纤维含量≤3.0%。

4.2.6 水分含量≤10.0%。

4.2.7 钙含量应当为总磷含量的180%～220%。

4.2.8 以粗蛋白质、赖氨酸、胃蛋白酶消化率、酸价、挥发性盐基氮、粗灰分为定等级指标(表2)。

表2 饲料用肉骨粉等级质量指标

等级	质量指标					
	粗蛋白质/(%)	赖氨酸/(%)	胃蛋白酶消化率/(%)	酸价(KOH)/(mg/g)	挥发性盐基氮/(mg/100 g)	粗灰分/(%)
1	≥50	≥2.4	≥88	≤5	≤130	≤33
2	≥45	≥2.0	≥86	≤7	≤150	≤38
3	≥40	≥1.6	≥84	≤9	≤170	≤43

5 检验方法

5.1 挥发性盐基氮测定按照GB/T 5009.44执行。

5.2 粗蛋白质测定按照GB/T 6432执行。

5.3 粗脂肪测定按照GB/T 6433执行。

5.4 粗纤维测定按照GB/T 6434执行。

5.5 水分测定按照GB/T 6435执行。

5.6 钙测定按照GB/T 6436执行。

5.7 总磷测定按照GB/T 6437执行。

5.8 粗灰分测定按照 GB/T 6438 执行。

5.9 铬测定按照 GB/T 13088 执行。

5.10 沙门氏菌测定按照 GB/T 13091 执行。

5.11 细菌总数测定按照 GB/T 13093 执行。

5.12 掺杂、掺假及定性检验按照 GB/T 14698 执行。

5.13 胃蛋白酶消化率测定按照 GB/T 17811 执行。

5.14 赖氨酸测定按照 GB/T 18246 执行。

5.15 酸价测定按照 GB/T 19164—2003 中附录 B 执行。

6 检验规则

6.1 总磷含量、酸价为饲料用骨粉的出厂检验项目。粗蛋白质含量、酸价、挥发性盐基氮为饲料用肉骨粉的出厂检验项目。饲料用骨粉及肉骨粉产品出厂检验还包括《动物源性饲料产品安全卫生管理办法》(中华人民共和国农业部令[2004]第 40 号)规定的项目。

6.2 有下列情况之一时,应进行型式检验,对产品的质量进行全面考核,检验项目包括本标准规定的所有项目:

——正式生产后,原料、工艺改变时;

——正式生产后,每半年进行一次;

——停产后恢复生产时;

——产品质量监督部门提出进行型式检验要求时。

6.3 在保证产品质量的前提下,生产企业可根据工艺、设备、原料等的变化情况,自行确定出厂检验的批量。

6.4 采样:按 GB/T 14699.1 的规定执行。

6.5 由生产厂的质量检验部门按本标准的规定对产品质量逐批进行检验,生产厂应保证出厂的产品符合本标准的要求。

6.6 检验结果若有一项指标不符合本标准要求,应重新自两倍量的包装单元采样复检,复检结果如仍不符合本标准要求,则该批产品判为不合格。

7 包装、运输和贮存

7.1 包装袋上标志及所附标签应符合 GB 10648 的有关规定。应当在标签上标注“本产品不得饲喂反刍动物”字样。

7.2 应用内衬塑料薄膜的双层包装。

7.3 运输时严禁与有毒有害物品或其他有污染的物品混装。

7.4 应贮存在阴凉干燥处,防潮、防霉变、防虫蛀。在符合规定条件下,保质期为 180 天。

ICS 65.120
B 46

中华人民共和国国家标准

GB/T 20411—2006

饲 料 用 大 豆

Soybean for feedstuffs

2006-08-03 发布 2006-11-01 实施

中华人民共和国国家质量监督检验检疫总局
中国国家标准化管理委员会 发布

前　言

本标准是在 NY/T 135—1989《饲料用大豆》的基础上制定。

本标准与 NY/T 135—1989《饲料用大豆》的主要差异如下：

——增加了不完善粒、生霉粒及热损伤粒指标；

——去掉了脲酶活性允许指标；

——去掉了粗纤维、粗灰分指标。

自本标准实施之日起 NY/T 135—1989《饲料用大豆》废止。

本标准由中华人民共和国农业部提出。

本标准由全国饲料标准化技术委员会归口。

本标准起草单位：国家饲料质量监督检验中心(武汉)、哈尔滨普凡饲料有限公司、山东六和集团。

本标准主要起草人：杨海鹏、卢德秋、吕明斌、郭吉原、杨林、刘小敏。

本标准于 1989 年首次发布为国家标准 GB 10384—1989，于 1997 年调整为农业行业标准。

饲　料　用　大　豆

1　范围

本标准规定了饲料用大豆的有关定义、要求、抽样、检验方法、包装、标志、运输和贮存。

本标准适用于收购、贮存、运输、加工、销售的饲料用大豆。

2　规范性引用文件

下列文件中的条款通过本标准的引用而成为本标准的条款。凡是注日期的引用文件，其随后所有的修改单(不包括勘误的内容)或修订版均不适用于本标准，然而，鼓励根据本标准达成协议的各方研究是否可使用这些文件的最新版本。凡是不注日期的引用文件，其最新版本适用于本标准。

GB 1352　大豆

GB/T 6432　饲料中粗蛋白测定方法

GB/T 6435　饲料水分的测定方法

GB 13078　饲料卫生标准

3　术语和定义

下列术语和定义适用于本标准。

3.1

不完善粒　unsound kernel

不完善粒包括下列受到损伤但尚有饲用价值的大豆粒。

3.1.1

未熟粒　immature kernel

未成熟籽粒不饱满，瘪缩达粒面二分之一以上或子叶绿色达二分之一以上(绿仁大豆除外)与正常粒显著不同的大豆粒。

3.1.2

虫蚀粒　injured kernel

被虫蛀蚀，伤及子叶的大豆粒。

3.1.3

病斑粒　spotted kernel

粒面带有病斑，伤及子叶的大豆粒。

3.1.4

生芽、涨大粒　spronted kernel

芽或幼根突破种皮或吸湿涨大未复原的大豆粒。

3.1.5

生霉粒　moldy kernel

粒面或子叶生霉的大豆粒。

3.1.6

冻伤粒　frostbite kernel

籽粒透明或子叶僵硬呈暗绿色的大豆粒。

3.1.7

热损伤粒　heat damage kernel

因受热而引起子叶变色和损伤的大豆粒。

3.1.8

破损粒　broken kernel

子叶破损达本籽粒体积四分之一以上的大豆粒。

3.2

杂质　foreign material; impurities; dockage

能通过直径 3.0 mm 圆孔筛的物质;无饲用价值的大豆粒;大豆以外的其他物质。

4　要求

4.1　色泽、气味正常。

4.2　杂质含量≤1.0%。

4.3　生霉粒≤2.0%。

4.4　水分≤13%。

4.5　以不完善粒、粗蛋白质为定等级指标(表1)。

表 1　饲料用大豆等级质量指标

等　级	不完善粒/(%)		粗蛋白质/(%)
	合　计	其中:热损伤粒	
1	≤5	≤0.5	≥36
2	≤15	≤1.0	≥35
3	≤30	≤3.0	≥34

4.6　应符合 GB 13078 的要求。

5　抽样

抽样按照 GB/T 1352 执行。

6　检验方法

6.1　色泽、气味、杂质、不完善粒测定按照 GB/T 1352 执行。

6.2　粗蛋白质测定按照 GB/T 6432 执行。

6.3　水分测定按照 GB/T 6435 执行。

7　包装、标志、运输和贮存

包装、标志、运输和贮存按照 GB/T 1352 执行。

ICS 65.120
B 46

中华人民共和国国家标准

GB/T 21264—2007

饲料用棉籽粕

Cottonseed meal(solvent)for feedstuffs

2007-12-24 发布　　2008-03-01 实施

中华人民共和国国家质量监督检验检疫总局
中国国家标准化管理委员会　发布

前　言

本标准是在我国粮油加工及饲料工业生产实践经验的基础上，参考了美国 Feedstuff 及 NRC 发表的饲料原料成分分析表有关数据、德国和英国饲料中游离棉酚的最大允许量，同时吸收了部分科研成果而制定的。

本标准由国家粮食局提出。

本标准由全国饲料工业标准化技术委员会归口。

本标准负责起草单位：国家粮食局科学研究院。

本标准参加起草单位：唐人神集团、长沙大华人生物新技术有限公司、河南富象畜牧饲料有限公司。

本标准主要起草人：李爱科、郝淑红、郭吉原、易建国、张宏玲、马榕。

饲料用棉籽粕

1 范围

本标准规定了饲料用棉籽粕的技术指标，质量分级，检验方法及验收规则，标签、包装、贮存和运输的基本要求。

本标准适用于以棉籽为原料，以预榨浸出或直接浸出法取油后所得棉籽粕。

2 规范性引用文件

下列文件中的条款通过本标准的引用而成为本标准的条款。凡是注日期的引用文件，其随后所有的修改单(不包括勘误的内容)或修订版均不适用于本标准，然而，鼓励根据本标准达成协议的各方研究是否可使用这些文件的最新版本。凡是不注日期的引用文件，其最新版本适用于本标准。

GB/T 6432 饲料中粗蛋白测定方法

GB/T 6433 饲料中粗脂肪的测定

GB/T 6434 饲料中粗纤维的含量测定 过滤法

GB/T 6435 饲料中水分和其他挥发性物质含量的测定

GB/T 6438 饲料中粗灰分的测定

GB 10648 饲料标签

GB 13078 饲料卫生标准

GB/T 13086 饲料中游离棉酚的测定方法

GB/T 14699.1 饲料 采样

3 感官

黄褐色或金黄色小碎片或粗粉状，有时夹杂小颗粒，色泽均匀一致，无发酵、霉变、结块及异味、异臭。

4 要求

4.1 棉籽粕产品的技术指标及分级见表1。

表1 技术指标及分级

指标项目	等级				
	一级	二级	三级	四级	五级
粗蛋白/%	≥50.0	≥47.0	≥44.0	≥41.0	≥38.0
粗纤维/%	≤9.0	≤12.0	≤14.0		≤16.0
粗灰分/%	≤8.0		≤9.0		
粗脂肪/%	≤2.0				
水分/%	≤12.0				

4.2 棉籽粕卫生指标及按游离棉酚含量范围对产品的分级

4.2.1 棉籽粕产品各项卫生指标应符合 GB 13078 的规定。

4.2.2 棉籽粕产品按游离棉酚的含量范围分为低酚棉籽粕、中酚棉籽粕及高酚棉籽粕。其相应的分级见表 2。

表 2　产品中游离棉酚的含量及分级

项　　目	分　　级		
	低酚棉籽粕	中酚棉籽粕	高酚棉籽粕
游离棉酚的含量/(mg/kg)	≤300	300<FG≤750	750<FG≤1200
注：FG 为游离棉酚(free gossypol)。			

5　试验方法

5.1　水分的测定

按 GB/T 6435 的规定进行。

5.2　粗蛋白的测定

按 GB/T 6432 的规定进行。

5.3　粗纤维的测定

按 GB/T 6434 的规定进行。

5.4　粗灰分的测定

按 GB/T 6438 的规定进行。

5.5　粗脂肪的测定

按 GB/T 6433 的规定进行。

5.6　游离棉酚的测定

按 GB/T 13086 的规定进行。

6　检验规则

6.1　产品组批与采样

同种产品，每天生产的为一个批次，每批随机抽取 500 g 作为样品。

采样按 GB/T 14699.1 规定进行。

6.2　出厂检验

感官、粗蛋白、粗脂肪、水分为出厂检验指标。

6.3　型式检验

本标准第 3 章和第 4 章中所要求的全部指标为形式检验项目。

有下列情况之一时，应进行型式检验：

a)　工艺、设备或材料改变时；

b)　质量监督部门提出要求时；

c)　投产后或停产后恢复生产时；

d)　正式生产后，每半年进行一次型式检验。

6.4　判定规则

6.4.1　检验结果全部符合本标准要求的判为合格。若有一项指标不符合标准的要求，应重新自两倍数量的包装单元进行采样复检。复检结果如仍有一项指标不符合本标准的要求，则该批产品判为不合格。

6.4.2　若不符合表 1 和表 2 中某一等级指标要求时，按指标值最低的项目进行等级判断。

7　标签、包装、运输和贮存

7.1　标签

产品的标签应符合 GB 10648 的规定，并注明游离棉酚含量等级和范围。

7.2 包装

饲料用棉籽粕可以散装、袋装，或按用户要求包装。

7.3 运输

产品运输时应有防雨、防晒措施，避免产品在运输中遭曝晒、雨淋及剧烈震动和撞击，且不得与有毒、有害物质或其他有污染的物品混合运输。

7.4 贮存

产品应贮存在阴凉、通风、干燥的地方，防潮、防霉变、防虫蛀。严禁与有毒、有害物质混放。

ICS 65.120
B 46

中华人民共和国国家标准

GB/T 23736—2009

饲料用菜籽粕

Rapeseed meal (solvent) for feedstuff

2009-05-12 发布　　　　2009-09-01 实施

中华人民共和国国家质量监督检验检疫总局
中国国家标准化管理委员会　发布

前 言

本标准由全国饲料工业标准化技术委员会提出并归口。

本标准负责起草单位:国家粮食局科学研究院。

本标准参加起草单位:中国农业科学院油料作物研究所。

本标准主要起草人:李爱科、郝淑红、栾霞、黄凤洪、潘雷、钮琰星。

饲料用菜籽粕

1 范围

本标准规定了饲料用菜籽粕的技术指标、质量分级、检验方法、检验规则以及对标签、包装、运输、贮存的要求。

本标准适用于以菜籽为原料,以预榨浸出或直接浸出法取油后所得菜籽粕。

2 规范性引用文件

下列文件中的条款通过本标准的引用而成为本标准的条款。凡是注日期的引用文件,其随后所有的修改单(不包括勘误的内容)或修订版均不适用于本标准,然而,鼓励根据本标准达成协议的各方研究是否可使用这些文件的最新版本。凡是不注日期的引用文件,其最新版本适用于本标准。

GB/T 6432 饲料中粗蛋白测定方法

GB/T 6433 饲料中粗脂肪的测定

GB/T 6434 饲料中粗纤维的含量测定 过滤法

GB/T 6438 饲料中粗灰分的测定

GB/T 10358 油料饼粕 水分及挥发物含量的测定

GB/T 10647 饲料工业术语

GB 10648 饲料标签

GB 13078 饲料卫生标准

GB/T 13087 饲料中异硫氰酸酯的测定方法

GB/T 14698 饲料显微镜检查方法

GB/T 14699.1 饲料 采样

GB/T 18246 饲料中氨基酸的测定

3 术语和定义

GB/T 10647 中规定的术语和定义适用于本标准。

4 要求

4.1 感官

褐色、黄褐色或金黄色小碎片或粗粉状,有时夹杂小颗粒,色泽均匀一致,无虫蛀、霉变、结块及异味、异臭。

4.2 夹杂物

不得掺入饲料用菜籽粕以外的物质(非蛋白氮等),若加入抗氧剂、防霉剂、抗结块剂等添加剂时,要具体说明加入的品种和数量。

4.3 技术指标及分级

菜籽粕产品的技术指标及分级见表 1。

表 1 技术指标及分级标准

<table>
<tr><th rowspan="2" colspan="2">指标项目</th><th colspan="4">等　级</th></tr>
<tr><th>一级</th><th>二级</th><th>三级</th><th>四级</th></tr>
<tr><td>粗蛋白质/%</td><td>≥</td><td>41.0</td><td>39.0</td><td>37.0</td><td>35.0</td></tr>
<tr><td>粗纤维/%</td><td>≤</td><td>10.0</td><td colspan="2">12.0</td><td>14.0</td></tr>
<tr><td>赖氨酸/%</td><td>≥</td><td colspan="2">1.7</td><td colspan="2">1.3</td></tr>
<tr><td>粗灰分/%</td><td>≤</td><td colspan="2">8.0</td><td colspan="2">9.0</td></tr>
<tr><td>粗脂肪/%</td><td>≤</td><td colspan="4">3.0</td></tr>
<tr><td>水分/%</td><td>≤</td><td colspan="4">12.0</td></tr>
<tr><td colspan="6">注：各项质量指标含量除水分以原样为基础计算外，其他均以88%干物质为基础计算。</td></tr>
</table>

4.4 菜籽粕卫生指标及按异硫氰酸酯含量范围对产品的分级

4.4.1 菜籽粕产品各项卫生指标应符合GB 13078和国家有关规定。

4.4.2 菜籽粕产品按异硫氰酸酯(ITC)的含量范围分为低异硫氰酸酯菜籽粕、中含量异硫氰酸酯菜籽粕及高异硫氰酸酯菜籽粕。其相应的分级见表2。

表 2 产品中异硫氰酸酯的含量及分级

<table>
<tr><th rowspan="2">项　目</th><th colspan="3">分　级</th></tr>
<tr><th>低异硫氰酸酯菜籽粕</th><th>中含量异硫氰酸酯菜籽粕</th><th>高异硫氰酸酯菜籽粕</th></tr>
<tr><td>异硫氰酸酯/(mg/kg)</td><td>≤750</td><td>750<ITC≤2 000</td><td>2 000<ITC≤4 000</td></tr>
<tr><td colspan="4">注：质量指标以88%干物质为基础计算。</td></tr>
</table>

5 检验方法

5.1 水分及挥发物的检验

按GB/T 10358的规定进行。

5.2 粗蛋白质的检验

按GB/T 6432的规定进行。

5.3 粗纤维素的检验

按GB/T 6434的规定进行。

5.4 粗灰分的检验

按GB/T 6438的规定进行。

5.5 粗脂肪的检验

按GB/T 6433的规定进行。

5.6 异硫氰酸酯的检验

按GB/T 13087的规定进行。

5.7 卫生指标的检验

按GB 13078的规定进行。

5.8 夹杂物的检验

按GB/T 14698的规定进行。

5.9 氨基酸的检验

按GB/T 18246的规定进行。

6 检验规则

6.1 产品组批与采样

同种产品，每天生产的为一个批次，每批随机抽取 500 g 作为样品。

采样按照 GB/T 14699.1 规定进行。

6.2 出厂检验

本标准中的感官、粗蛋白质、粗灰分、水分、异硫氰酸酯为出厂检验指标。

6.3 型式检验

本标准第 4 章中所要求的全部指标为型式检验项目。

有下列情况之一时，应进行型式检验：

a) 工艺、设备或原料改变时；

b) 质量监督部门提出要求时；

c) 投产时或停产 6 个月以上恢复生产时；

d) 正式生产后，每 12 个月进行一次。

6.4 判定规则

6.4.1 检验结果全部符合本标准要求的判为合格。若有一项指标不符合标准要求，应重新自两倍数量的包装单元进行采样复检。复检结果如仍有一项指标不符合本标准的要求，则该批产品判为不合格。

6.4.2 若不符合表 1 和表 2 中某一等级指标要求时，按指标值最低的项目进行等级判断。

7 标签、包装、运输、贮存

7.1 标签

产品的标签应符合 GB 10648 的规定。

7.2 包装

饲料用菜籽粕可以散装、袋装，或按用户要求包装。

7.3 运输

产品运输时应有防雨、防晒措施，避免产品在运输中遭曝晒、雨淋及剧烈震动和撞击，且不得与有毒、有害物质或其他有污染的物品混合运输。

7.4 贮存

产品应贮存在阴凉、通风、干燥的地方，防潮、防霉变、防虫蛀。严禁与有毒、有害物质混放。

ICS 65.120
B 46

中华人民共和国国家标准

GB/T 23875—2009

饲料用喷雾干燥血球粉

Spray-dried animal blood cells for feedstuffs

2009-05-26 发布

2009-10-01 实施

中华人民共和国国家质量监督检验检疫总局
中国国家标准化管理委员会 发布

前　言

本标准参考美国官方饲料管理协会(AAFCO)和欧盟动物源性产品的有关规定制定。

本标准由全国饲料工业标准化技术委员会(SAC/TC 76)提出并归口。

本标准负责起草单位:国家饲料质量监督检验中心(武汉)、北京养元兽药有限公司、上海杰隆生物制品有限公司、SONAC(中国)有限责任公司。

本标准主要起草人:刘小敏、徐铃、成国祥、周增太、高利红、何一帆、杨林。

饲料用喷雾干燥血球粉

1 范围

本标准规定了饲料用喷雾干燥血球粉的术语和定义、质量要求、试验方法、检验规则、标志、包装、运输和贮存。

本标准适用于饲料用喷雾干燥血球粉。

2 规范性引用文件

下列文件中的条款通过本标准的引用而成为本标准的条款。凡是注日期的引用文件，其随后所有的修改单(不包括勘误的内容)或修订版均不适用于本标准，然而，鼓励根据本标准达成协议的各方研究是否可使用这些文件的最新版本。凡是不注日期的引用文件，其最新版本适用于本标准。

GB/T 5009.44 肉与肉制品卫生标准的分析方法

GB/T 6003.1—1997 金属丝编织网试验筛

GB/T 6432 饲料中粗蛋白测定方法

GB/T 6435 饲料中水分和其他挥发性物质含量的测定(GB/T 6435—2006,ISO 6496:1999,IDT)

GB/T 6438 饲料中粗灰分的测定

GB 10648 饲料标签

GB/T 13080 饲料中铅的测定 原子吸收光谱法

GB/T 14699.1 饲料 采样(GB/T 14699.1—2005,ISO 6497:2002,IDT)

GB/T 18246 饲料中氨基酸的测定

GB/T 18823 饲料 检测结果判定的允许误差

GB/T 18869 饲料中大肠菌群的测定

3 术语和定义

下列术语和定义适用于本标准。

3.1

饲料用喷雾干燥血球粉 spray-dried animal blood cells for feedstuffs

喷雾干燥血细胞粉

动物鲜血分离出血浆后，经喷雾干燥制成的产品。

4 要求

4.1 感官要求

本品为具有血制品特殊气味的暗红或类红色的均匀粉末，无腐败变质异味，不得含有植物性物质。

4.2 质量要求

饲料用喷雾干燥血球粉质量要求见表1。

表1 饲料用喷雾干燥血球粉质量要求

项目		指标
细度(通过孔径为0.20 mm试验筛)/%	≥	95.0
水分(质量分数)/%	≤	10.0
粗蛋白质(质量分数)/%	≥	90.0
粗灰分(质量分数)/%	≤	4.5
赖氨酸(质量分数)/%	≥	7.5
挥发性盐基氮/(mg/100 g)	≤	45.0
铅(Pb)(质量分数)/(mg/kg)	≤	2.0

4.3 微生物卫生指标

本品不得含有致病性微生物。

大肠杆菌：$n=5$，$m=10$ 个/g，$M=300$ 个/g，$c=2$；

其中：

n——被检测样品组数；

m——细菌总数最小阈值，如果所有样品中的细菌总数均不超过 m，则认为产品合格；

M——细菌总数最大值，如果一个或多个样品中的细菌总数是 M 或超过 M，该产品视为不合格；

c——细菌总数在 m 和 M 之间的样品数，若其他样品组中细菌总数是 m 或小于 m，则认为该样品还在可接受范围内。

5 试验方法

5.1 感官性状的检验

采用目测及嗅觉检验。

5.2 细度

5.2.1 方法提要

用筛分法测定筛下物含量。

5.2.2 仪器、设备

试验筛：符合 GB/T 6003.1—1997 中 R40/3 系列的要求。

5.2.3 分析步骤

称取试样 30 g(准确至 0.01 g)，置于试验筛(孔径为 0.20 mm)中进行筛分，将筛下物称量。

5.2.4 分析结果的表述

细度 ω 以质量分数表示，按式(1)计算：

$$\omega = \frac{m_1}{m} \times 100\% \quad \cdots\cdots (1)$$

式中：

m_1——筛下物的质量，单位为克(g)；

m——样品质量，单位为克(g)。

计算结果表示至小数点后一位。

5.3 水分

水分的测定按 GB/T 6435 执行。

5.4 粗蛋白质

粗蛋白质的测定按 GB/T 6432 执行。

5.5 粗灰分

粗灰分的测定按 GB/T 6438 执行。

5.6 氨基酸

氨基酸的测定按 GB/T 18246 执行。

5.7 挥发性盐基氮

挥发性盐基氮按 GB/T 5009.44 执行。

5.8 铅

铅的测定按 GB/T 13080 执行。

5.9 大肠菌群

大肠菌群的测定按 GB/T 18869 执行。

6 检验规则

6.1 采样方法

按 GB/T 14699.1 执行。

6.2 出厂检验

6.2.1 批

以同班、同原料的产品为一批，每批产品进行出厂检验。

6.2.2 出厂检验项目

感官性状、水分、细度、挥发性盐基氮、粗蛋白质和粗灰分含量。

6.2.3 判定方法

以本标准的有关试验方法和要求为依据，对抽取样品按出厂检验项目进行检验。检验结果中如有一项指标不符合本标准要求时，应重新加倍抽样进行复检，复检结果如仍有一项指标不符合本标准要求，则该批产品不合格。各项成分指标判定合格或验收按 GB/T 18823 的误差执行。

6.3 型式检验

6.3.1 型式检验项目为本标准第 4 章规定的全部项目。

6.3.2 有下列情况之一，应进行型式检验：

a) 改变配方或生产工艺；

b) 正常生产每半年或停产半年后恢复生产；

c) 国家技术监督部门提出要求时。

6.3.3 判定方法：以本标准的有关试验方法和要求为依据。检验结果中如有一项指标不符合本标准要求时，应重新加倍抽样进行复检，复检结果如仍有一项指标不符合标准要求，则该周期产品不合格。各项成分指标判定合格或验收按 GB/T 18823 的误差执行。微生物指标不得复验。如型式检验不合格，应停止生产至查明原因。

7 标志、包装、运输和贮存

7.1 标志

饲料用喷雾干燥血球粉包装袋上应有牢固清晰的标志，内容按 GB 10648 执行。加注“不能用于反刍动物”字样。

7.2 包装

饲料用喷雾干燥血球粉采用双层包装。内包装采用两层食品级聚乙烯塑料薄膜袋，厚度不得小于0.06 mm。外包装使用复合纸包装袋包装。

7.3 运输

饲料用喷雾干燥血球粉运输过程中应有遮盖物，防止曝晒、雨淋、受潮，不得与有毒有害物质混运。

7.4 贮存

饲料用喷雾干燥血球粉应贮存在通风干燥阴凉、干燥处，防止雨淋、受潮。不得与有毒有害物质混存。产品堆放时应加垫，不得直接与地面接触。

饲料用喷雾干燥血球粉在规定的储存条件下，从生产之日起，原包装产品保质期为12个月。

ICS 65.120
B 46

中华人民共和国国家标准

GB/T 33914—2017

饲料原料　喷雾干燥猪血浆蛋白粉

Feed materials—Spray-dried porcine plasma powder

2017-07-12 发布　　　　2018-02-01 实施

中华人民共和国国家质量监督检验检疫总局
中国国家标准化管理委员会　发布

前　言

本标准按照 GB/T 1.1—2009 给出的规则起草。

本标准由全国饲料工业标准化技术委员会(SAC/TC 76)提出并归口。

本标准起草单位:中国农业大学、天津宝迪农业科技股份有限公司。

本标准主要起草人:谯仕彦、程榆茗、曾祥芳、谢春元、姚远新、张建东、王雅静、蔡克周。

饲料原料　喷雾干燥猪血浆蛋白粉

1　范围

本标准规定了喷雾干燥猪血浆蛋白粉的术语和定义、要求、试验方法、检验规则、标志、标签、包装、运输、贮存和保质期。

本标准适用于饲料原料喷雾干燥猪血浆蛋白粉。

2　规范性引用文件

下列文件对于本文件的应用是必不可少的。凡是注日期的引用文件，仅注日期的版本适用于本文件。凡是不注日期的引用文件，其最新版本(包括所有的修改单)适用于本文件。

GB/T 191　包装储运图示标志

GB/T 5009.44　肉与肉制品卫生标准的分析方法

GB/T 5917.1　饲料粉碎粒度测定　两层筛筛分法

GB/T 6432　饲料中粗蛋白测定方法

GB/T 6435　饲料中水分的测定

GB/T 6438　饲料中粗灰分的测定

GB/T 6682　分析实验室用水规格和试验方法

GB 10648　饲料标签

GB/T 13079　饲料中总砷的测定

GB/T 13080　饲料中铅的测定　原子吸收光谱法

GB/T 13091　饲料中沙门氏菌的检测方法

GB/T 13092　饲料中霉菌总数的测定

GB/T 13093　饲料中细菌总数的测定

GB/T 14699.1　饲料　采样

GB/T 18246　饲料中氨基酸的测定

GB/T 18869　饲料中大肠菌群的测定

GB/T 21033　饲料中免疫球蛋白 IgG 的测定　高效液相色谱法

GB/T 21313　动物源性食品中 β-受体激动剂残留检测方法　液相色谱-质谱/质谱法

动物病原微生物分类名录(中华人民共和国农业部令第 53 号)

3　术语和定义

下列术语和定义适用于本文件。

3.1

喷雾干燥猪血浆蛋白粉　spray-dried porcine plasma powder

以屠宰生猪得到的无疫病且未变质的新鲜血液分离出的血浆为原料，经灭菌、喷雾干燥获得的产品。

4 要求

4.1 感官指标

白色、淡黄色或淡粉色，色泽一致，具有动物血液制品固有气味、无腐败变质气味、无杂质、无块状物，不得含有猪血浆以外的其他成分。

4.2 技术指标

技术指标应符合表1规定。

表1 技术指标

项　　目	指标
粗蛋白质/%	≥70.0
粗灰分/%	≤14.0
水　分/%	≤8.0
赖氨酸/%	≥5.5
免疫球蛋白G(IgG,以占样品粗蛋白百分数计)/%	≥15.0
水可溶物/%	≥88
挥发性盐基氮/(mg/100 g)	≤35
粒度[筛上物,60目筛(孔径0.3 mm)]/%	≤0.1

4.3 卫生指标

产品卫生指标应符合表2的规定。

表2 卫生指标

项　　目	指标
细菌总数/(CFU/g)	$\leqslant 2\times10^{5}$
大肠菌群/(MPN/100 g)	$\leqslant 1\times10^{3}$
霉菌总数/(CFU/g)	$\leqslant 3\times10^{2}$
沙门氏菌(25 g样品中)	不得检出
铅/(mg/kg)	≤0.5
总砷/(mg/kg)	≤0.5
β-受体激动剂	不得检出

4.4 其他要求

产品不得含有《动物病原微生物分类名录》中的一类、二类和三类猪传染病病原。

5 试验方法

试验中所有试剂和水，在未注明其他要求时，均使用分析纯试剂和GB/T 6682中规定的三级水。

5.1 感官指标

取100 g样品放入白瓷盘中，在自然光下目视、鼻嗅。

5.2 粗蛋白质

按GB/T 6432规定执行。

5.3 粗灰分

按GB/T 6438规定执行。

5.4 水分

按GB/T 6435规定执行。

5.5 赖氨酸

按GB/T 18246规定执行。

5.6 免疫球蛋白G(IgG)

按GB/T 21033规定执行，结果以占样品粗蛋白百分数计。

5.7 水可溶物

5.7.1 试剂

消泡剂(硅油)。

5.7.2 仪器设备

5.7.2.1 离心管：50 mL。
5.7.2.2 烧杯：50 mL。
5.7.2.3 称量皿：铝皿或玻璃皿。
5.7.2.4 离心机。
5.7.2.5 电子天平。
5.7.2.6 电磁搅拌器。
5.7.2.7 干燥箱。

5.7.3 测定方法

称取样品2.5 g(准确至0.01 g)于50 mL烧杯中，加入25.0 mL蒸馏水(25 ℃)，电磁搅拌器搅拌溶解30 min，加入一滴消泡剂(5.7.1)。将溶液倒入两个离心管中。将离心管置离心机中，以适当的转速(4 000 r/min)离心20 min，使不溶物沉淀。倾去上清液，并用棉栓擦净管壁。再加入水约10.0 mL(25 ℃)，加塞，上、下摇动，使沉淀悬浮。再置离心管中离心10 min，倾去上清液，用棉栓擦净管壁。用少量水将沉淀冲洗入已知质量的称量皿，先在沸水浴上或在80 ℃干燥箱中将皿中水分蒸干，再移入

105 ℃烘箱中干燥至恒重(最后两次质量差不超过 2 mg)。

5.7.4 结果计算

样品中水可溶物含量 X 以质量分数表示,数值以%计,按式(1)计算:

$$X = 100 - \frac{m_2 - m_1}{m} \times 100 \quad \cdots\cdots(1)$$

式中:

m_2——称量皿和不溶物干燥后质量,单位为克(g);

m_1——称量皿的质量,单位为克(g);

m ——样品的质量,单位为克(g)。

测定结果以两次平行测定的算术平均值表示。两次平行测定结果的绝对差值不大于 2%。

5.8 挥发性盐基氮

按 GB/T 5009.44 规定执行(半微量定氮法)。

5.9 粒度

按 GB/T 5917.1 规定执行。

5.10 细菌总数

按 GB/T 13093 规定执行。

5.11 大肠菌群

按 GB/T 18869 规定执行。

5.12 霉菌总数

按 GB/T 13092 规定执行。

5.13 沙门氏菌

按 GB/T 13091 规定执行。

5.14 铅

按 GB/T 13080 规定执行。

5.15 总砷

按 GB/T 13079 规定执行。

5.16 ***β***-受体激动剂

按 GB/T 21313 规定执行。

6 检验规则

6.1 组批

以同一批次原料、以同样工艺和条件、同一班次生产且经包装的同一产品名称、规格和同一质量证明书的产品为一个批次。

6.2 采样

按照 GB/T 14699.1 的规定进行。

6.3 出厂检验

感官指标、粗蛋白质、水分、粗灰分、免疫球蛋白 G、水可溶物、挥发性盐基氮和细菌总数为出厂检验指标。出厂检验由企业检验化验室进行。每批产品经检验合格后方可出厂并附检验合格证。

6.4 型式检验

型式检验项目为第 4 章规定的全部项目。企业正常生产时每半年至少应进行一次型式检验。有下列情况之一时,应进行型式检验:

a) 生产工艺及设备有重大变更时;

b) 所用原料有重大变化时;

c) 停产三个月以上,恢复生产时;

d) 国家质量监督机构或主管部门提出型式检验要求时。

6.5 判定规则

以本标准的有关试验方法和要求为依据。如果检验结果中有指标不符合本标准要求时,应重新自同批产品两倍数量的包装单元中采样复检,复检结果仍有不合格项时,则判定该整批产品不合格。微生物指标不合格时则判定为产品不合格,不得复检。

7 标志、标签、包装、运输和贮存

7.1 标志

按 GB/T 191 规定执行。

7.2 标签

按 GB 10648 规定执行。

7.3 包装

包装采用符合国家卫生要求的塑料编织袋或复合纸袋进行包装。

7.4 运输

在运输过程中应防潮、防高温、防止包装破损,严禁与有毒有害物质混运。

7.5 贮存

应贮存在通风、阴凉干燥、无毒害的库房内,产品堆放时应加垫,不得直接与地面接触。

8 保质期

在符合本标准规定贮存条件下保质期为 18 个月。

ICS 65.120
B 46

中华人民共和国国家标准

GB/T 36860—2018

饲料原料　干黄酒糟

Feed material—Dried vinasse of Huangjiu

2018-09-17 发布　　　　2019-04-01 实施

国家市场监督管理总局
中国国家标准化管理委员会　发布

前　言

本标准按照 GB/T 1.1—2009 给出的规则起草。

本标准由全国饲料工业标准化技术委员会(SAC/TC 76)提出并归口。

本标准起草单位:浙江科技学院、中国饲料工业协会、浙江古越龙山绍兴酒有限公司、国家黄酒质量监督检验中心、浙江塔牌绍兴酒有限公司、浙江会稽山绍兴酒股份有限公司。

本标准主要起草人:刘铁兵、王黎文、李博斌、李竞前、张雅惠、周建弟、毛建卫、刘士旺、朱银邦、李智勇、潘兴祥、赵旭民、胡志明、廖杰、傅祖康。

饲料原料　干黄酒糟

1　范围

本标准规定了饲料原料干黄酒糟产品的术语和定义、技术要求、取样、试验方法、检验规则、包装、标签、运输、贮存和保质期。

本标准适用于在黄酒生产过程中，原料发酵后过滤获得的滤渣经干燥获得的产品。

2　规范性引用文件

下列文件对于本文件的应用是必不可少的。凡是注日期的引用文件，仅注日期的版本适用于本文件。凡是不注日期的引用文件，其最新版本(包括所有的修改单)适用于本文件。

GB/T 6432　饲料中粗蛋白的测定　凯式定氮法

GB/T 6433　饲料中粗脂肪的测定

GB/T 6434　饲料中粗纤维的含量测定　过滤法

GB/T 6435　饲料中水分的测定

GB/T 6438　饲料中粗灰分的测定

GB/T 8170　数值修约规则与极限数值的表示和判定

GB/T 10647　饲料工业术语

GB 10648　饲料标签

GB 13078　饲料卫生标准

GB/T 14699.1　饲料　采样

GB/T 18823　饲料检测结果判定的允许误差

GB/T 20806　饲料中中性洗涤纤维(NDF)的测定

3　术语和定义

GB/T 10647 界定的术语和定义适用于本文件。

4　技术要求

4.1　外观与性状

黄色或黄褐色，粉状或颗粒状、无异物、无霉变、无异味，具有黄酒糟的独特发酵香味。

4.2　理化指标

理化指标应符合表 1 要求。

表1 理化指标

项目	指标[a]/%	
	一级	二级
粗蛋白	≥20.0	10.0～<20.0
粗脂肪 ≥	4.0	
粗纤维 ≤	21.0	
中性洗涤纤维 ≤	50.0	
水分 ≤	12.0	
粗灰分 ≤	6.0	
[a] 各项理化指标均以88%干物质为基础计算。		

4.3 卫生指标

应符合GB 13078的规定。

5 取样

按GB/T 14699.1规定执行。

6 试验方法

6.1 感官检验

取适量样品置于清洁、干燥的白瓷盘中，在自然光线下观察其色泽和形态，嗅其气味。

6.2 粗蛋白

按GB/T 6432规定执行。

6.3 粗脂肪

按GB/T 6433规定执行。

6.4 粗纤维

按GB/T 6434规定执行。

6.5 中性洗涤纤维

按GB/T 20806规定执行。

6.6 水分

按GB/T 6435规定执行。

6.7 粗灰分

按GB/T 6438规定执行。

7 检验规则

7.1 组批

以相同材料、相同的生产工艺、连续生产或同一班次生产的产品为一批，每批不应超过 50 t。

7.2 出厂检验

出厂检验项目为外观与性状、水分、粗蛋白、粗脂肪和粗灰分。

7.3 型式检验

型式检验项目为第 4 章规定的所有项目，在正常生产情况下，每半年至少进行 1 次型式检验。在有下列情况之一时，亦应进行型式检验：

a） 产品定型投产；
b） 生产工艺、配方或主要原料来源有较大改变，可能影响产品质量；
c） 停产 3 个月以上，重新恢复生产；
d） 出厂检验结果与上次型式检验结果有较大差异；
e） 饲料行政管理部门提出检验要求。

7.4 判定规则

7.4.1 所检项目全部合格，判定为该批次产品合格。

7.4.2 检验项目中有任何指标不符合本标准规定时，可自同批产品中重新加倍取样进行复检。若复检结果仍不符合本标准规定，则判定该批产品为不合格。微生物指标不得复检。

7.4.3 各项目指标的极限数值判定按 GB/T 8170 中的修约值比较法执行。

7.4.4 理化指标检验结果判定的允许误差按 GB/T 18823 的规定执行。

8 标签、包装、运输和贮存

8.1 标签

标签应符合 GB 10648 的规定。

8.2 包装

包装材料应无毒、无害、防潮。

8.3 运输

运输中防止包装破损、日晒、雨淋，不应与有毒有害物质共运。

8.4 贮存

贮存时防止日晒、雨淋，不应与有毒有害物质混储。

9 保质期

未开启的原包装产品，在符合上述规定的包装、运输、贮存条件下，产品保质期与标签中标明的保质期一致。

前　　言

“双低”油菜籽加工后的饼(粕)中抗营养物质低于普通菜籽饼(粕),蛋白质含量高,氨基酸组成合理,是很好的饲料源。随着我国“双低”油菜品种的不断推广种植,以其饼粕作为饲料源的饲料加工业也将日益繁荣,因此,特制定饲料用低硫苷菜籽饼(粕)的质量标准,以规范低硫苷菜籽饼(粕)的饲用、市场流通及出口等。

本标准的制定以行业标准 NY/T 125—1989《饲料用菜籽饼》(原 GB 10374—1989)、NY/T 126—1989《饲料用菜籽粕》(原 GB 10375—1989)所规定的质量指标和国家标准 GB 13078—1991《饲料卫生标准》所规定的卫生指标为基础,修改了异硫氰酸酯和恶唑烷硫酮含量指标。

本标准由农业部种植业管理司提出。

本标准由农业部种植业管理司技术归口。

本标准起草单位:农业部油料及制品质量监督检验测试中心。

本标准主要起草人:李培武、李光明、李云昌、杨湄、张文。

中华人民共和国农业行业标准

饲料用低硫苷菜籽饼(粕)

NY/T 417—2000

Low glucosinolates rapeseed meal for feedstuff

1 范围

本标准规定了饲料用低硫苷菜籽饼(粕)的定义、质量指标、检测方法及分级标准和包装、运输与储存要求。

本标准适用于低硫苷油菜籽压榨取油后的饲料用菜籽饼和预榨-浸出取油后的饲料用菜籽粕。本标准不适用于非饲料用菜籽饼(粕),也不适用于经脱毒后的普通菜籽饼(粕)。

2 引用标准

下列标准所包含的条文,通过在本标准中引用而构成为本标准的条文。本标准出版时,所示版本均为有效。所有标准都会被修订,使用本标准的各方应探讨使用下列标准最新版本的可能性。

GB/T 6432—1994 饲料中粗蛋白测定方法

GB/T 6433—1994 饲料中粗脂肪测定方法

GB/T 6434—1994 饲料中粗纤维测定方法

GB/T 6438—1992 饲料中粗灰分的测定方法

GB 13078—1991 饲料卫生标准

GB/T 13087—1991 饲料中异硫氰酸酯的测定方法

GB/T 13089—1991 饲料中恶唑烷硫酮的测定方法

3 定义

本标准采用下列定义。

3.1 硫苷

油菜籽中所含硫代葡萄糖苷(简称硫苷),以每克饼粕(水分含量8.5%)中所含硫苷总量微摩尔数表示。

3.2 异硫氰酸酯、恶唑烷硫酮

硫苷降解产物,分别简称ITC、OZT,具有一定毒性。以每千克干基饼粕中所含的毫克数表示。

3.3 低硫苷油菜籽

油菜籽中硫苷含量≤45.00 μmol/g 饼。

4 感官性状

褐色或浅褐色,小瓦片状、片状或饼状、粗粉状,具有低硫苷菜籽饼(粕)油香味,无溶剂味,引爆试验合格,不焦不糊,无发酵、霉变、结块。

5 质量指标及分级标准

5.1 以异硫氰酸酯(ITC)和恶唑烷硫酮(OZT)、粗蛋白质、粗纤维、粗灰分及粗脂肪为质量控制指标,

中华人民共和国农业部2000-12-22批准 2001-04-01实施

按粗蛋白质含量分为三级(见表1)。

表1 低硫苷饲料用菜籽饼(粕)质量指标

质量指标 \ 产品名称		低硫苷菜籽饼			低硫苷菜籽粕		
		一级	二级	三级	一级	二级	三级
ITC+OZT,mg/kg	≤	4 000	4 000	4 000	4 000	4 000	4 000
粗蛋白质,%	≥	37.0	34.0	30.0	40.0	37.0	33.0
粗纤维,%	<	14.0	14.0	14.0	14.0	14.0	14.0
粗灰分,%	<	12.0	12.0	12.0	8.0	8.0	8.0
粗脂肪,%	<	10.0	10.0	10.0	—	—	—

5.2 ITC+OZT质量指标含量以饼(粕)干重为基础计算,其余各项质量指标含量均以88%干物质为基础计算。

5.3 五项质量指标必须全部符合相应等级的规定。

5.4 水分含量不超过12.0%。

5.5 不得掺加饲料用低硫苷菜籽饼(粕)以外的夹杂物质。加入抗氧化剂、防毒剂等添加剂时,应做相应的说明。

5.6 二级饲料用菜籽饼(粕)为中等质量,低于三级者为等外品,不适于作饲料用。

6 卫生标准

应符合GB 13078的规定。

7 检验方法

7.1 低硫苷饼(粕)中异硫氰酸酯的测定按照GB/T 13087执行。

7.2 低硫苷饼(粕)中恶唑烷硫酮的测定按照GB/T 13089执行。

7.3 低硫苷饼(粕)中粗蛋白的测定按GB/T 6432执行。

7.4 低硫苷饼(粕)中粗脂肪的测定按GB/T 6433执行。

7.5 低硫苷饼(粕)中粗纤维的测定按GB/T 6434执行。

7.6 低硫苷饼(粕)中粗灰分的测定按GB/T 6438执行。

8 包装、运输和储存

饲料用低硫苷菜籽饼(粕)的包装、运输和储存,必须符合保质、保量、运输安全和分类、分级储存的要求,严防污染。

ICS 65.120
B 20

中华人民共和国农业行业标准

NY/T 685—2003

饲料用玉米蛋白粉

Corn gluten meal for feedstuffs

2003-07-30 发布　　2003-10-01 实施

中华人民共和国农业部　发布

前　言

本标准非等效采用美国玉米湿磨行业 SIC 2046《饲料用玉米蛋白粉》标准。

本标准由中华人民共和国农业部提出。

本标准由全国饲料工业标准化技术委员会归口。

本标准起草单位：辽宁省乡镇企业信息咨询服务中心、沈阳农业大学、诸城兴贸玉米开发有限公司、长春大成玉米开发有限公司。

本标准主要起草人：张春红、吴玥、杨洪嘉、刘长江、马岩松、李新华、车芙蓉、马涛。

饲料用玉米蛋白粉

1 范围

本标准规定了饲料用玉米蛋白粉的有关定义、要求、抽样、试验方法、检验规则、标签、包装、运输和贮存。

本标准适用于玉米经脱胚、粉碎、去渣、提取淀粉后的黄浆水，再经脱水制成的饲料用玉米蛋白粉。

2 规范性引用文件

下列文件中的条款通过本标准的引用而成为本标准的条款。凡是注日期的引用文件，其随后所有的修改单(不包括勘误的内容)或修订版均不适用于本标准，然而，鼓励根据本标准达成协议的各方研究是否可使用这些文件的最新版本。凡是不注明日期的引用文件，其最新版本适用于本标准。

GB/T 6432 饲料中粗蛋白测定方法(GB/T 6432—1994,eqv ISO 5983:1979)

GB/T 6433 饲料粗脂肪测定方法(GB/T 6433—1994,eqv ISO 5983:1979)

GB/T 6434 饲料粗纤维测定方法(GB/T 6434—1994,eqv ISO 5983:1979)

GB/T 6435 饲料水分的测定方法(GB/T 6435—1986,neq ISO 6496:1983)

GB/T 6438 饲料中粗灰分的测定方法(GB/T 6438—1992,idt ISO 5984:1978)

GB 10648 饲料标签

GB 13078 饲料卫生标准

GB/T 14698 饲料显微镜检查方法

GB/T 14699.1 饲料采样方法(GB/T 14699.1—1993,neq ISO 7002:1986)

3 术语和定义

下列术语和定义适用于本标准。

3.1

玉米蛋白粉 corn gluten meal

是以玉米为原料，经脱胚、粉碎、去渣、提取淀粉后的黄浆水，再经浓缩和干燥得到的富含蛋白质的产品。

4 要求

4.1 感官性状

4.1.1 性状

本品呈粉状或颗粒状、无发霉、结块、虫蛀。

4.1.2 气味

本品具有本制品固有气味、无腐败变质气味。

4.1.3 色泽

本品呈淡黄色至黄褐色、色泽均匀。

4.1.4 夹杂物

本品不含砂石等杂质；不得掺入非蛋白氮等物质，若加入抗氧化剂、防霉剂等添加剂时，应在饲料标签上做相应的说明。

4.2 理化指标

质量指标及分级见表1。

表1 饲料用玉米蛋白粉质量指标及分级 %

项目		指标		
		一级	二级	三级
水分	≤	12.0	12.0	12.0
粗蛋白质(干基)	≥	60.0	55.0	50.0
粗脂肪(干基)	≤	5.0	8.0	10.0
粗纤维(干基)	≤	3.0	4.0	5.0
粗灰分(干基)	≤	2.0	3.0	4.0
注:一级饲料用玉米蛋白粉为优等质量标准,二级饲料用玉米蛋白粉为中等质量标准,低于三级者为等外品。				

5 卫生指标

应符合 GB 13078 的规定。

6 抽样

每批产品采样按 GB/T 14699.1 执行。

7 试验方法

7.1 感官性状

采用目视、鼻嗅方法检测,必要时夹杂物按 GB/T 14698 规定的方法检测。

7.2 水分

按 GB/T 6435 规定的方法测定。

7.3 粗蛋白质

按 GB/T 6432 规定的方法测定。

7.4 粗脂肪

按 GB/T 6433 规定的方法测定。

7.5 粗纤维素

按 GB/T 6434 规定的方法测定。

7.6 粗灰分

按 GB/T 6438 规定的方法测定。

8 检验规则

8.1 本标准规定的所有项目为型式检验项目,要求五项质量指标应全部符合相应等级的规定。

8.2 本标准规定的感官检验、水分和粗蛋白质为出厂检验项目,其中水分、粗蛋白质应随生产按班抽样检验。

8.3 检验样品应妥善保管至保质期后一个月,以备复查。

8.4 饲料用玉米蛋白粉产品的粒度,应根据使用方要求或由供需双方商定。

8.5 销售时每 250 t 作为一个检验批次,不足 250 t 也作为一个检验批次。

8.6 如果在检验中有一项指标不符合本标准规定时应重新抽样,抽样量是原来的两倍。产品重新检验结果即使有一项指标不合格,应视为不合格产品。

8.7 供需双方有异议时,应仲裁检验。

9 标签

本品采用符合 GB 10648 规定的标签。

10 包装、运输和贮存

饲料用玉米蛋白粉的包装、运输和贮存，应符合保质、保量、运输安全和分类、分级贮存的要求，严防污染。

本产品的保质期为 12 个月。

ICS 65.080
B 10
备案号:40325—2013

中华人民共和国国内贸易行业标准

SB/T 10998—2013

饲 料 用 桑 叶 粉

Mullberry leaf meal for feedstuffs

2013-04-16 发布　　2013-11-01 实施

中华人民共和国商务部　发 布

前　言

本标准按照 GB/T 1.1—2009 给出的规则起草。

本标准由中华人民共和国商务部提出。

本标准由全国桑蚕业标准化技术委员会(SAC/TC 437)归口。

本标准起草单位：江苏科技大学、农业部蚕桑产业产品质量监督检验测试中心(镇江)、广东省农业科学院蚕业与农产品加工研究所、山东农业大学、西南大学、北京嘉木堂生物科技有限公司、山东省蚕业研究所。

本标准主要起草人：李龙、吴萍、廖森泰、邝哲师、崔为正、肖更生、黄先智、罗国庆、陈涛、于振诚、袁宗泉、刘利。

饲 料 用 桑 叶 粉

1 范围

本标准规定了饲料用桑叶粉的质量指标及分级标准。

本标准适用于以桑树的叶、芽及部分嫩枝条为原料，经干燥、粉碎后加工制成的饲料用桑叶粉。

2 规范性引用文件

下列文件对于本文件的应用是必不可少的。凡是注日期的引用文件，仅注日期的版本适用于本文件。凡是不注日期的引用文件，其最新版本(包括所有的修改单)适用于本文件。

GB/T 5917 饲料粉碎粒度测定 两层筛筛分法

GB/T 6432 饲料中粗蛋白测定方法

GB/T 6434 饲料中粗纤维的含量测定 过滤法

GB/T 6435 饲料中水分和其他挥发性物质含量的测定

GB/T 6438 饲料中粗灰分的测定

GB/T 10647 饲料工业术语

GB 10648 饲料标签

GB 13078 饲料卫生标准

GB/T 14699.1 饲料 采样

3 术语和定义

GB/T 10647 中界定的以及下列术语和定义适用于本文件。

3.1

桑叶粉 mulberry leaf meal

以桑树的叶、芽及部分嫩枝条为原料，经干燥、粉碎后加工制成的粉状产品。

4 要求

4.1 感官性状

呈鲜绿色、浅绿色或略带浅褐色的粉状，色泽一致，混合均匀，具有本制品固有气味，无霉变、结块、虫蛀及异味。

4.2 粉碎粒度

在 1.0 mm 的孔径分析筛上残留物不应大于 5%。

4.3 添加物

除了可加入抗氧化剂、防霉剂、抗结块剂等添加剂外，不应掺入饲料用桑叶粉以外的物质。如加有上述添加剂时应在饲料标签上注明。

4.4 质量指标及分级

质量指标及分级见表1。

表1 饲料用桑叶粉质量指标及分级

指标项目	等级			
	特级	一级	二级	三级
粗蛋白质/% ≥	20.0	18.0	15.0	12.0
粗纤维/% ≤	10.0	13.0	16.0	20.0
粗灰分/% ≤	9.0	12.0	14.0	
水分/% ≤	13.0			
注：各项质量指标除水分以原样为基础计算外，其他均以87%干物质为基础计算。				

5 卫生指标

应符合GB 13078的规定。

6 抽样

同种产品，原料来源相同，在同一车间同一天生产的产品为一个批次，每批产品采样按GB/T 14699.1执行。

7 检验方法

7.1 粉碎粒度

按GB/T 5917执行。

7.2 粗蛋白质的检验

按GB/T 6432执行。

7.3 粗纤维的检验

按GB/T 6434执行。

7.4 粗灰分的检验

按GB/T 6438执行。

7.5 水分测定

按GB/T 6435执行。

8 检验规则

8.1 出厂检验

本标准中的感官性状、粗蛋白质、粗纤维、粗灰分、水分为出厂检验指标。

8.2 型式检验

本标准中所要求的全部指标为型式检验项目。

有下列情况之一时，应进行型式检验：

a) 工艺、设备或原料改变时；

b) 质量监督部门提出要求时；

c) 投产时或停产6个月以上恢复生产时；

d) 正式生产后，每12个月进行一次。

8.3 判定与定级规则

8.3.1 水分含量超过13%则不予定级。

8.3.2 检验结果符合本标准要求的判为合格。若有一项指标不符合标准要求，应重新加倍抽样，复检结果如仍有一项指标不符合本标准的要求，则判定该批产品不合格。卫生指标不能复检。

8.3.3 产品等级按表1中单项指标最低值所在等级定级。

9 标识

产品的标识应符合GB 10648的规定。

10 包装、运输和贮存

10.1 包装

采用符合饲料包装要求的包装物进行包装。

10.2 运输

产品运输可以用普通交通工具运输，运输过程中应避免雨雪侵蚀，搬运、装卸时小心轻放，不应与有毒、有害物品混装混运。

10.3 贮存

产品存放在阴凉、干燥并具有防鼠措施的场所，避免与有毒、有害物品混合存放。

饲料有效性与安全性评价标准

ICS 65.120
B 46

中华人民共和国国家标准

GB/T 21035—2007

饲料安全性评价 喂养致畸试验

Feed safety evaluation—Feeding teratogenicity test

2007-06-21 发布　　2007-09-01 实施

中华人民共和国国家质量监督检验检疫总局
中国国家标准化管理委员会　发布

前　言

本标准是在参阅了 GB 15193.14—2003 致畸试验及国内外相关文献的基础上，根据我国技术发展水平研究制定的。

本标准由农业部畜牧业司提出。

本标准由全国饲料工业标准化技术委员会归口。

本标准负责起草单位：中国农业大学动物医学院、中国兽医药品监察所。

本标准主要起草人：沈建忠、肖希龙、黄齐颐、张素霞、吴聪明。

饲料安全性评价
喂养致畸试验

1 范围

本标准规定了喂养致畸试验的基本技术要求。

本标准适用于饲料和饲料添加剂的致畸性评价。

2 规范性引用文件

下列文件中的条款通过本标准的引用而成为本标准的条款。凡是注日期的引用文件，其随后所有的修改单(不包括勘误的内容)或修订版均不适用于本标准，然而，鼓励根据本标准达成协议的各方研究是否可使用这些文件的最新版本。凡是不注日期的引用文件，其最新版本适用于本标准。

GB/T 6682 分析实验室用水规格和试验方法

GB 14922.1 实验动物 寄生虫学等级及监测

GB 14922.2 实验动物 微生物学等级及监测

GB 14924.1 实验动物 配合饲料通用质量标准

GB 14924.2 实验动物 配合饲料卫生标准

GB 14924.3 实验动物 小鼠大鼠配合饲料

GB 14925 实验动物 环境及设施

3 术语和定义

下列术语和定义适用于本标准。

3.1

妊娠率 gestation index

妊娠鼠数占确认交配雌鼠数的百分比。

3.2

分娩率 parturition index

分娩活仔雌鼠数占妊娠鼠数的百分比。

3.3

死胎率 fetal mortality

死胎仔数占分娩胎仔总数的百分比。

3.4

畸胎出现率 incidence of terata

畸胎总数占活胎仔总数的百分比。

3.5

畸胎总数 sum of terata

出现畸形的所有活胎仔数。

3.6

单项畸形出现率 incidence of single teratosis

出现某种畸形的活胎仔数占活胎仔总数的百分比。

3.7

活胎仔平均畸形出现率　mean incidence of teratosis

畸形总数占活胎仔总数的百分比。

3.8

畸形总数　sum of teratosis

所有活胎仔出现的各种畸形种类数。

3.9

母体畸胎出现率　incidence of terata parturition

分娩畸胎的母体数占妊娠母体总数的百分比。

4　试剂及其配制

除特别注明外，本法所用试剂均为分析纯，水为去离子水，符合 GB/T 6682 规定的二级用水要求。

4.1　乙醇固定液：95%乙醇。

4.2　鲍因(Bouins)固定液：取饱和苦味酸溶液 750 mL、40%甲醛 250 mL 和乙酸 50 mL 混合而成。

4.3　氢氧化钾溶液：分别配制 1%和 2%两种不同浓度的氢氧化钾溶液。

4.4　茜素红(alizarin red)贮备液：将茜素红加入 5 mL 乙酸、10 mL 纯甘油和 60 mL 1%水合氯醛的混合液中至饱和。

4.5　茜素红应用液：取茜素红贮备液 1 mL，加 1%氢氧化钾溶液至 1 000 mL，用前临时配制。

4.6　脱水透明液 A：甘油 20 mL、2%氢氧化钾溶液 3 mL，加蒸馏水至 100 mL。

4.7　脱水透明液 B：甘油 50 mL、2%氢氧化钾溶液 3 mL，加蒸馏水至 100 mL。

5　仪器与设备

5.1　实验室常用设备。

5.2　放大镜和解剖显微镜。

5.3　游标卡尺(百分尺)。

6　实验动物及饲养管理

常用实验动物为大鼠、小鼠。

首选大鼠，雌雄比例为 1∶1 或 2∶1，大鼠交配时约 12～14 周龄，小鼠 9～10 周龄。使用清洁级大鼠和小鼠应符合 GB 14922.1 和 GB 14922.2 的要求。

实验动物饲养环境应符合 GB 14925 的规定，并注明动物饲养室的光照和通风条件，每天记录温度、湿度。笼养大鼠每笼不超过 5 只。饲料应符合 GB 14924.1、GB 14924.2 和 GB 14924.3 的规定。

7　剂量分组

至少设 4 组，即 1 个空白对照组(或溶剂对照组)和 3 个试验组。

试验组剂量一般选择在 1/10～1/100 母体 LD_{50}之间。高剂量一般应使母体产生中毒症状；低剂量应不引起母鼠产生可观察到的中毒症状；在高剂量组与低剂量组之间设 1 个～2 个中剂量组。设 1 个空白对照组(或溶剂对照组)，必要时，还要设阳性对照组。每组孕鼠不能低于 12 只。

8　操作步骤

8.1　受试物给予与观察

一般采用混饲或混饮给予受试物。原则上雄鼠交配前 4 周～8 周开始给予受试物直至交配成功，确证雌鼠受孕为止。雌鼠从交配前 2 周～4 周开始给予受试物至孕期的第 13 天～第 15 天。在试验期间，每天观察试验鼠的体征、行为活动、采食和饮水情况。每周至少称 1 次体重，并同时计算采食量。

8.2 受孕检查

雌、雄大鼠按1∶1(或2∶1)同笼后，每日早晨检查笼底有无阴道栓(石蜡状圆柱体)或用浸湿生理盐水的棉签取阴道分泌物涂布于滴有1滴生理盐水的玻片上，置低倍显微镜下检查有无精子。发现阴道栓或精子的当天定为孕期的0 d。一般每组应获得13只～15只受孕鼠，以保证实验结束时妊娠母鼠数不少于12只。

8.3 孕鼠称重

孕鼠于孕期的0 d、7 d、14 d和20 d称重，以观察孕鼠的体重变化，随时注意记录孕鼠的状况。

8.4 孕鼠处死和检查

大鼠在孕期第20天(小鼠第19天)将孕鼠处死。沿腹中线剖开腹腔，取出子宫。分别检查并记录左、右侧卵巢黄体数、窝重(子宫连胎鼠)、子宫重、着床数、活胎数、死胎数(含早期及晚期死胎)和吸收胎数。

8.5 活胎鼠检查

逐个记录活胎鼠体重、性别、体长，外观检查头颅外形、面部、躯干、四肢等有无畸形，包括露脑、脑膨出、眼部畸形(小眼、无眼、睁眼等)、鼻孔扩大、单鼻孔、唇裂、脊柱裂、四肢及尾畸形等等。

8.6 胎鼠骨标本制作与检查

将每窝二分之一的活胎(奇数或偶数)放入乙醇固定液(4.1)中固定2周～3周。取出胎仔(可去皮、去内脏及脂肪)流水冲洗数分钟，放入至少5倍于胎仔体积的1%～2%氢氧化钾溶液(4.3)中作用8 h～72 h，然后将胎仔放入茜素红应用液(4.5)中染色6 h～48 h，并轻摇1次/d～2次/d，至头骨染红为宜。再将胎仔放入透明液A(4.6)中1 d～2 d，放入透明液B(4.7)中2 d～3 d，待骨骼红染而软组织基本褪色为止。将胎仔标本放入小平皿内，用透射光源，在体视显微镜下作整体观察，逐步检查骨骼。

检查时先测量囟门的大小、矢状缝的宽度、头顶间骨及后头骨缺损情况，然后检查胸骨的数目、缺失或融合(胸骨为6个，骨化不完全时首先缺第5胸骨、次缺第2胸骨)，检查肋骨(肋骨通常为12对～13对，常见畸形有融合肋、分叉肋、波状肋、短肋、多肋、缺肋、肋骨断裂)，检查脊柱发育、椎体数目(颈椎7个，胸椎12个～13个，腰椎5个～6个，骶椎4个，尾椎3个～5个)以及椎骨有无融合、纵裂等，最后检查四肢骨。

8.7 胎鼠内脏检查

将每窝二分之一的胎鼠放入鲍因固定液(4.2)中，两周后作内脏检查。先用自来水冲去固定液，将鼠仰放在石蜡板上，剪去四肢和尾，用刀片从头部到尾部逐段横切或纵切。观察不同切面器官的大小、形状和相对位置。切面制作见图1。

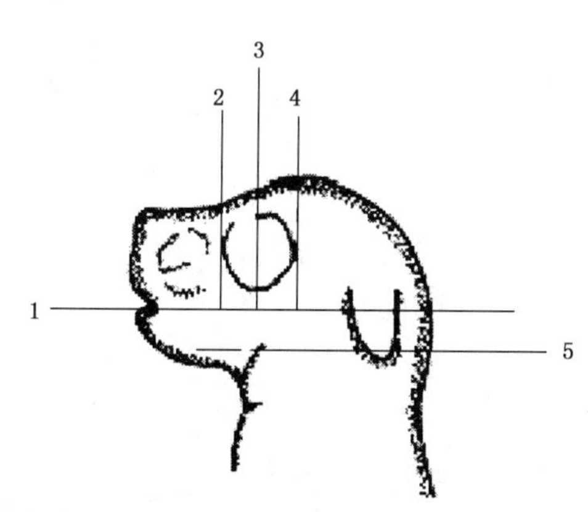

1——经口从上腭与舌之间向枕部横切(切面1)，可观察大脑、间脑、正脑、舌及颚裂；

2——从眼眶前缘垂直纵切(切面2)，可观察鼻道、鼻中隔；

3——从头部经眼球中央垂直纵切(切面3)，可观察眼球、视网膜、嗅球；

4——从头部最大横位处纵切(切面4)，可观察大脑及脑室；

5——沿下颚水平穿过颈部横切(切面5)，可观察舌、咽、气管、食管和延髓。

图1 胎鼠切面制作示意图

以后自腹中线剪开胸、腹腔，依次检查心、肺、横膈膜、肝、胃、肠等脏器的大小、位置，查毕将其摘除，再检查肾脏、输尿管、膀胱、子宫和睾丸位置及发育情况。然后将肾脏切开，观察有无肾盂积水与扩大等。

9 统计处理和结果评价

根据检查情况，分别计算各组实验动物的妊娠率、分娩率、死胎率、畸胎出现率、单项畸形出现率、活胎仔平均畸形出现数、母体畸胎出现率等。计算畸胎总数时，1个活胎仔出现1种或1种以上畸形均记为1个畸胎；计算畸形总数时，如1个活胎仔表现出几种畸形，则应将相应数目记入总数。

选用 χ^2 检验或方差分析对试验结果进行分析评价。如试验组的上述指标显著高于对照组，并有剂量-反应关系，可判定受试物具有致畸作用。

ICS 65.120
B 46

中华人民共和国国家标准

GB/T 22487—2008

水产饲料安全性评价 急性毒性试验规程

Principle of aquafeed safety evaluation—Acute toxicity test

2008-11-04 发布　　2009-02-01 实施

中华人民共和国国家质量监督检验检疫总局
中国国家标准化管理委员会　发布

前　言

本标准是在参阅了GB/T 13267—1991《水质　物质对淡水鱼(斑马鱼)急性毒性测定方法》和GB 15193.3—2003《急性毒性试验》及国内外相关文献的基础上,根据我国技术发展水平研究制定的。

本标准的附录A和附录B为规范性附录。

本标准由全国饲料工业标准化技术委员会提出并归口。

本标准起草单位:中国农业科学院饲料研究所、国家水产饲料安全评价基地。

本标准主要起草人:薛敏、刘海燕、吴秀峰。

水产饲料安全性评价
急性毒性试验规程

1 范围

本标准规定了水产饲料安全性评价急性毒性试验规程的基本技术要求。

本标准适用于水产饲料原料及水产饲料添加剂的安全性评价，不包括饲料药物添加剂。

2 规范性引用文件

下列文件中的条款通过本标准的引用而成为本标准的条款。凡是注日期的引用文件，其随后所有的修改单(不包括勘误的内容)或修订版均不适用于本标准，然而，鼓励根据本标准达成协议的各方研究是否可使用这些文件的最新版本。凡是不注日期的引用文件，其最新版本适用于本标准。

GB/T 6682　分析实验室用水规格和试验方法(GB/T 6682—2008,ISO 3696:1987,MOD)

GB 11607　渔业水质标准

3 术语和定义

下列术语和定义适用于本标准。

3.1

接触致毒法　touching test

将受试物按照一定浓度梯度溶解稀释于水，然后放入试验水产动物。

3.2

口服致毒法　oral test

将受试物一次或分次饲喂或灌服给试验动物。

3.3

注射致毒法　injection test

将受试物配成一定浓度的溶液，按试验动物的体重用注射器直接将一定量的受试物溶液作腹腔或肌肉注射。

3.4

半数致死浓度　median lethal concentration;LC_{50}

接触致毒后，引起动物死亡率为50%的水体中受试物的浓度，该浓度为经过统计得出的估计值。其单位是每升水体中受试物的量，以毫克每升(mg/L)或克每升(g/L)表示。

3.5

半数致死剂量　median lethal dose;LD_{50}

经口或注射给予受试物后，预期在一定时间内能够引起动物死亡率为50%的受试物剂量。该剂量为经过统计得出的估计值。其单位是每千克体重所摄入或注射进入的受试物的量，以毫克每千克体重(mg/kg体重)、克每千克体重(g/kg体重)或毫升每千克体重(mL/kg体重)表示。

3.6

最大耐受剂量(MTD)法　test of maximum tolerated concentration (dose)

用最大使用浓度和最大口服或注射容量给予至少10尾试验水产动物后，连续观察7 d～14 d，未见任何动物死亡，则 MTD 大于该浓度(mg/L，g/kg 体重)。

3.7

静水式试验　static water test

采用接触致毒法时，试验水产动物所在容器内的试验溶液处于静止状态，试验期间不更换试验溶液。静水式试验只适用于在试验期间稳定而又耗氧不高的受试物。

3.8

换水式试验　semi-static water test

采用接触致毒法时，每 24 h 或更短的时间内更换一次同种试验浓度试验液，更换时间根据受试物的稳定性确定，保证波动范围在初始值的 20%之内。可用于受试物浓度在更换试验液的时间内相对稳定的试验。

3.9

流水式试验　flow-through test

采用接触致毒法时，试验液连续更新，可用于大多数物质，包括水中不稳定的物质。

3.10

循环水养殖系统　recirculation system

养殖用水在系统内经过净化处理后循环使用的养殖系统。

3.11

流水养殖系统　flow-through system

来自系统外的养殖用水连续或间歇地流经养殖容器的养殖系统。

4　原理

通过接触、口服或注射对试验动物致毒后，在短时间内观察动物所产生的毒性反应，包括致死的和非致死的指标参数，通常用半数致死浓度(LC_{50})或半数致死剂量(LD_{50})来表示。

5　试验动物

5.1　试验动物的选择

5.1.1　选择对受试物敏感的试验水产动物

选取不同分类地位、不同食性及不同养殖环境下的 3 种以上水产动物各 10 尾进行急性毒性试验预试验，筛选其中对受试物敏感的 1 种水产动物作为试验动物。对于预试验中求不出 LC_{50} 和 LD_{50} 的受试物，可以选择其中任何 1 种水产动物作为试验动物。

5.1.2　试验水产动物选用种质纯正、规格整齐、体格健康的同批苗种。正式试验前应有 7 d～15 d 的驯养期。

5.2　试验水产动物的饲养管理

试验开始前 24 h 停止投喂，用于接触致毒试验的水产动物在试验期间停止投饵，用于口服及注射试验水产动物正常投喂。

6　操作步骤

6.1　接触致毒试验

6.1.1　制备受试物储备液

配制受试物储备液所用试剂至少为分析纯或给定已知浓度产品，所用水应符合 GB/T 6682 中三级水的规定。将已知量的受试物溶于一定体积的水中。储备液应当天配制。对于化学性质较稳定的物质，可配制供 2 d 以上使用的溶液，配好后 0 ℃～4 ℃保存。对于那些难溶于水的物质，可采用适当的方法使其溶解或乳化，如使用超声波、有机溶剂、乳化剂等。有机溶剂在试验溶液中的浓度不应超过

0.1 mg/L。

6.1.2 试验溶液的配制

向水中加入适当的受试物储备液，使达到所需要的浓度。

6.1.3 试验水产动物分组操作

迅速将试验水产动物转移到配制好的不同受试物浓度的养殖容器中，前后不应超过30 min。

6.2 口服及注射致毒试验

6.2.1 受试物的处理

受试物应溶解或悬浮于适宜的介质中。一般采用水或食用植物油作介质，可以考虑用羧甲基纤维素、明胶、淀粉等配成混悬液；不能配制成混悬液时，可配制成其他形式（如糊状物等）。

6.2.2 受试物的给予

各剂量组的口服或注射容量要相同（mL/kg体重）。常用注射容量为10 mL/kg体重。一般一次性给予受试物，也可一日内多次给予（每次间隔4 h～6 h，24 h内不超过3次，合并作为一次剂量计算）。将受试物用于口服的方式可采用自主摄食或人工灌服；而注射的方式可采用腹腔或肌肉注射；将试验水产动物离水进行灌服或注射操作时一定要使用麻醉剂（见附录A）。

7 试验条件

7.1 试验系统

在接触致毒试验中可采用静水式试验、换水式试验或流水式试验，同时保持受试物在水中浓度的稳定性，并要保证水质指标符合GB 11607的规定，必要时可以采取气泵增氧措施。

口服或注射致毒试验中可根据试验情况采用静水养殖系统或流水养殖系统。

7.2 试验容器

根据受试物性质，针对性地选择无毒、对受试物吸附性能低的材料制成的容器。受试物为重金属离子时使用由聚乙烯制成的容器；受试物为有机化合物时使用玻璃、玻璃钢容器或搪瓷容器。

7.3 试验水温

进行急性毒性试验期间，养殖系统水体温度要保持在试验水产动物生长的适宜温度范围内并相对恒定，水温温差小于±2 ℃。

7.4 试验周期

7.4.1 接触致毒试验期为24 h、48 h或96 h，可以观察得出24 h、48 h及96 h的LC_{50}。

7.4.2 口服或注射致毒试验期为7 d～14 d，根据试验水产动物的死亡情况，得出LD_{50}。

8 几种常用的急性毒性试验设计方法

8.1 寇氏（Korbor）法

8.1.1 预试验

除另有要求外，应在预试验中求得动物全死亡或90%以上死亡的剂量和动物不死亡或10%以下死亡的剂量，分别作为正式试验的最高与最低剂量。

8.1.2 动物数

除另有要求外，设5个～10个剂量组，每组不少于6个重复，每个重复至少30个个体。

8.1.3 剂量

将由预试验得出的最高、最低剂量换算为常用对数，然后将最高、最低剂量的对数差按所需要的组数，分为几个对数等距（或不等距）的剂量组，应设计空白对照组。

8.1.4 试验结果的计算与统计

8.1.4.1 列试验数据及其计算表

包括各组剂量（mg/kg体重，g/kg体重），剂量对数（X），动物数（n），动物死亡数（r），动物死亡百分比(P,以小数表示),相邻剂量比值的对数(d),以及统计公式中要求的其他计算数据项目。

8.1.4.2 **LD_{50}的计算公式**

根据试验条件及试验结果,可分别选用下列三个公式中的一个,求出 $lgLD_{50}$,再查反对数表,求得 LD_{50}(mg/kg 体重,g/kg 体重)。

8.1.4.2.1 按本试验设计得出的任何结果,均可用式(1)计算出 $lgLD_{50}$。

$$lgLD_{50} = \sum \frac{1}{2}(X_i + X_{i+1}) \cdot (P_{i+1} - P_i) \quad \cdots\cdots\cdots\cdots (1)$$

式中:

X_i,X_{i+1}——相邻两组的剂量对数。

P_{i+1},P_i——相邻两组的动物死亡百分比。

8.1.4.2.2 按本试验设计且各组间剂量对数等距时,可用式(2)计算出 $lgLD_{50}$。

$$lgLD_{50} = XK - \frac{d}{2}(P_{i+1} - P_i) \quad \cdots\cdots\cdots\cdots (2)$$

式中:

XK——最高剂量对数,其他同式(1)。

8.1.4.2.3 当试验条件同 8.1.4.2.2 且最高、最低剂量组动物死亡百分比(以小数表示)分别为 1(全死)和 0(全不死时),则可用便于计算的式(3)。

$$lgLD_{50} = XK - d(\sum P - 0.5) \quad \cdots\cdots\cdots\cdots (3)$$

式中:

$\sum P$——各组动物死亡百分比之和,其他同式(2)。

8.1.4.3 **标准误差与 95%可信限**

8.1.4.3.1 $lgLD_{50}$的标准误差(S)计算见式(4)。

$$S_{lgLD50} = d\sqrt{\frac{\sqrt{\sum P_i(1-P_i)}}{n}} \quad \cdots\cdots\cdots\cdots (4)$$

8.1.4.3.2 95%可信限(X)的计算见式(5)。

$$X = lg^{-1}(lgLD_{50} \pm 1.96 S_{lgLD_{50}}) \quad \cdots\cdots\cdots\cdots (5)$$

此法易于理解,计算简便,可信限不大,结果可靠,特别是在试验前对受试物的急性毒性程度了解不多时,尤为适用。

8.2 **机率单位-对数图解法**

8.2.1 **预试验**

以每组 3 个个体至 5 个个体找出全死和全不死的剂量。

8.2.2 **动物数**

除另有要求外,每组不少于 6 个重复,每个重复至少 30 个个体。

8.2.3 **剂量及分组**

在预试验中得到的两个剂量组之间拟出等比的六个剂量组或更多的组。此法不要求剂量组间呈等比关系,但等比可使各点距离相等,有利于作图,应设计空白对照组。

8.2.4 **作图计算**

8.2.4.1 将各组按剂量及死亡百分率,在对数概率纸上或计算机作图。除死亡百分率为 0 及 100%者外,也可将剂量化成对数,并将百分率查概率单位表得其相应的概率单位作点于普通算术格纸上,0 及 100%死亡率在理论上不存在,为计算需要:

0 改为$\frac{0.25\times100}{N}$%,100%改为$\frac{(N-0.25)}{N}\times100$%。

其中:N 为该组动物数,相当于 0 及 100%的作图用概率单位。

8.2.4.2 划出直线，以透明尺目测，并照顾概率。

8.2.5 计算标准误差

标准误差的计算见式(6)。

$$SE = 2S/\sqrt{2N'} \qquad \cdots\cdots(6)$$

式中：

SE——标准误差；

$2S$——LD_{84}与LD_{16}之差，即$2S = LD_{84} - LD_{16}$（或$ED_{84} - ED_{16}$）；

N'——概率单位3.5～6.5之间（反应百分率为6.7～93.7之间）各组动物数之和。

相当于LD_{84}及LD_{16}的剂量均可从所作直线上找到。也可用普通方格纸或计算机作图，查表将剂量换算成对数值，将死亡率换算成概率单位，方格纸横坐标为剂量对数，纵坐标为概率单位，根据剂量对数及概率单位作点连成线，由概率单位5处作一水平线与直线相交，由相交点向横坐标作一垂直线，在横坐标上的相交点即为剂量对数值，求反对数致死量（LD_{50}）值。

8.3 最大耐受剂量法

8.3.1 适宜条件：毒性极小的或未显示毒性的受试物，给予动物最大使用浓度和最大口服及注射容量时，仍不出现死亡。

8.3.2 动物数：除另有要求外，每组不少于6个重复，每个重复至少30个个体。

8.3.3 剂量：受试物最大使用浓度和口服及注射体积（一个剂量组）。

8.3.4 方法：试验水产动物在试验前需在相同试验条件下驯养、观察7 d，试验前一天停止喂食，试验时给予最大使用浓度或最大口服及注射容量的受试物（1 d内1次或多次给予，1 d内最多不超过3次），连续观察7 d～14 d，动物不出现死亡，则认为受试物对某种动物的急性毒性最大耐受剂量大于某一数值（mg/L或g/kg体重）。最大口服及注射容量为20 mL/kg体重。

9 中毒反应观察

给予受试物后，即观察并记录试验水产动物的中毒表现（如丧失平衡）和死亡情况。包括出现的程度与时间。对死亡动物进行解剖。

10 结果评价

根据LC_{50}或LD_{50}数值，判定受试物的毒性分级。由中毒表现初步提示毒作用特征。急性毒性（LD_{50}）剂量分级表见附录B。

附 录 A
(规范性附录)
急性毒性(LD_{50})实验中常用麻醉剂及使用剂量

表 A.1 急性毒性(LD_{50})实验中常用麻醉剂及使用剂量表

名称和化学式	别名	性状	使用浓度	作用时间
三卡因 Tricaine Methanesulphonate $C_{10}H_{15}NO_5S$	鱼保安 MS222 Finquel™	白色微细结晶粉末,易溶于水	25 mg/L～300 mg/L	1 min～3 min
丁香酚 Euqgenol 2-甲氧-4 丙烯基酚	AQUI-S	可直接分散于海水和淡水中,无需缓冲液	25 mg/L～100 mg/L	40 s～1 min
三氯叔丁醇 Chloroeutanol $C_4H_7C_{13}O \cdot 0.5H_2O$	—	白色微细结晶粉末,易溶于有机溶剂	100 mg/L～1 200 mg/L	20 s～1 min

附 录 B
（规范性附录）
急性毒性剂量分级

表 B.1 急性毒性剂量分级表

级 别	水产动物接触致毒 LC_{50}/(mg/L)	水产动物口服及注射致毒 LD_{50}/(mg/kg)
极毒	<1	<1
剧毒	1～100	1～50
中等毒	100～1 000	51～500
低毒	1 000～10 000	501～5 000
实际无毒	>10 000	5 001～15 000

ICS 65.120
B 46

中华人民共和国国家标准

GB/T 22488—2008

水产饲料安全性评价
亚急性毒性试验规程

Principle of aquafeed safety evaluation—Sub-acute toxicity test

2008-11-04 发布　　　　2009-02-01 实施

中华人民共和国国家质量监督检验检疫总局
中国国家标准化管理委员会　发布

前　言

本标准是在参阅了GB 15193.13—2003《30天和90天喂养试验》、NY/T 1031—2006《饲料安全评价 亚急性毒性试验》及国内外相关文献的基础上，根据我国技术发展水平研究制定的。

本标准由全国饲料工业标准化技术委员会提出并归口。

本标准起草单位：中国农业科学院饲料研究所、国家水产饲料安全评价基地。

本标准主要起草人：薛敏、刘海燕、吴秀峰。

水产饲料安全性评价
亚急性毒性试验规程

1 范围

本标准规定了水产饲料安全性评价亚急性毒性试验规程的基本技术要求。

本标准适用于水产配合饲料、水产饲料原料及水产饲料添加剂的安全性评价，不包括饲料药物添加剂。

2 规范性引用文件

下列文件中的条款通过本标准的引用而成为本标准的条款。凡是注日期的引用文件，其随后所有的修改单(不包括勘误的内容)或修订版均不适用于本标准，然而，鼓励根据本标准达成协议的各方研究是否可使用这些文件的最新版本。凡是不注日期的引用文件，其最新版本适用于本标准。

GB/T 5917.1 饲料粉碎粒度测定 两层筛筛分法

GB 11607 渔业水质标准

GB 13078 饲料卫生标准

GB/T 22487 水产饲料安全性评价 急性毒性试验规程

NY 5072 无公害食品 渔用配合饲料安全限量

3 术语和定义

下列术语和定义适用于本标准。

3.1

最大未观察到有害作用剂量 no-observed-adverse-effect-level;NOAEL

通过动物试验，以现有的技术手段和检测指标未观察到与受试物有关的毒性作用的最大剂量。

3.2

靶器官 target organ

试验动物出现由受试物引起的明显毒性作用的任何器官。

3.3

流水养殖系统 flow-through system

来自系统外的养殖用水连续或间歇地流经养殖容器的养殖系统。

3.4

循环水养殖系统 recirculation system

养殖用水在系统内经过净化处理后循环使用的养殖系统。

3.5

初始体重 initial body weight;IBW

试验结束时水产动物的平均重量。

3.6

终末体重 final body weight;FBW

试验结束时试验动物的平均重量。

3.7

摄食率　feeding rate;FR

试验期间,试验水产动物平均体重的日摄食量百分数,计算公式见式(1)。

$$摄食率 = R_1/[(W_0 + W_t)/2]/t \times 100\% \quad \cdots\cdots(1)$$

式中:

R_1,t,W_0 与 W_t——分别为摄食量,试验天数,初始总体重与终末总体重。

3.8

饲料转化比(饲料系数)　feed conversion ratio;FCR

试验期间,试验水产动物单位增重所消耗的饲料量,计算公式见式(2)。

$$饲料转化比 = R_1/(W_t + W_d - W_0) \quad \cdots\cdots(2)$$

式中:

R_1,W_t,W_d 与 W_0——分别为摄食量,终末总体重,死亡试验动物体重与初始总体重。

3.9

增重率　weight gain;WG

试验水产动物在试验期间的增重相对于初始体重的百分率,计算公式见式(3)。

$$增重率 = (FBW - IBW)/IBW \times 100\% \quad \cdots\cdots(3)$$

式中:

FBW 与 IBW——分别为终末体重与初始体重。

3.10

特定生长率　specific growth rate;SGR

试验水产动物在试验期间的日增重速率,计算公式见式(4)。

$$特定生长率 = [\ln(FBW) - \ln(IBW)]/t \times 100\% \quad \cdots\cdots(4)$$

式中:

FBW,IBW 与 t——分别为终末体重,初始体重与试验天数。

3.11

存活率　survival

试验期间,试验水产动物的存活数占初始数的百分率,计算公式见式(5)。

$$存活率 = 存活尾数 / 初始尾数 \times 100\% \quad \cdots\cdots(5)$$

4　原理

通过在饲料中添加受试物,观察试验动物在摄食后所产生的摄食、生长及生理生化上的各种反应,以提出短期饲喂不同剂量的受试物对动物引起有害效应的剂量,阐明毒性作用的性质,为慢性试验的剂量选择和观察指标的确定提供依据。

5　试验动物

选择依据 GB/T 22487 所筛选的对受试物敏感的水产动物作为试验动物,试验动物选用种质纯正、体格健康、规格整齐的同批苗种。正式试验前应有 2 周的驯养期,并且保证试验水产动物的健康活泼。

6　剂量与分组

6.1　剂量设计参考的原则

6.1.1　原则上高剂量组的动物在饲喂受试物期间应当出现明显中毒表现,低剂量组不出现中毒表现。在此二剂量间再设一到几个剂量组,以期获得比较明确的剂量-反应关系。对能或不能求出经口或注射 LD_{50} 的受试物分别进行规定。

6.1.2 能求出经口或注射 LD_{50} 的受试物：以经口服或注射 LD_{50} 的10%～25%作为亚急性毒性试验的最高剂量组，此 LD_{50} 百分比的选择主要参考 LD_{50} 剂量-反应曲线的斜率。然后在此剂量下设几个剂量组，最低剂量组至少是试验水产动物可能摄入量的3倍。

6.1.3 对于不能求出经口或注射 LD_{50} 的受试物：亚急性毒性试验应尽可能涵盖试验水产动物可能摄入量100倍的剂量组。对于试验水产动物摄入量较大的受试物，高剂量可以按在饲料中的最大掺入量进行设计。

6.2 分组

至少应设3个剂量组和1个对照组，每组不少于6个重复，每个重复至少30个个体。

7 操作步骤

7.1 受试物的处理

将受试物粉碎至所要求的粒度(全部通过筛孔0.425 mm的分样筛)，粒度的测定方法符合GB/T 5917。根据受试物试验剂量的设计，把受试物添加到试验水产动物的配合饲料中，液体受试物按照试验剂量直接添加到其他原料的混合物中。充分混合，适当加工，制成营养组成、适口性、水稳定性、粒径等特性都符合试验目的和试验水产动物要求的试验饲料，减少受试物以外的因素对试验动物的影响。受试配合饲料直接饲喂。对某一种受试物进行评价时，要考虑到饲料配方中是否存在其他拮抗或协同作用的成分。在确定配方前分析相关原料常规营养成分，并分析其卫生指标，结果应符合GB 13078和NY 5072标准。

7.2 受试物的给予

7.2.1 途径

将含有受试物的试验饲料喂养试验水产动物(应注意受试物在饲料中的稳定性)。当受试物添加到饲料时，需将受试物剂量按每100 g试验水产动物体重的摄入量折算为饲料的量(mg/kg)。

7.2.2 试验开始及结束前空腹

试验水产动物在试验开始及结束前均应空腹24 h。

7.2.3 试验周期

试验周期为56 d。

7.3 试验条件

7.3.1 试验系统

对于水溶性受试物的安全性评价使用流水养殖系统，对于非水溶性受试物的安全性评价使用流水养殖系统或循环水养殖系统，废水排放要符合国家有关环保规定。

7.3.2 养殖条件

试验期间要保持养殖系统水温、光照条件及养殖密度等条件处于养殖对象的最适生长要求范围。

7.3.3 水质条件

养殖过程中的水质应符合GB 11607的要求。

7.3.4 试验管理

正式试验开始时，迅速将水产动物捞出、称重，此操作要快速而轻微，尽量减小对水产动物的刺激。各处理组水产动物的初始体重要求尽量接近，统计学差异不显著。

试验水产动物要定时定量或表现饱食投喂，详细记录投喂量及残饵量，测定饲料的溶失以准确计算试验水产动物的摄食量。

试验结束时称重、取样，必要时使用麻醉剂，以降低各种操作对试验水产动物的刺激作用。

7.4 观察指标

7.4.1 摄食、生长、饲料利用及存活指标

每天观察并记录试验水产动物的一般表现、中毒表现、摄食和死亡情况。试验结束时称重。评价终末体重、摄食率、饲料系数、增重率、特定生长率、存活率等指标。

7.4.2 血液学指标

试验结束时，测定试验水产动物血红蛋白、红细胞计数、白细胞计数及分类、红细胞比容。依受试物情况，必要时测定其他相应指标。

7.4.3 血液生化指标

试验结束时，测定血清或血浆的谷丙转氨酶(ALT)、谷草转氨酶(AST)、碱性磷酸酶(ALP)、尿素氮(BUN)、血糖(Glu)、总蛋白(TP)、总胆固醇(TCH)和甘油三酯(TG)。依受试物情况，必要时测定其他相应指标。

7.4.4 免疫和抗氧化指标

试验结束时，测定血清或血浆的血清溶菌酶(LYS)、超氧化物歧化酶(SOD)、丙二醛(MDA)。依受试物情况，必要时测定其他相应指标。

7.4.5 病理检查

7.4.5.1 大体解剖

试验结束时对试验水产动物进行解剖检查，并将重要器官和组织固定保存。

7.4.5.2 脏器称重

测定内脏、肝脏(或肝胰腺)的绝对重量和相对重量(内脏比和脏/体比值)。测定脏器的绝对重量时应将分离的内脏、肝脏用滤纸等试验材料除去水分。

7.4.5.3 组织病理学检查

在对各剂量组动物做解剖观察未发现明显病变和生化指标未发现异常后，对最高剂量组及对照组动物的主要脏器进行组织病理学检查，发现病变后再对较低剂量组相应器官及组织进行组织病理学检查。肝脏(或肝胰腺)、肾脏的组织病理学检查为必测项目。其他组织和器官的检查则需根据不同情况确定。

7.4.6 其他指标必要时，根据受试物的性质及所观察的毒性反应，增加其他敏感指标并进一步进行慢性毒性试验和残留试验。

8 数据处理

试验设计时应选择适当的统计学方法，将所有观察到的结果都进行统计学分析和评价。完整、准确地描述对照组与各剂量组试验水产动物间各项指标的差异，以显示其毒性作用。

9 试验报告

报告应阐明设计、试验方法、毒性表现和受试物的饲用可行性评价。

对照组饲料符合试验水产动物的营养需求，平均相对增重率高于200%，存活率不低于90%。

根据统计结果，与对照组相比没有显著差异的摄食剂量为最大未观察到有害作用剂量，并且确定引起有害效应的剂量、毒作用性质及靶器官，为慢性试验的剂量选择和观察指标的确定提供依据。

ICS 65.120
B 46

中华人民共和国国家标准

GB/T 23186—2009

水产饲料安全性评价 慢性毒性试验规程

Principle of aquafeed safety evaluation—Chronic toxicity test

2009-03-28 发布　　2009-09-01 实施

中华人民共和国国家质量监督检验检疫总局
中国国家标准化管理委员会　发布

前　言

本标准是在参照了 GB 15193.13—2003《30 天和 90 天喂养试验》、GB 15193.17—2003《慢性毒性和致癌试验》的基础上，根据我国技术发展水平研究制定的。

本标准的附录 A 为资料性附录。

本标准由全国饲料工业标准化技术委员会(SAC/TC 76)提出并归口。

本标准起草单位：中国农业科学院饲料研究所、国家水产饲料安全评价基地。

本标准主要起草人：刘海燕、薛敏、吴秀峰、郑银桦。

水产饲料安全性评价
慢性毒性试验规程

1 范围

本标准规定了水产饲料安全性评价慢性毒性试验规程的基本技术要求。

本标准适用于水产动物使用的配合饲料、单一饲料及饲料添加剂的安全性评价,不包括饲料药物添加剂。

注:本标准推荐试验动物为鱼类,不排除使用其他水产动物,但应对试验条件及观察指标作相应的改变。

2 规范性引用文件

下列文件中的条款通过本标准的引用而成为本标准的条款。凡是注日期的引用文件,其随后所有的修改单(不包括勘误的内容)或修订版均不适用于本标准,然而,鼓励根据本标准达成协议的各方研究是否可使用这些文件的最新版本。凡是不注日期的引用文件,其最新版本适用于本标准。

GB/T 5917.1 饲料粉碎粒度测定 两层筛筛分法

GB 11607 渔业水质标准

GB 13078 饲料卫生标准

GB/T 22487 水产饲料安全性评价 急性毒性试验规程

GB/T 23388 水产饲料安全性评价 残留和蓄积试验规程

GB/T 23389 水产饲料安全性评价 繁殖试验规程

NY 5072 无公害食品 渔用配合饲料安全限量

3 术语、定义和缩略语

下列术语、定义和缩略语适用于本标准。

3.1

最大未观察到有害作用剂量 no-observed-adverse-effect-level;NOAEL

通过动物试验,以现有的技术手段和检测指标未观察到与受试物有关的毒性作用的最大剂量。

3.2

最大允许致毒作用浓度 maximum acceptable toxicity concentration;MATC

对试验动物无统计显著性有害效应的最高浓度与邻近的对试验动物有统计显著性有害效应的最低浓度之间的假定阈浓度。

3.3

靶器官 target organ

试验动物出现由受试物引起的明显毒性作用的任何器官。

3.4

慢性毒性 chronic toxicity

试验动物较长时间连续接触受试物出现的受毒害作用。

3.5

流水养殖系统 flow-through system

来自系统外的养殖用水连续或间歇地流经养殖容器的养殖系统。

3.6

循环水养殖系统　recirculation system

养殖用水在系统内经过净化处理后循环使用的养殖系统。

3.7

水产养殖周期　aquaculture period

某一批水产动物种苗在水体中养成上市所耗费的时间。

3.8

初始体重　initial body weight;IBW

试验开始时试验动物的平均重量。

3.9

终末体重　final body weight;FBW

试验结束时试验动物的平均重量。

3.10

摄食率　feeding rate;FR

试验期间,试验水产动物平均体重的日摄食量百分数,计算公式见式(1)。

$$摄食率 = R_1/[(W_0 + W_t)/2]/t \times 100\% \qquad (1)$$

式中:

R_1,t,W_0 与 W_t——分别为摄食量,试验天数,初始总体重与终末总体重。

3.11

饲料转化比(饲料系数)　feed conversion ratio;FCR

试验期间,试验水产动物单位增重所消耗的饲料量,计算公式见式(2)。

$$饲料转化比 = R_1/(W_t + W_d - W_0) \qquad (2)$$

式中:

R_1,W_t,W_d 与 W_0——分别为摄食量,终末总体重,死亡试验动物体重与初始总体重。

3.12

增重率　weight gain;WG

试验水产动物在试验期间的增重相对于初始体重的百分率,计算公式见式(3)。

$$增重率 = (\mathrm{FBW} - \mathrm{IBW})/\mathrm{IBW} \times 100\% \qquad (3)$$

式中:

FBW 与 IBW——分别为终末体重与初始体重。

3.13

特定生长率　specific growth rate;SGR

试验水产动物在试验期间的日增重速率,计算公式见式(4)。

$$特定生长率 = [\ln(\mathrm{FBW}) - \ln(\mathrm{IBW})]/t \times 100\% \qquad (4)$$

式中:

FBW,IBW 与 t——分别为终末体重,初始体重与试验天数。

3.14

存活率　survival

试验期间,试验水产动物的存活数占初始数的百分率,计算公式见式(5)。

$$存活率 = 存活尾数 / 初始尾数 \times 100\% \qquad (5)$$

4　原理

通过饲喂受试物或饲喂添加受试物的饲料,观察试验动物在摄食后的大部分养殖周期内所产生的各种摄食、生长及生理生化反应，阐明受试物的毒性表现，确定最大未观察到有害作用剂量(NOAEL)、受试物的最大允许致毒作用浓度(MATC)，作为最终评定受试物在水产饲料中应用的安全性并确定其安全限量的参考依据。

5 试验动物

试验动物应选择依据 GB/T 22487 所筛选的对受试物敏感的水产动物进行试验，试验动物选用种属和来源明确、健康、规格整齐的同批苗种。正式试验前应有 2 周的驯养期。驯养期内如果动物死亡率高于 10%，则淘汰该批苗种。驯养期结束后应淘汰由于驯养造成的质量差异的个体，保留健康活泼的水产动物继续作为试验动物。

6 剂量与分组

6.1 剂量设计参考的原则

6.1.1 原则上高剂量组的动物在饲喂受试物期间应当出现明显中毒反应，低剂量组不出现中毒反应。在高剂量组和低剂量组之间再设 2 个及 2 个以上剂量组，以期获得比较明确的剂量-反应关系。对能或不能求出经口或注射 LD_{50} 的受试物分别进行规定。

6.1.2 能求出经口或注射 LD_{50} 的受试物：以经口服或注射 LD_{50} 的 10%～25% 作为慢性毒性试验的最高剂量组，此 LD_{50} 百分比的选择主要参考 LD_{50} 剂量反应曲线的斜率。然后在此剂量下设几个剂量组，最低剂量组至少是试验水产动物可能摄入量的 3 倍。

6.1.3 不能求出经口或注射 LD_{50} 的受试物：慢性毒性试验应尽可能涵盖试验水产动物可能摄入量 100 倍的剂量组。对于试验水产动物摄入量较大的受试物，高剂量可以按在饲料中的最大掺入量进行设计。

6.2 分组

至少应设 4 个剂量组和 1 个对照组。受试物如果为配合饲料，直接饲喂，不设剂量组。需要另外设计对照组。每组不少于 6 个重复，每个重复至少 30 个个体。

7 操作步骤

7.1 受试物的处理

将受试物粉碎至所要求的粒度(全部通过筛孔 0.28 mm 分样筛或更高细度)，粒度的测定方法符合 GB/T 5917.1。根据受试物试验剂量的设计，把受试物添加到试验动物的配合饲料中，液体受试物按照试验剂量直接添加到其他原料的混合物中。充分混合，适当加工，制成营养组成、适口性、水中稳定性、粒径等特性都符合试验目的和试验动物要求的试验饲料，减少受试物以外的因素对试验动物的影响。受试配合饲料直接饲喂。对某一种受试物进行评价时，要考虑到饲料配方中是否存在其他拮抗或协同作用的成分。在确定配方前分析相关原料常规营养成分，并分析其卫生指标，结果应符合 GB 13078 和 NY 5072 的要求。

7.2 受试物的给予

7.2.1 途径

用含有受试物的试验饲料或受试饲料喂养试验水产动物(应注意受试物在饲料中的稳定性)。当受试物添加到饲料中时，需将受试物剂量按每 100g 试验水产动物体重的摄入量折算为饲料的量(mg/kg)。

7.2.2 试验动物空腹处理

试验水产动物在开始及结束前应空腹 24 h。

7.2.3 试验周期

根据大部分水产养殖鱼类的生长特性和养殖周期，规定试验周期至少为 24 周。

7.3 试验条件

7.3.1 试验系统

对于水溶性受试物的安全性评价应使用流水养殖系统，对于非水溶性受试物的安全性评价使用流水养殖系统或循环水养殖系统均可，养殖容器材料应无毒无害。废水排放要符合国家有关环保规定。

7.3.2 养殖条件

试验期间要保持养殖系统水温、流速、光照条件及养殖密度等条件处于受试水产动物最适生长要求范围。

7.3.3 水质条件

养殖过程中的水质应参照 GB 11607 的要求。

7.3.4 试验管理

正式试验开始时应对试验动物的初始体重进行称量。为减小对水产动物的刺激，试验动物应带水称重，再将带水重量减去容器与水的重量获得试验动物的重量。各试验组水产动物的初始体重要求尽量接近，统计差异不显著。

试验水产动物要定时定量或表观饱食投喂，详细记录投喂量及残饵量，测定饲料的溶失率以准确计算试验水产动物的摄食量。

试验结束时称重、取样，必要时使用适当的麻醉剂(参见附录 A)，以降低各种操作的应激作用。

7.4 观察指标

7.4.1 摄食、生长、饲料利用及存活指标

每天观察并记录试验动物的一般表现、行为、中毒表现、摄食和死亡等情况。试验结束时对试验动物进行称重。按 3.8～3.14 评价终末体重、摄食率、饲料转化比、增重率、特定生长率、存活率等指标。

7.4.2 血液学指标

试验结束时，测定受试动物血红蛋白、红细胞计数、白细胞计数及分类、红细胞比容。依受试物情况，必要时测定其他相应指标。

7.4.3 血液生化指标

试验结束时，测定血清的谷丙转氨酶(ALT)、谷草转氨酶(AST)、碱性磷酸酶(ALP)、尿素氮(BUN)、血糖(Glu)、总蛋白(TP)、总胆固醇(TCH)和甘油三酸酯(TG)。依受试物情况，必要时测定其他相应指标。

7.4.4 免疫和抗氧化指标

试验结束时，测定血清或血浆的溶菌酶、超氧化物歧化酶(SOD)、丙二醛(MDA)。依受试物情况，必要时测定其他相应指标。

7.4.5 病理检查

7.4.5.1 大体解剖

试验结束时应对所有试验水产动物进行解剖检查，并对代谢器官(肝脏或肝胰腺和肾)及残留或蓄积毒性靶器官组织(如皮肤，脑)固定保存，性成熟试验动物还需要将生殖器官组织固定保存，制作病理切片。

7.4.5.2 脏器称重

测定内脏、肝脏(或肝胰腺)的绝对重量和相对重量(内脏比和肝/体比值)。脏器的绝对重量测定时应将分离的内脏、肝脏用滤纸等试验材料除去水分。

7.4.5.3 组织病理学检查

在对各剂量组动物做解剖观察未发现明显病变和未发现生化指标异常后，对最高剂量组及对照组动物主要脏器进行组织病理学检查，发现病变后再对较低剂量组相应器官及组织进行检查。肝、肾及其他蓄积靶器官的组织病理学检查为必查项目，其他组织和器官的检查则需根据不同情况确定。

7.4.6 繁殖性能

如受试物可能在水产养殖动物的繁殖期饲料中应用，则需要按照 GB/T 23389 进行受试物对试验动物繁殖性能和后代影响的试验。

7.4.7 残留和蓄积试验

如受试物和(或)有毒代谢物(包括中间代谢产物、降解产物和其他结合物)可能在水产动物机体中残留或蓄积，并对试验水产动物、环境和人类食用安全造成潜在毒性，需要按照 GB/T 23388，对试验动物肌肉、代谢器官(肝脏和肾脏)和其他蓄积靶器官中来源于受试物中有毒有害成分的残留物进行检测，揭示受试物和(或)有毒代谢物在组织中的代谢和消除规律。

7.4.8 其他指标

必要时，根据受试物的性质及所观察的毒性反应，增加其他敏感指标。

8 数据处理

将所有观察到的结果都应进行统计学分析和评价，并用方差分析比较各剂量组与对照组间各指标的差异，以显示其毒性作用。

9 试验报告

对照组饲料应符合试验水产动物的营养需求，对照组试验水产动物生长指标达到或接近正常生产水平，存活率应不低于 90%。

报告应阐明试验设计、试验方法、毒性表现，确定 NOAEL 和 MATC。可结合繁殖、残留和蓄积毒性结果，为受试物能否应用于水产饲料以及确定其安全限量提供参考依据。

附 录 A
（资料性附录）
慢性毒性试验常用麻醉剂及使用剂量

表 A.1 慢性毒性试验常用麻醉剂及使用剂量表

名称和化学式	别　名	性　状	使用浓度	作用时间
三卡因 tricaine methanesulphonate $C_{10}H_{15}NO_5S$	鱼保安 MS222 Finquel™	白色微细结晶粉末，易溶于水	25 mg/L～300 mg/L	1 min～3 min
丁香酚 euqgenol 2-甲氧-4 丙烯基酚	AQUI-S	无色至淡黄色液体，在空气中变棕色，有强烈的丁香气味。极易溶于水，溶于乙醇、乙醚、三氯甲烷和精油	25 mg/L～100 mg/L	40 s～1 min
三氯叔丁醇 chloroeutanol $C_4H_7Cl_3O \cdot 0.5H_2O$	—	白色微细结晶粉末，易溶于有机溶剂	100 mg/L～1 200 mg/L	20 s～1 min

ICS 65.120
B 46

中华人民共和国国家标准

GB/T 23388—2009

水产饲料安全性评价 残留和蓄积试验规程

Principle of aquafeed safety evaluation—Residue and cumulation test

2009-03-26 发布　　2009-07-01 实施

中华人民共和国国家质量监督检验检疫总局
中国国家标准化管理委员会　发布

前言

本标准的附录A为资料性附录。

本标准由全国饲料工业标准化技术委员会(SAC/TC 76)提出并归口。

本标准起草单位:中国农业科学院饲料研究所、国家水产饲料安全评价基地。

本标准主要起草人:刘海燕、薛敏、吴秀峰、郑银桦。

水产饲料安全性评价
残留和蓄积试验规程

1 范围

本标准规定了水产饲料安全性评价残留和蓄积试验规程的基本技术要求。

本标准适用于水产动物使用的配合饲料、单一饲料及饲料添加剂的安全性评价，不包括饲料药物添加剂。

2 规范性引用文件

下列文件中的条款通过本标准的引用而成为本标准的条款。凡是注日期的引用文件，其随后所有的修改单(不包括勘误的内容)或修订版均不适用于本标准，然而，鼓励根据本标准达成协议的各方研究是否可使用这些文件的最新版本。凡是不注日期的引用文件，其最新版本适用于本标准。

GB/T 5917.1 饲料粉碎粒度测定 两层筛筛分法

GB 11607 渔业水质标准

GB 13078 饲料卫生标准

GB/T 22487 水产饲料安全性评价 急性毒性试验规程

GB/T 22488 水产饲料安全性评价 亚急性毒性试验规程

GB/T 23186 水产饲料安全性评价 慢性毒性试验规程

NY 5072 无公害食品 渔用配合饲料安全限量

3 术语和定义

下列术语和定义适用于本标准。

3.1

靶器官 target organ

试验动物出现由受试物引起的明显毒性作用的任何器官。

3.2

残留 residue

动物接触受试物后，残存于动物体内的受试物及其在性质上和数量上有毒理学意义的代谢(或降解、转化)产物。

3.3

蓄积 cumulation

低于一次中毒剂量的受试物，反复与动物接触一段时间后致使机体出现的中毒反应。在本规程中是指动物反复多次从饲料中摄取、吸收、排出受试物的过程。当摄入大于排出时，受试物及其代谢产物就可能在机体内逐渐增加并蓄积，即蓄积生效；当摄入等于排出时，受试物及其代谢产物积累达到平衡；当摄入小于排出时，受试物及其代谢产物在动物体内减少并清除。

3.4

蓄积系数 bioaccumulation factor

BCF

动物从饲料中吸收受试物并在靶器官中积累毒物浓度达到动态平衡，生物体内的毒物浓度与饲料中该毒物浓度的比值。

$$BCF = \frac{c_b}{c_f} \qquad \cdots\cdots(1)$$

式中：

c_b——稳态平衡时毒物浓度(高峰浓度)；

c_f——饲料中该毒物浓度。

3.5

吸收相　absorption duration

从开始摄入到受试物和(或)有毒代谢物在试验动物蓄积靶器官中蓄积生效的时间过程。

3.6

平衡相　counterbalance duration

受试物和(或)有毒代谢物在试验动物蓄积靶器官中蓄积达到稳态平衡浓度(高峰浓度)，并持续一定时间。

3.7

消除相　elimination duration

停喂期中，受试物和(或)有毒代谢物在试验动物蓄积靶器官中从稳态平衡浓度(高峰浓度)逐步消除至国际及国内相关标准规定的最高残留限量(maximum residule level，MRLs)所需要的时间。如受试物和(或)有毒代谢物尚无相关 MRLs 值，则以消除至高峰浓度的 1/10～1/20 所需要的时间为准。

3.8

时间-浓度曲线　time-concentration curve

C-t

受试物在试验动物体内是不断地吸收、分布、转化和排泄的，受试物和(或)有毒代谢物在试验动物蓄积靶器官中可能存在残留和蓄积作用。其浓度随着时间的推移也不断发生着变化，这种变化以蓄积浓度(C)为纵坐标，以时间(t)为横坐标绘出曲线图，称为时间-浓度曲线。包括吸收相、平衡相和消除相。

3.9

剂量-浓度曲线　dose-concentration curve

C-d

受试物和(或)有毒代谢物在试验动物蓄积靶器官中蓄积浓度随着饲喂剂量变化的规律，以蓄积浓度(C)为纵坐标，以剂量为横坐标绘出曲线图，称为剂量-浓度曲线。

3.10

半衰期　half life

$\frac{1}{2}t$

通常是指消除半衰期。即指受试物在试验动物蓄积靶器官中从高峰浓度下降一半所需的时间。

3.11

流水养殖系统　flow-through system

来自系统外的养殖用水连续或间歇地流经养殖容器的养殖系统。

4　原理

若受试物和(或)有毒代谢物(包括中间代谢产物、降解产物和其他结合物)在水产动物机体中产生残留或蓄积，并对水产动物、环境和人类食用安全造成潜在毒性，则应对试验水产动物肌肉、代谢器官(肝脏和肾脏)和其他蓄积靶器官中来源于受试物的有毒有害成分的残留物进行检测，揭示受试物和

(或)有毒代谢物在试验水产动物中的代谢和消解规律,为受试物的安全限量及停喂期的确定提供参考依据。

5 试验动物

选择依据 GB/T 22487 所筛选的对受试物敏感的水产动物作为试验动物,试验动物选用种属来源明确、健康、规格整齐的同批苗种。原则要同 GB/T 22488 和 GB/T 23186 一致。正式试验前应有 2 周的驯养期,驯养期内如果动物死亡率高于 10%,则淘汰该批苗种。驯养期结束后应淘汰由于驯养造成的质量差异的个体,保留健康活泼的水产动物继续作为试验动物。

6 剂量与分组

6.1 剂量设计参考的原则

6.1.1 原则上高剂量组的动物在饲喂受试物期间应当出现明显中毒反应,低剂量组不出现中毒反应。在此二剂量间再设 2 个及 2 个以上剂量组,以期获得比较明确的剂量-反应关系。对能或不能求出经口或注射 LD_{50}的受试物分别进行规定。

6.1.2 能求出经口或注射 LD_{50}的受试物:以经口服或注射 LD_{50}的 10%~25%作为残留和蓄积毒性试验的最高剂量组,此 LD_{50}百分比的选择主要参考 LD_{50}剂量反应曲线的斜率。然后在此剂量下设几个剂量组,最低剂量组至少是试验水产动物可能摄入量的 3 倍。

6.1.3 对于不能求出经口或注射 LD_{50}的受试物:残留和蓄积毒性试验应尽可能涵盖试验水产动物可能摄入量 100 倍的剂量组。对于试验水产动物摄入量较大的受试物,高剂量可以按在饲料中的最大掺入量进行设计。

6.2 分组

至少应设 4 个剂量组和一个对照组。受试物如果为配合饲料,首先明确目标毒性物质,直接饲喂,不设剂量组,需要另外设计对照组。每组不少于 6 个重复,每个重复的试验水产动物个体数量需依据吸收相、平衡相及消除相的预试验结果估算,但不能少于 50 个个体。

7 操作步骤

7.1 受试物的处理

将受试物粉碎至所要求的粒度(全部通过筛孔 0.28 mm 分样筛或更高细度),粒度的测定方法符合 GB/T 5917.1。根据受试物试验剂量的设计,把受试物添加到试验水产动物的配合饲料中,液体受试物按照试验剂量直接添加到其他原料的混合物中。充分混合,适当加工,制成营养组成、适口性、水稳定性、粒径等特性都符合试验目的和试验水产动物要求的试验饲料,减少受试物以外的因素对试验动物的影响。受试配合饲料直接饲喂。对某一种受试物进行评价时,要考虑到饲料配方中是否存在其他拮抗或协同作用的成分。在确定配方前分析相关原料常规营养成分,并分析其卫生指标,结果应符合 GB 13078和 NY 5072 标准。

7.2 受试物的给予

7.2.1 途径

用含有受试物的试验饲料或受试饲料喂养试验水产动物(应注意受试物在饲料中的稳定性)。当受试物添加到饲料中时,需将受试物剂量按每 100 g 试验水产动物体重的摄入量折算为饲料的量(mg/kg)。

7.2.2 试验动物空腹处理

试验水产动物在开始、中间取样及结束前应空腹 24 h。

7.3 试验周期

根据受试物在试验水产动物机体内吸收相、平衡相和消除相的时间确定。规定试验周期最长不超过 24 周。

受试物和(或)有毒代谢物在试验水产动物蓄积靶器官残留或蓄积量达到稳态平衡浓度(3 次采样点浓度差异不显著)后，开始停喂期，即所有剂量组试验水产动物均投喂空白对照饲料，直至消除相结束。停喂期最长不超过 4 周。

7.4 试验条件

7.4.1 试验系统

为防止交叉污染，残留或蓄积性毒性试验要求使用流水养殖系统，养殖容器材料应无毒无害。废水排放要符合国家有关环保规定。

7.4.2 养殖条件

试验期间要保持养殖系统水温、流量、光照条件及养殖密度等条件处于试验水产动物最适生长要求范围。

7.4.3 水质条件

养殖过程中的水质应参照 GB 11607 的要求。

7.4.4 试验管理

正式试验开始时，应迅速将试验水产动物捞出、称重，此操作要快速而轻微，尽量减少对水产动物的刺激。

试验水产动物要定时定量或表观饱食投喂，详细记录投喂量及残饵量，测定饲料的溶失率以准确计算试验水产动物的摄食量。

每个取样点及试验结束时进行称重、取样。

7.5 取样

7.5.1 取样原则

对试验水产动物肌肉组织、代谢器官(血液、肝脏或肝胰腺和肾脏)和其他蓄积靶器官(如皮肤、脑和生殖器官等)中来源于受试物的残留物进行检测，取样前需对试验水产动物进行麻醉处理，麻醉剂的使用参见附录 A。

7.5.2 肌肉组织的取样

鱼去鳞、去皮，沿背鳍取肌肉；虾去头、去壳，取肌肉部分；蟹、鳖等去壳，取肌肉。将样品于－18 ℃以下冷冻保存备测。

7.5.3 代谢器官的取样

解剖试验水产动物，取肝脏或肝胰腺及肾脏等器官组织。样品于－18 ℃以下冷冻保存备测。

7.5.4 其他蓄积靶器官的取样

经确认的其他蓄积靶器官，如皮肤、脑和生殖器官等组织，样品于－18 ℃以下冷冻保存备测。

7.5.5 取样点

在给予受试物前应对受试水产动物取样，以此作为空白样品。为获得一个完整的浓度-时间曲线，取样点的设计应兼顾受试物及其有毒代谢物试验水产动物蓄积靶器官中的吸收相、平衡相(高峰浓度附近)和消除相。一般在吸收相内至少需要设置 2 个～3 个取样点，对于吸收快的受试物，应尽量避免第一个点是高峰浓度；在高峰浓度附近至少需要设置 3 个取样点；消除相内需要设置 3 个～4 个取样点。每个重复在每个取样点的动物数量至少 5 个以上。

为保证最佳取样点，建议在正式试验前，选择 10 个试验水产动物个体进行预试验，然后根据预试验的结果，审核并修正原设计的取样点。

8 残留分析

8.1 检测方法

采用针对受试物和(或)有毒代谢物确立的定性定量检测方法。

8.2 检测指标

检测组织中的受试物和(或)有毒代谢物的残留量,包括受试物中间代谢产物、降解产物或其他结合物的残留量,必要时确定受试物有效组分可能的代谢产物和代谢、消解规律。确定时间-浓度曲线和剂量-浓度曲线,并计算蓄积系数和半衰期。

9 数据处理

试验设计时即应选择适当的统计学方法,所有观察到的结果都应进行统计学分析和评价。完整、准确地描述对照组与各剂量组试验水产动物间各项指标的差异。

10 试验报告

结合生长、摄食及组织中的残留和蓄积结果,给出试验期内摄食一定量受试物后的主要的蓄积靶器官、蓄积过程及其代谢规律,包括时间-浓度曲线、剂量-浓度曲线、蓄积系数和半衰期。获得受试物和(或)有毒代谢物在试验水产动物机体中的代谢和消解规律。为受试物的安全限量及停喂期的确定提供判定依据。

24 周受试物和(或)有毒代谢物在试验水产动物机体中残留和蓄积量仍未达到平衡相,或停喂 4 周仍未达到最高残留限量(MRLs)的受试物,判定为不安全。

附 录 A
（资料性附录）
残留和蓄积试验常用麻醉剂及使用剂量

残留和蓄积试验常用麻醉剂及使用剂量见表 A.1。

表 A.1 残留和蓄积试验中常用麻醉剂及使用剂量表

名称和化学式	别　名	性　状	使用浓度	作用时间
三卡因 tricaine methanesulphonate $C_{10}H_{15}NO_5S$	鱼保安 MS222 Finquel-™	白色微细结晶粉末，易溶于水	25 mg/L～300 mg/L	1 min～3 min
丁香酚 euqgenol 2-甲氧-4 丙烯基酚	AQUI-S	无色至淡黄色液体，在空气中变棕色，有强烈的丁香气味。极易溶于水，溶于乙醇、乙醚、三氯甲烷和精油。	25 mg/L～100 mg/L	40 s～1 min
三氯叔丁醇 chloroeutanol $C_4H_7C_{13}O \cdot 0.5H_2O$	—	白色微细结晶粉末，易溶于有机溶剂	100 mg/L～1 200 mg/L	20 s～1 min

ICS 65.120
B 46

中华人民共和国国家标准

GB/T 23389—2009

水产饲料安全性评价 繁殖试验规程

Principle of aquafeed safety evaluation—Reproduction test

2009-03-26 发布　　2009-07-01 实施

中华人民共和国国家质量监督检验检疫总局
中国国家标准化管理委员会　发布

前　言

本标准是在参阅了GB 15193.15—2003《繁殖试验》及国内外相关文献的基础上，根据我国技术发展水平研究制定的。

本标准由全国饲料工业标准化技术委员会(SAC/TC 76)提出并归口。

本标准起草单位：中国农业科学院饲料研究所、国家水产饲料安全评价基地。

本标准主要起草人：刘海燕、薛敏、吴秀峰、郑银桦。

水产饲料安全性评价
繁殖试验规程

1 范围

本标准规定了水产饲料安全性评价繁殖试验规程的基本技术要求。

本标准推荐采用斑马鱼(*Brachydanio rerio*),并不排除其他鱼种[如青鳉(*Oryzias latipes*)和剑尾鱼(*Xiphophorus helleri*)],但应对试验条件做相应的改变。

本标准适用于水产动物使用的配合饲料、单一饲料及饲料添加剂的安全性评价,不包括饲料药物添加剂。

2 规范性引用文件

下列文件中的条款通过本标准的引用而成为本标准的条款。凡是注日期的引用文件,其随后所有的修改单(不包括勘误的内容)或修订版均不适用于本标准,然而,鼓励根据本标准达成协议的各方研究是否可使用这些文件的最新版本。凡是不注日期的引用文件,其最新版本适用于本标准。

GB/T 5917.1　饲料粉碎粒度测定　两层筛筛分法

GB 11607　渔业水质标准

GB 13078　饲料卫生标准

NY 5072　无公害食品　渔用配合饲料安全限量

3 术语和定义

下列术语和定义适用于本标准。

3.1

平均产卵量　average fecundity

雌性亲鱼产卵的平均数量,单位为(万)粒/尾,计算公式如下:

平均产卵量=每组产卵数/每组雌性亲鱼尾数

3.2

受精率　fertilization rate

胚胎发育至高囊胚期时,发育正常的受精卵数占参与受精的总卵数的百分比,计算公式如下:

受精率=(每组受精卵数/每组产卵数)×100%

3.3

卵径　egg diameter

受精卵动物极到植物极的直径,单位为毫米(mm)。

3.4

卵重　egg weight

受精卵平均重量,单位为毫克(mg)。

3.5

孵化率　hatching rate

鱼类胚胎发育阶段中,从卵内破膜而出的个体数与受精卵数量的百分比,计算公式如下:

孵化率=(每组孵出仔鱼数/每组受精卵数)×100%

3.6

初孵仔鱼　yolk-sac larvae

仔鱼出膜后，已经完成了仔鱼发育，背鳍褶上已经具备了标志种的分类特征的鳍条原基，未摄食，依赖卵黄囊的营养进行早期发育，称为初孵仔鱼。

3.7

开口期仔鱼　first feeding larvae

开口期开始至开口期结束的仔鱼阶段。

3.8

畸形率　malformation rate

初孵仔鱼或开口期仔鱼在发育阶段出现畸形的个体数与孵化数量的百分比，计算公式如下：

畸形率＝(每组仔鱼畸形个数/每组孵化数)×100％

3.9

初孵仔鱼存活率　survival of yolk-sac larvae

仔鱼在开口期前初孵仔鱼存活个体数与孵出仔鱼数量的百分比，计算公式如下：

初孵仔鱼存活率＝(每组初孵仔鱼存活数/每组孵出仔鱼数)×100％

3.10

开口期仔鱼存活率　survival of first feeding larvae

开口期结束时，开口期仔鱼存活个体数与开口期开始时仔鱼数量的百分比，计算公式如下：

开口期仔鱼存活率＝(开口期仔鱼期结束时的存活数/开口期开始时的仔鱼数)×100％

3.11

性成熟系数　gonadsomatic index, GSI

性成熟系数表示亲鱼的性成熟程度，以亲鱼性腺占其体重的百分数表示，计算公式如下：

性成熟系数＝(性腺重/体重)×100％

4　原理

通过对3.1～3.11繁殖指标的影响的评价，揭示受试物对水产动物繁殖性能的影响，为受试物在水产动物饲料中应用安全性提供判定依据。

5　试验动物

试验动物推荐斑马鱼并不排除其他鱼种(如青鳉和剑尾鱼)，但应对试验条件做相应的改变。实验动物应采用种质纯正、来源明确、健康、规格整齐的同批苗种。正式试验前应有不低于2周的驯养期，并且保证试验动物的健康活泼。

6　剂量与分组

6.1　剂量设计参考的原则

6.1.1　原则上高剂量组的动物在饲喂受试物期间应当出现明显中毒反应，低剂量组不出现中毒反应。在此二剂量间再设2个及2个以上剂量组，以期获得比较明确的剂量-反应关系。对能或不能求出经口或注射LD_{50}的受试物分别进行规定。

6.1.2　能求出经口或注射LD_{50}的受试物：以经口服或注射LD_{50}的10％～25％作为繁殖试验的最高剂量组，此LD_{50}百分比的选择主要参考LD_{50}剂量反应曲线的斜率。然后在此剂量下设几个剂量组，最低剂量组至少是试验水产动物可能摄入量的3倍。

6.1.3　对于不能求出经口或注射LD_{50}的受试物：繁殖试验应尽可能涵盖试验水产动物可能摄入量100倍的剂量组。对于试验水产动物摄入量较大的受试物，高剂量可以按在饲料中的最大掺入量进行设计。

6.2 分组

至少应设 4 个剂量组和一个对照组。受试物如果为商品配合饲料，直接饲喂，不设剂量组。需要另外设计对照组。每组不少于 6 个重复，每个重复至少 30 个个体。

7 操作步骤

7.1 受试物的处理

将受试物粉碎至所要求的粒度(对于斑马鱼应全部通过筛孔 0.048 mm 分样筛)，粒度的测定方法符合 GB/T 5917.1。根据受试物试验剂量的设计，把受试物添加到试验动物的配合饲料中，液体受试物按照试验剂量直接添加到其他原料的混合物中。充分混合，适当加工，制成营养组成、适口性、水稳定性、粒径等特性都符合试验目的和试验动物要求的试验饲料，减少受试物以外的因素对试验动物的影响。受试配合饲料直接饲喂。对某一种受试物进行评价时，要考虑到饲料配方中是否存在其他拮抗或协同作用的成分。在确定配方前分析相关原料常规营养成分，并分析其卫生指标，结果应符合 GB 13078 和 NY 5072 标准。

7.2 受试物的给予

7.2.1 途径

用含有受试物的试验饲料或者受试饲料喂养斑马鱼(应注意受试物在饲料中的稳定性)。当受试物添加到饲料中时，需将受试物剂量按每 100 g 斑马鱼的摄入量折算为饲料的量(mg/kg)。

7.2.2 试验动物空腹处理

试验斑马鱼应在试验开始及结束前空腹 24 h。

7.2.3 试验周期

F_0 代斑马鱼 14 日龄时开始用对照组饲料进行开口驯养，30 日龄时开始分别投喂试验饲料正式开始试验。在 F_1 代完成开口后 2 周结束试验，期间继续饲喂对照组饲料。

7.3 试验条件

7.3.1 试验系统

对于水溶性受试物的安全性评价应采用流水养殖系统，对于非水溶性受试物的安全评价采用流水养殖系统或循环水养殖系统均可接受。养殖容器材料应无毒无害，废水排放符合国家有关环保规定。

7.3.2 养殖条件

试验期间要保持养殖系统水温、流速、光照及养殖密度等条件处于斑马鱼最适生长要求范围。

7.3.3 水质条件

养殖过程中的水质应参照我国渔业水质标准 GB 11607 的要求。

7.3.4 试验管理

试验开始与结束时称重。斑马鱼要定时定量投喂，详细记录投喂量及残饵量，测定饲料的溶失率以准确计算斑马鱼的摄食量。

F_0 代斑马鱼 14 日龄时开始用对照组饲料进行开口驯养，30 日龄时开始分别投喂试验饲料正式开始试验。快到繁殖期时，将 F_0 代斑马鱼按雌雄比为 1∶2 的配比放入产卵箱，在距箱底高度为 5 cm 的位置用 30 目网片拦住以防斑马鱼吞噬鱼卵，每天定时记录产卵情况，测量卵径与卵重，产卵统计时间为 20 天。

受精卵孵化在 24 孔板中进行，每孔 1 粒，置于光照培养箱中，温度为(26±1)℃，光照时间为日∶夜=14 h∶10 h。在 F_1 代完成开口后 2 周结束试验，期间继续饲喂对照组饲料。

7.4 观察指标

必测指标：开始产卵时间、平均产卵量、受精率、卵径、卵重、孵化率、畸形率、初孵仔鱼存活率、开口期仔鱼存活率、试验结束时 F_1 代存活率及终末体重、性成熟系数、性腺组织切片观察和胚胎发育情况。

8 数据处理与报告

试验设计时即应选择适当的统计学方法，所有观察到的结果都应进行统计学分析和评价。完整、准确地描述对照组与各剂量组斑马鱼间各项指标的差异，以揭示受试物对繁殖性能的影响。

受试物如对斑马鱼繁殖性能造成负面影响，可判定为不安全；如对斑马鱼繁殖性能未造成负面影响，必要时可进行靶动物的繁殖试验。

ICS 65.120
B 46

中华人民共和国国家标准

GB/T 23390—2009

水产配合饲料环境安全性评价规程

Principle for environmental safety evaluation of aquafeed

2009-03-26 发布

2009-07-01 实施

中华人民共和国国家质量监督检验检疫总局
中国国家标准化管理委员会 发布

前　言

本标准是在参考了GB 11607—1989《渔业水质标准》和国内外在水产饲料环境安全性和环境监测等方面研究成果的基础上，根据我国技术发展水平研究制定的。

本标准的附录A为规范性附录。

本标准由全国饲料工业标准化技术委员会(SAC/TC 76)提出并归口。

本标准起草单位：中国科学院水生生物研究所。

本标准主要起草人：韩冬、解绶启、朱晓鸣、杨云霞。

水产配合饲料环境安全性评价规程

1 范围

本标准规定了水产配合饲料对水环境安全性的评价规程。

本标准适用于不同类型的水产配合饲料，包括粉状饲料和颗粒饲料等。

本标准适用于水产配合饲料规范性评测，对于配合饲料对实际环境的影响，因环境背景值和养殖方式等不同有一定差异，在需要作出具体评价的养殖区域，建议采用现场测试。

2 规范性引用文件

下列文件中的条款通过本标准的引用而成为本标准的条款。凡是注日期的引用文件，其随后所有的修改单(不包括勘误的内容)或修订版均不适用于本标准，然而，鼓励根据本标准达成协议的各方研究是否可使用这些文件的最新版本。凡是不注日期的引用文件，其最新版本适用于本标准。

GB 3838 地表水环境质量标准

GB/T 6437 饲料中总磷的测定 分光光度法

GB 11607 渔业水质标准

GB/T 11893 水质 总磷的测定 钼酸铵分光光度法

GB/T 11894 水质 总氮的测定 碱性过硫酸钾消解紫外分光光度法

GB/T 12997 水质 采样方案设计技术规定

GB/T 12998 水质 采样技术指导

GB/T 12999 水质采样 样品的保存和管理技术规定

GB 13078 饲料卫生标准

NY 5072 无公害食品 渔用配合饲料安全限量

SC/T 1077 渔用配合饲料通用技术要求

SC/T 1089 鱼类消化率测定方法

3 术语和定义

下列术语和定义适用于本标准。

3.1

粉状饲料 mash feed

将多种饲料原料按饲料配方，经清理、粉碎、配料和混合加工成的粉状产品。

3.2

颗粒饲料 pelleted feed

将粉状饲料经调质、挤出压模模孔制成规则的粒状产品。

3.3

饲料转化比(饲料系数) feed conversion ratio

FCR

消耗单位风干饲料质量与所得到的动物产品质量的比值。

3.4

表观消化率 apparent digestibility coefficient

ADC

动物对饲料或某一成分的总摄入量与粪便或某一成分的总排出量之差占饲料或某一成分的总摄入

量的百分比。

3.5

氮排放率 nitrogen loading rate

NLR

生产单位质量的水产动物，由水产饲料带入水环境的氮的质量。

3.6

磷排放率 phosphorus loading rate

PLR

生产单位质量的水产动物，由水产饲料带入水环境的磷的质量。

4 原理

在养殖水源符合 GB 11607 的室内标准养殖系统中，待评水产配合饲料质量符合 GB 13078、NY 5072 和 SC/T 1077 规定的前提下，使用待评水产配合饲料投喂试验动物一定时间后，养殖环境水质指标和饲料指标的变化符合相关国家标准的规定，认为该水产配合饲料对养殖环境是安全的。

5 待评水产配合饲料要求

5.1 理化指标

水产配合饲料的粉化率、混合均匀度、感官指标和溶失率应符合 SC/T 1077 的规定。

5.2 卫生指标

水产配合饲料卫生标准应符合 GB 13078 和 NY 5072 规定。

6 操作步骤

6.1 试验动物

试验动物应选择适用待评水产配合饲料饲养的水产动物及其特定生长阶段，试验动物选用来源明确、健康、规格整齐的同批动物。

6.2 养殖水源

养殖水源应符合 GB 11607 的规定。

6.3 养殖系统

养殖系统为流水养殖系统（流速约 0.2 L/min～0.5 L/min 或根据养殖动物的生理生态学要求调整流速），由圆型或方型养殖缸和充氧（充气）系统组成。养殖容器应满足试验群体的体重增加 5 倍～10 倍之后对养殖空间的需求。养殖系统应尽量减少人为的干扰，并通过优质饲料养殖结果以确认该系统满足养殖品种要求，保证养殖试验各缸之间的条件均一性。

6.4 试验周期

养殖周期至少在 8 周以上。

6.5 试验条件

6.5.1 试验温度

试验期间养殖水温要处于试验动物的适温范围，并保持各处理之间一致。

6.5.2 溶解氧

保证试验期间的溶解氧不低于 5 mg/L。

6.5.3 氨氮浓度

试验系统氨氮浓度要小于 0.5 mg/L。

6.5.4 pH 值

pH 值要处于试验动物的适宜生长范围。

6.5.5 光照

可使用自然光照或灯光照明,保证光照强度接近自然光照,光亮周期 10 h～16 h,或者根据不同试验动物进行适当调整。

6.6 试验管理

6.6.1 试验设计及养殖管理

试验前至少用待评水产配合饲料适应投喂 1 周。每种待评配合饲料至少采用 5 个重复,每个重复的试验动物数量和初始体重要求尽量接近,统计差异不显著;试验采用随机分缸,每个重复的试验动物数量不少于 30 尾;随机选取初始样品 5 组。

试验过程中,试验动物根据水温和摄食习性,采用定时表观饱食法进行投喂待评水产配合饲料,详细记录投喂量。可采用手工投喂或投饵仪投喂。

投喂 1 h(或根据不同动物生理生态学习性进行调整)后收集粪便(一般试验开始一周后收集粪便样品),于 65 ℃烘干至恒重,保存于冰箱中,用于消化率的测定。

试验结束时,试验动物饥饿 24 h 后称重,并对待评水产配合饲料和试验动物取样。

6.6.2 死亡试验动物的补充

试验开始后的前两周,如果试验动物出现死亡,可以用重量相近的动物替换。两周以后一般不再替换动物。死亡动物称重用以计算饲料系数。

6.6.3 试验观察及意外判断

试验期间,从开始驯养到试验结束,每天记录养殖动物的摄食、活动等状况,记录养殖系统的日常状况。养殖期间,如出现发病状况,一般应中止试验。

6.7 检测指标

6.7.1 水环境质量指标

6.7.1.1 水样的采集、贮存和预处理

水样的采集、贮存和预处理按 GB/T 12997,GB/T 12998 和 GB/T 12999 的规定执行。

试验期间,每隔 20 d 采集水样。采样前,投喂一次水产配合饲料后,养殖系统停水 1 d～2 d(或根据需要调整以保证水中的待测物质含量达到可检测水平);分别在投喂后 1 h 和 24 h(或根据需要调整)采集水样。

6.7.1.2 水质常规指标

测定养殖水体的悬浮物质、化学需氧量、生化需氧量、总氮、总磷、非离子氨和溶解氧,各项指标应符合 GB 11607 和 GB 3838 规定。为了达到可检测水平,测定时在正常投喂、曝气的情况下,停水 1 d～2 d(或根据需要调整以保证水中的待测物质含量达到可检测水平)。总氮和总磷测定停水前、后的水体体积和水体总氮、总磷的含量,计算总氮和总磷积累率,水中总氮、总磷的测定按照 GB/T 11893 和 GB/T 11894 的规定执行;悬浮物质、化学需氧量、生化需氧量、非离子氨和溶解氧等测定停水前后的数值,测定方法按 GB 11607 和 GB 3838 的规定执行。

6.7.2 饲料指标

6.7.2.1 饲料指标

$$\text{饲料系数}\ FCR = \frac{FI}{W_t + W_d - W_0} \quad \cdots\cdots(1)$$

$$\text{表观消化率}\ ADC = \left(1 - \frac{M_d}{M_f}\right) \times 100 \quad \cdots\cdots(2)$$

$$\text{氮排放率}\ NLR = \left(1 - \frac{F_N - I_N}{FI \times D_N}\right) \times 100 \quad \cdots\cdots(3)$$

$$\text{磷排放率}\ PLR = \left(1 - \frac{F_P - I_P}{FI \times D_P}\right) \times 100 \quad \cdots\cdots(4)$$

式中：

FI——总摄食量，单位为克(g)；

W_t——终末总体重，单位为克(g)；

W_d——死鱼总体重，单位为克(g)；

W_0——初始总体重，单位为克(g)；

M_d——饲料中指示剂百分含量，%；

M_f——粪便中指示剂百分含量，%；

F_N——终末鱼体含氮的质量，单位为克(g)；

I_N——初始鱼体含氮的质量，单位为克(g)；

D_N——饲料中氮的含量，%；

F_P——终末鱼体含磷的质量，单位为克(g)；

I_P——初始鱼体含磷的质量，单位为克(g)；

D_P——饲料中磷的含量，%。

6.7.2.2 分析方法

试验动物对待评水产配合饲料表观消化率的测定使用酸不溶灰分做内源指示剂，应符合SC/T 1089规定；饲料和动物体氮的测定采用凯氏定氮法，饲料和动物体磷的测定应符合GB/T 6437规定。

6.7.3 其他指标

必要时，根据待评饲料和试验环境的情况，增加其他相应指标。

7 检测报告

检测报告见附录A。

附　录　A
（规范性附录）
水产配合饲料环境安全性评价检测报告

水产配合饲料环境安全性评价检测报告见表 A.1。

表 A.1　水产配合饲料环境安全性评价检测报告表

待评配合饲料编号及来源：________________________

检测人（签名）：__________　试验时间：__________

饲料主要营养成分：

粗蛋白：______；粗脂肪：______；灰分：______；总能：______；

总磷：______；非蛋白氮：______。

待评水产配合饲料				1#	2#
	试验时间	取样时间	测试指标	检测结果	检测结果
水质常规指标 单位/(mg/L)	20 d	投喂后 1 h	悬浮物质		
			化学需氧量		
			生化需氧量		
			总磷		
			总氮		
			非离子氨		
			溶解氧		
		投喂后__h	悬浮物质		
			化学需氧量		
			生化需氧量		
			总磷		
			总氮		
			非离子氨		
			溶解氧		
	40 d	投喂后 1 h	悬浮物质		
			化学需氧量		
			生化需氧量		
			总磷		
			总氮		
			非离子氨		
			溶解氧		
		投喂后__h	悬浮物质		
			化学需氧量		
			生化需氧量		
			总磷		
			总氮		
			非离子氨		
			溶解氧		

表 A.1（续）

待评水产配合饲料				1#	2#
	试验时间	取样时间	测试指标	检测结果	检测结果
水质常规指标 单位/(mg/L)	60 d	投喂后 1 h	悬浮物质		
			化学需氧量		
			生化需氧量		
			总磷		
			总氮		
			非离子氨		
			溶解氧		
		投喂后__h	悬浮物质		
			化学需氧量		
			生化需氧量		
			总磷		
			总氮		
			非离子氨		
			溶解氧		
饲料指标			特定生长率/(%/d)		
			饲料系数		
			干物质表观消化率/%		
			蛋白表观消化率/%		
			氮排放率/%		
			磷排放率/%		
其他指标			水体氮积累率/(mg/g/d)		
			水体磷积累率/(mg/g/d)		

ICS 65.120
B 46

中华人民共和国国家标准

GB/T 26437—2010

畜禽饲料有效性与安全性评价 强饲法测定鸡饲料表观代谢能技术规程

Feed efficacy and safety evaluation—
Guidelines for the determination of apparent metabolizable energy for chickens by the force feeding method

2011-01-14 发布 2011-07-01 实施

中华人民共和国国家质量监督检验检疫总局
中国国家标准化管理委员会 发布

前　言

本标准按照 GB/T 1.1—2009 给出的规则起草。

本标准由全国饲料工业标准化技术委员会提出(SAC/TC 76)并归口。

本标准起草单位:中国农业大学、农业部饲料效价与安全监督检验测试中心(北京)、中国农业科学院北京畜牧兽医研究所、山东六和集团有限公司。

本标准主要起草人:龚利敏、杜荣、张丽英、吕明斌、张宏福、尹靖东、臧建军。

畜禽饲料有效性与安全性评价 强饲法测定鸡饲料表观代谢能技术规程

1 范围

本标准规定了畜禽饲料有效性与安全性评价过程中强饲法测定鸡饲料表观代谢能的技术要求。

本标准适用于鸡配合饲料、浓缩饲料和规定范围内的饲料原料表观代谢能的测定。

本标准不适用于油脂类饲料、粗饲料、液体类饲料和按国际饲料分类原则规定的蛋白质饲料干物质中粗蛋白质含量大于50%的饲料表观代谢能的测定。

2 规范性引用文件

下列文件对于本文件的应用是必不可少的。凡是注日期的引用文件,仅注日期的版本适用于本文件。凡是不注日期的引用文件,其最新版本(包括所有的修改单)适用于本文件。

GB 3102.4 热学的量和单位

GB 5749 生活饮用水卫生标准

GB/T 6435 饲料中水分和其他挥发性物质含量的测定

GB/T 10647 饲料工业术语

GB 13078 饲料卫生标准

GB 13078.1 饲料卫生标准 饲料中亚硝酸盐允许量

GB 13078.2 饲料卫生标准 饲料中赭曲霉毒素A和玉米赤霉烯酮的允许量

GB 13078.3 配合饲料中脱氧雪腐镰刀菌烯醇的允许量

NY/T 388 畜禽场环境质量标准

ISO 9831:1998 动物饲料、动物性产品和粪或尿总能的测定 氧弹式热量计法(ISO 9831:1998 Animal feeding stuffs, animal products, and feces or urine—Determination of gross calorific value—Bomb calorimeter method)

3 术语和定义

GB 3102.4 和 GB/T 10647 中界定的以及下列术语和定义适用于本文件。

3.1

摄入总能 gross energy intake

摄入总能按式(1)计算。

$$GE_1 = E_1 \times M_1 \qquad (1)$$

式中:

GE_1——摄入总能,单位为焦耳(J);

注:焦耳(J)按热化学卡(cal_{th})换算,1热化学卡(cal_{th})=4.184焦耳(J)。

E_1 ——摄入干物质能值,单位为焦耳每克(J/g);

M_1 ——摄入干物质量,单位为克(g)。

3.2

排泄物总能 gross energy excreta

排泄物总能按式(2)计算。

$$GE_2 = E_2 \times M_2 \quad \cdots\cdots(2)$$

式中：

GE_2——排泄物总能，单位为焦耳(J)；

E_2 ——排泄物干物质能值，单位为焦耳每克(J/g)；

M_2 ——摄入被测饲料后48 h排泄物干物质量，单位为克(g)。

3.3

摄入总干物质 gross dry matter intake

摄入总干物质量按式(3)计算。

$$GDM = M_3 \times DM \quad \cdots\cdots(3)$$

式中：

GDM——摄入总干物质量，单位为克(g)；

M_3 ——摄入风干物质量，单位为克(g)；

DM ——风干饲料样品干物质含量，%。

4 原理

用成年健康且具有抗应激素质的公鸡为试验动物，用以准确投喂和无丢失收集排泄物为手段的排空强饲法测定鸡饲料表观代谢能。

5 试验动物

5.1 从育雏阶段开始饲养至18周龄以上、体重达2.5 kg±0.2 kg的海兰褐壳系公鸡中选取试验动物。

5.2 要求试验鸡强饲后无怪癖、无异嗜、无明显应激反应。

5.3 供试鸡只数：每测一种饲料需设置6个重复组，每个重复组试验鸡强饲后的存活数不低于4只，组间平均体重差异不超过100 g。

6 饲养管理

6.1 鸡舍：全封闭式或半开放式鸡舍。饲养环境应符合NY/T 388。

6.2 遵照《父母代海兰蛋鸡饲养管理手册》的相关规定进行饲养管理与疾病控制。

6.3 试验期采用笼养，在带集粪盘的代谢笼内个体饲养，适应后供试验用。不同处理和重复的试验鸡按照随机均匀分布原则固定笼位，并记录在案。非试验期试验鸡采用平养。

6.4 试验期环境温度18 ℃～27 ℃，环境湿度40%～60%，光照强度10 lx～20 lx，自然光照和(或)人工光照；光照时间为16 h/d。

6.5 非试验期限饲，控制试验鸡体重在规定范围内。

6.6 自由饮水，水质应达到GB 5749中的有关规定。禁食砂石。

6.7 在连续两次测定期之间，至少设置10 d以上的恢复期。

7 试验方法

7.1 排泄物收集瓶的缝合手术:选择容积为 60 mL 的塑料瓶(或塑料袋)为集粪瓶,要求瓶盖直径 33 mm 左右,瓶盖中央挖一直径约 20 mm 的圆孔及周边用于固定的对称小孔 8 个,在代谢试验开始前一周,用消毒的手术弯针和手术线,将瓶盖的圆孔对准鸡的泄殖腔口,缝合在皮肤上。排泄物收集期,拧上塑料瓶(或袋)收集排泄物,以免皮屑和羽毛混入排泄物中。

7.2 试验分预饲期、正试期(禁食排空、强饲、收集排泄物)及体况恢复期三个阶段(参见附录 A)。

7.3 禁食:准确记录禁食排空开始时间,禁食期间自由饮水。

7.4 强饲:禁食结束后,通过强饲器(参见附录 B)每只鸡准确强饲干物质含量已知的风干被测饲料 50 g,并及时按个体记录强饲完成时间。强饲人员应事先培训。

8 被测饲料

8.1 要求

被测饲料应符合 GB 13078、GB 13078.1、GB 13078.2 和 GB 13078.3 的要求和相关的质量标准的规定。

8.2 被测饲料的制备

8.2.1 按常规方法将被测饲料粉碎,应全部通过孔径为 5.00 mm 的编织筛,难以通过的粗粒应用瓷研钵捣碎归入整体样品中,混匀后备用。

8.2.2 一次性按需要量分别装袋,标明鸡号备用,并同步测定被测饲料干物质含量。

9 排泄物分析

9.1 收集:强饲后应立即装配集粪瓶(或袋),以重复组为单元收集 48 h 的全部排泄物,视集粪瓶内排泄物的量决定更换次数,应无漏、撒、损。

9.2 制备:取出的排泄物应立即在 65 ℃下烘干(或冷冻干燥)至恒重后置室温下回潮 24 h。将每个重复组 4 只鸡的风干排泄物总量称重记录,混合均匀后装入样本瓶。粉碎风干排泄物时要特别注意防止粉碎机中产生的交叉污染。

9.3 分析:按照 GB/T 6435 测定水分并计算其干物质含量,根据 ISO 9831:1998 的规定同步测定排泄物总能。

10 结果计算

10.1 每个重复组鸡的饲料表观代谢能[AME,单位为兆焦每千克(MJ/kg)]可用干物质基础和风干物质基础表示,分别按式(4)和式(5)计算。

$$AME(\text{干物质基础}) = \frac{GE_1 - GE_2}{M_1 \times 1\,000} \qquad (4)$$

$$AME(\text{风干物质基础}) = \frac{GE_1 - GE_2}{M_3 \times 1\,000} \qquad (5)$$

式中:

AME——被测饲料表观代谢能,单位为兆焦每千克(MJ/kg)。

10.2 计算6个重复组被测饲料表观代谢能的平均值及其相应的标准差。

10.3 分析结果有效位数为小数点后两位。

10.4 各重复组表观代谢能测定值相对偏差不得超过5%。

11 试验记录与统计分析

11.1 测试用仪器应定期接受国家计量质检职能部门的监督检查,保存好质检合格证书。

11.2 除测定项目外,在试验过程中还应对排空强饲前与强饲后48 h试验鸡体重、免疫与消毒、温度和湿度等进行记录。记录应详细准确、清晰完整。保留备份,归档备案。

11.3 试验数据应采用国家法定的计量单位。

11.4 试验结束后,根据试验目的和试验设计,以重复为单位,采用相应的方法和软件对试验所有数据进行整理与统计分析。

12 试验报告

12.1 试验报告中应包括题目、摘要、试验目的、材料与方法、结果与分析、试验结论等内容。

12.2 试验报告应针对试验目的和要求给出具体的试验结果,在可能的情况下给出明确结论。

12.3 试验报告应对试验方法等可能影响试验结果的情况做简要说明。

附 录 A
（资料性附录）
鸡饲料表观代谢能测定程序

鸡饲料表观代谢能测定程序见表 A.1。

表 A.1 鸡饲料表观代谢能测定程序

期别	预饲期	正试期			体况恢复期
		禁食排空期	强饲期	粪尿排泄物收集期	
时间	＞3 d	48 h	按个体准确计时	48 h	10 d 以上
处理	喂生长蛋鸡全价配合饲料，最后 1 次喂试验饲料	自由饮水	强饲被测饲料	自由饮水	同预饲期

附 录 B
(资料性附录)
强饲器示意图

强饲器示意图见图 B.1。

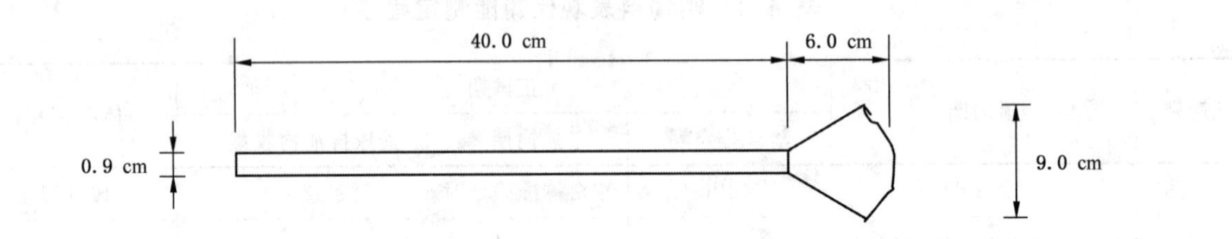

a) 不锈钢漏斗,壁厚 0.1 cm

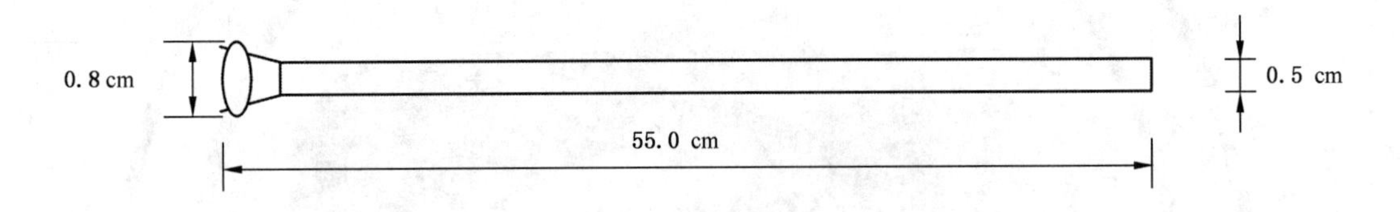

b) 实心不锈钢棒,一端有塑料包头

图 B.1 强饲器示意图

ICS 65.120
B 46

中华人民共和国国家标准

GB/T 26438—2010

畜禽饲料有效性与安全性评价 全收粪法测定猪配合饲料 表观消化能技术规程

Feed efficacy and safety evaluation—Guidelines for the determination of apparent digestible energy of formula feed for pigs by the total collection method

2011-01-14 发布　　2011-07-01 实施

中华人民共和国国家质量监督检验检疫总局
中国国家标准化管理委员会　发布

前　言

本标准按照 GB/T 1.1—2009 给出的规则起草。

本标准由全国饲料工业标准化技术委员会(SAC/TC 76)提出并归口。

本标准起草单位:中国农业大学、农业部饲料效价与安全监督检验测试中心(北京)、中国农业科学院北京畜牧兽医研究所。

本标准主要起草人:李德发、朴香淑、胡琴、赵峰、马永喜、李鹏飞、王丁、张荣飞、朱滔。

畜禽饲料有效性与安全性评价 全收粪法测定猪配合饲料 表观消化能技术规程

1 范围

本标准规定了畜禽饲料有效性与安全性评价中用全收粪法测定猪饲料表观消化能的技术要求。

本标准专用于全收粪法测定猪配合饲料的表观消化能。

2 规范性引用文件

下列文件对于本文件的应用是必不可少的。凡是注日期的引用文件，仅注日期的版本适用于本文件。凡是不注日期的引用文件，其最新版本(包括所有的修改单)适用于本文件。

GB 3102.4 热学的量和单位

GB/T 5915 仔猪、生长肥育猪配合饲料

GB/T 6435 饲料中水分和其他挥发性物质含量的测定

GB/T 10647 饲料工业术语

GB/T 14699.1 饲料 采样

GB/T 16765 颗粒饲料通用技术条件

GB/T 17823 集约化猪场防疫基本要求

GB/T 20159 动物饲料 试样的制备

NY/T 388 畜禽场环境质量标准

ISO 9831:1998 动物饲料、动物性产品和粪或尿总能的测量 氧弹式热量计法(ISO 9831:1998 Animal feeding stuffs, animal products, and feces or urine—Determination of gross calorific value—Bomb calorimeter method)

3 术语和定义

GB 3102.4 和 GB/T 10647 中界定的以及下列术语和定义适用于本文件。

3.1

全收粪法 total collection method

收集正试期内的全部粪便，以测定饲料中养分消化率的方法。

3.2

饲粮总干物质采食量 gross dry matter intake

饲粮总干物质采食量按式(1)计算。

$$GDM = M_1 \times DM \quad \cdots\cdots(1)$$

式中：

GDM——饲粮总干物质采食量，单位为克(g)；

M_1 ——风干饲粮摄入量，单位为克(g)；

DM ——饲粮干物质含量，%。

3.3

摄入总能 gross energy intake

摄入总能按式(2)计算。

$$GE_1 = E_1 \times GDM \quad \cdots\cdots(2)$$

式中：

GE_1 ——摄入总能，单位为焦耳(J)；

注：焦耳(J)按热化学卡(cal_{th})换算，1热化学卡(cal_{th})=4.184焦耳(J)(下同)。

E_1 ——摄入饲粮干物质能值，单位为焦耳每克(J/g)；

GDM ——饲粮总干物质摄入量，单位为克(g)。

3.4

粪总能 gross energy excreta

粪总能按式(3)计算。

$$GE_2 = E_2 \times M_2 \quad \cdots\cdots(3)$$

式中：

GE_2——粪总能，单位为焦耳(J)；

E_2 ——排出粪干物质能值，单位为焦耳每克(J/g)；

M_2 ——粪干物质量，单位为克(g)。

4 原理

试验猪在正试期摄入的总能值(GE_1)减去同期排泄的粪总能值(GE_2)所得的有效能值，称为该饲粮的表观消化能值(apparent digestible energy，ADE)。

5 试验期

5.1 试验分适应期、预饲期和正试期3个阶段。

5.1.1 适应期：不低于6 d。分别观察并记录每头试验猪供试饲粮的自由采食量，作为正试期饲粮投喂量的决策依据。

5.1.2 预饲期：不低于5 d。按适应期观察到的自由采食量的85%～90%的量准确定量饲喂，准备向正试期过渡。

5.1.3 正试期：不低于7 d。准确定量饲喂，同步记录每日每头试验猪排出的鲜粪重，并根据鲜粪留样比例确定相对应的鲜粪重，以及鲜粪干物质含量(%)。

5.2 试验动物

5.2.1 从75日龄～85日龄的杜×长×大三元杂交健康猪群中选取体重在30 kg以上、为平均体重±2 kg的去势公猪作为试验动物。在供试期间，控制其正常生理条件下的增重，要求试验结束时，猪的体重不大于70 kg。

5.2.2 要求在试验期间试验猪无明显应激反应，无怪癖及异嗜症候。

5.2.3 每测一种饲粮所需试验猪数量(重复数)不少于6头。

6 试验饲粮

6.1 试验饲粮的要求

应符合 GB/T 5915 的要求和规定。

6.2 试验饲粮的制备

6.2.1 根据 GB/T 5915 的要求，试验饲粮的粉料粒度应 99%通过孔径为 2.80 mm 的编织筛，1.40 mm 编织筛筛上物比例不得大于 15%，筛上物中不得有整粒谷物，颗粒饲料应符合 GB/T 16765 的要求。试验饲粮均匀度的变异系数应不大于 5%。

6.2.2 将预饲期及正试期所需的饲粮按每头、每次投喂量一次性分别装入耐损纸袋中备用，并在装袋过程的起始、中间、结束时同步抽样，测定饲粮的干物质含量(%)。

6.2.3 分别装袋的饲粮，应及时标明试验饲粮编号、动物编号、饲喂日期、饲喂次第、装袋时的饲粮风干重量，作为核对整个试验期采食饲粮的干物质总量时的依据。

6.3 试验饲粮的存放

封袋后的试验饲粮应排放有序，置低于 25 ℃的防虫蛀、鼠害的阴干处保存。

7 饲养管理

7.1 将每日的总采食均分为 3 次饲喂(时间为 8：00、14：00 和 18：00)，全程自由饮水，水质应达到 NY/T 388 中的有关规定。

7.2 试验猪为个体饲养，测试期间的试验设备应保证试验动物舒适、各项临床生理指标正常。以确保粪尿分离、粪不丢失为准则。

7.3 饲养环境(温度、湿度和光照以及通风等条件)应符合 NY/T 388 的要求，并应遵循国家或者地区有关动物福利和环境保护的有关要求。

7.4 供试猪群的免疫程序应符合 GB/T 17823 中的有关规定。

7.5 在正试期间严禁出现干扰试验猪静卧行为的人为因素，特别在正试期起始日与结束日更应格外注意。

8 试验样品的采集与制备

8.1 试验饲粮采集及制备

8.1.1 采样：试验饲粮的采集程序应符合 GB/T 14699.1 中的有关规定。

8.1.2 制备：试验饲粮的制备应符合 GB/T 20195 中的有关规定。

8.2 粪样采集及制备

8.2.1 采样：精确、完整地分别收取正试期内每头试验猪每日(24 h)不受尿“污染”的新鲜猪粪，随排随收，置阴凉处，按日分别留样。

8.2.2 日与日之间的界限以选定早饲后试验猪的最长静卧时间的中间点为宜(经验证明可以选定在上午 9：00～10：30)。

8.2.3　在正试期间严禁在这一时间段出现干扰试验猪静卧行为的人为因素。特别在正试期起始日与结束日,更应格外注意这一点。

8.2.4　将每头试验猪当日的总鲜粪样全部置搪瓷盘或不锈钢盘上充分拌匀。根据多排多取、少排少取的原则,用四分法以当日总鲜粪重为100%,按试验设计的需要,在各试验猪均统一按固定比例、准确计算、精确称重后置入相应的重量已知的容器中,封存于−20 ℃低温冰箱中冷冻备用。

8.2.5　在完成8.2.4的步骤后,取出同一猪前期冷冻粪样,称重。同步取鲜样三份,分别置于重量已知的、直径约12 cm的烘干培养皿上,摊薄摊匀,每样鲜粪重不少于50 g,用0.05 g灵敏度的上皿天平快速称重,后求恒重。置105 ℃烘箱中烘求恒重。在烘干过程中需做无损失翻动1次～2次,避免内湿外焦。

8.2.6　小样制备:正试期结束后,以猪个体为单元,将按比例取样称重,并经过冷冻保存的鲜粪样,全部置室温下解冻后,摊薄在相应的不锈钢盘或搪瓷盘上,无丢失地搅拌均匀,置通风65 ℃烘箱中烘至风干状,再在22 ℃以下的室温下回潮,分别按试验猪编号留样,粉碎、混匀、封存备用。

8.2.7　粉碎风干粪样时要特别注意前后猪粪样在粉碎机中产生的交叉污染。对难以通过规定筛孔的粪样粗粒应用毛笔从粉碎机中收入瓷乳钵或不锈钢中药碾,手工碾碎达到规定细度后方可并入整样中封存,不得抛弃,或直接装入分析样品中。

8.3　试验样品的分析

8.3.1　试验饲粮的分析:按照GB/T 6435测定试验饲粮水分并计算其干物质含量,根据ISO 9831:1998的规定同步测定试验饲粮总能。最终全部测定数据均以干物质为基础,供试验结果的统计分析。

8.3.2　粪样的分析:按照GB/T 6435测定每头猪前期粪样水分并计算其干物质含量,根据ISO 9831:1998的规定同步测定粪样总能。

9　结果计算及有效数的规定

9.1　试验饲粮表观消化能[ADE,单位为兆焦每千克(MJ/kg)]可用干物质为基础或风干物为基础表示[但应同时标明其干物质含量(%)],分别按式(4)和式(5)计算。

$$ADE(\text{干物质基础})=\frac{GE_1-GE_2}{GDM\times 1\,000} \qquad\cdots\cdots(4)$$

$$ADE(\text{风干物质基础})=\frac{GE_1-GE_2}{M_1\times 1\,000} \qquad\cdots\cdots(5)$$

9.2　以每个试验猪为单位,计算重复组试验饲粮表观消化能的平均值及其相应的标准差。

9.3　表观消化能的法定计量单位是兆焦每千克(MJ/kg),有效位数为小数点后两位。

9.4　各重复试验猪间的表观消化能测定值相对偏差不得大于5%。

10　试验记录与统计分析

10.1　测试用仪器应定期接受国家计量部门的校验。

10.2　除测定项目外,还应对试验过程中所有试验样品来源,试验猪的初始体重、结束体重、日增重、体况行为、环境条件(包括温湿度等)、免疫与消毒过程以及试验地点等进行记录。记录应用专项表格,详细准确,并由记录人核准签名,并署名年月日后归档保存。

10.3 试验数据应采用国家法定的计量单位。通过非法定计量单位折算的法定计量单位应说明所用相关数学模型和相关单位的出处。

10.4 试验结束后,根据试验目的和试验设计,以重复为单位,采用相应的方法对试验数据进行统计分析。

11 试验报告

试验报告包括题目、摘要、试验目的、材料与方法、结果与分析、试验结论、参考文献(含依据的标准法律)等部分。

12 终止试验

试验猪在试验过程中如发生疾病等不可抗拒的因素影响正常生理状况时应终止试验,该试验猪的所有试验资料应报废。

ICS 65.120
B 46

中华人民共和国国家标准化指导性技术文件

GB/Z 31812—2015

饲料原料和饲料添加剂水产靶动物有效性评价试验技术指南

Technical guidelines for efficacy studies of feed material and feed additive in aquaculture target animals

2015-07-03 发布

2015-10-01 实施

中华人民共和国国家质量监督检验检疫总局
中国国家标准化管理委员会 发布

前　言

本指导性技术文件按照 GB/T 1.1—2009 给出的规则起草。

本指导性技术文件由全国饲料工业标准化技术委员会(SAC/TC 76)提出并归口。

本指导性技术文件起草单位:全国饲料评审委员会、中国水产科学研究院淡水渔业研究中心。

本指导性技术文件主要起草人:王黎文、谢骏、薛敏、丁健、杜伟。

饲料原料和饲料添加剂水产靶动物有效性评价试验技术指南

1 范围

本指导性技术文件规定了饲料原料和饲料添加剂水产靶动物有效性评价试验的基本原则、试验类型、受试物、试验方案设计、试验实施、试验报告和资料存档要求。

本指导性技术文件适用于以水产动物为靶动物的饲料原料、饲料添加剂的有效性评价试验。

2 术语和定义

下列术语和定义适用于本文件。

2.1

靶动物　target animal

饲料原料或饲料添加剂所适用的特定动物。

2.2

受试物　test substance

被评价的饲料原料或饲料添加剂样品。

2.3

长期有效性评价试验　long-term efficacy study

在接近实际生产条件下，以能够代表靶动物适用养殖阶段的饲喂时限为试验期，通过观测靶动物生产性能、生理生化指标、健康状况等，评价特定适用阶段内受试物饲喂效果的试验。

2.4

短期有效性评价试验　short-term efficacy study

在较短时间内可以评价受试物特定功效的试验，包括但不限于生物有效性试验、生物等效性试验、体内消化试验、收支试验和适口性试验。

2.5

生物有效性　bioavailability

受试物中的活性物质或其代谢产物被吸收、转运到靶组织或靶细胞并表现出典型功能或效应。

2.6

生物等效性　bioequivalence

两种受试物在靶动物上具有相同的生物功能或效应。

2.7

体内消化试验　*in vivo* digestion study

通过测定靶动物对某种营养素或能量的摄入量以及粪排出量，进而评价营养素或能量在动物消化道内被消化吸收程度的试验。

2.8

收支试验　budget study

通过测定和比较靶动物对某种营养素或能量的摄入量和排出量之间的关系，进而评价营养素或能量的摄入、排出和体内沉积间收支关系的试验。

2.9

适口性试验 palatability study

在摄食环境相同的前提下评价靶动物对不同受试物偏好的试验。

2.10

试验持续时间 study duration

有效性评价试验从靶动物饲喂开始至结束的时间，不包括预饲期和饲养试验结束后对样本的检测时间。

2.11

最短试验期 minimum study duration

对长期有效性评价试验持续时间的最低要求。

3 基本原则

3.1 靶动物有效性评价试验应对受试物所适用的靶动物分别进行评价，但本指导性技术文件以及其他另有规定的特殊情况除外。

3.2 靶动物有效性评价试验应与我国的水产养殖业生产水平相一致，以保证评价结果的科学性和客观性。

3.3 靶动物有效性评价试验应由具备专业知识和试验技能的人员在适宜的试验场所、使用适宜的设施仪器、按照规范的操作程序进行，并且由试验机构指定的人员负责。

3.4 当试验条件和受试物特性受限时，可以进行多个有效性评价试验，但每次试验应采用相同的设计并在相似的试验条件下进行，以保证试验数据的可比性。当试验次数超过3次时，推荐采用整合分析法(meta-analysis)进行数据统计。

4 试验类型

4.1 短期有效性评价试验

4.1.1 评价受试物中的活性物质或其代谢产物被吸收、转运到靶组织或靶细胞的程度，可采用生物有效性试验；评价两种受试物是否在靶动物体内具有相同生物学作用，可采用生物等效性试验；评价受试物对靶动物体内某种营养素或能量消化率(如表观消化率、真消化率)的影响，可采用体内消化试验；评价受试物对某种营养素或能量在靶动物体内沉积和排出的影响，可采用收支试验；评价受试物对靶动物摄食偏好的影响，可采用适口性试验。

4.1.2 收支试验除了可以获得消化试验的数据外，还可获得营养素或能量在靶动物体内沉积和排出等数据，故推荐优先采用。

4.1.3 适口性试验应在相同条件下，用受试物配制的饲料投喂靶动物，记录一定时间内的摄食量。试验期至少2周，每个处理重复数和每个重复的动物数按照附录A中相应动物种类的规定执行。预饲期2周，只投喂对照组饲料(受试物为饲料添加剂时)或各处理组饲料的等量混合物(受试物为饲料原料时)。

4.2 长期有效性评价试验

生长性能、饲料转化效率、体组成和繁殖性能等常规指标，应通过长期有效性评价试验进行测定。

5 受试物

受试物应来自保质期内的符合既定质量标准的规格化产品。

6 试验方案设计

6.1 总体要求

每个试验开始前，应针对受试物的作用功效，对试验进行系统设计，明确试验设计方法，形成书面的试验方案，并由试验负责人签字确认。

6.2 受试物信息

6.2.1 试验方案应明确受试物及其有效成分的通用名称、生产单位、含量规格、生产批号、有效成分含量的测试方法及测试结果、测试机构。

6.2.2 受试物有效成分含量可以由评价机构自行检测，也可委托国家或饲料行业主管部门认可的质检机构进行检测。

6.3 试验饲料

6.3.1 试验方案应描述饲料的加工方法、饲料配方及相关的营养成分含量(实测值)和能量水平。

6.3.2 应根据受试物特点、使用方法和靶动物营养需要配制饲料，使用的饲料原料和饲料添加剂应符合我国法规和相关标准要求；饲料不得受到污染。

6.3.3 各试验处理组试验因子以外的其他因素，如料型、粒度、加工工艺等应一致。

6.4 试验动物与分组

6.4.1 试验方案应明确所用动物的信息，包括类别、品种或品系(名称后以斜体注明拉丁文名称)、体重、健康状况和动物来源(必要时注明体长和性别)、试验组和对照组数量、每组重复数和每个重复的动物数、受试物有效成分在各试验组饲料中的添加量和含量实测值。

6.4.2 试验动物应健康并且来源相同，试验分组应遵循随机、重复和局部控制的原则；对于短期有效性评价试验，动物数量应满足统计学要求；对于长期有效性评价试验，每组重复数和每个重复的动物数应按照附录A中的规定执行。

6.4.3 试验应证明受试物最低推荐添加量的有效性，一般通过设定对照和选择敏感靶指标进行。必要时可设正负两个对照。

6.4.4 长期有效性评价试验应采用梯度剂量法为受试物推荐添加量或添加量范围的确定提供依据。饲料添加剂的梯度水平(含负对照)不得少于6个；饲料原料的梯度水平(含负对照)不少于3个。

6.4.5 当有效性评价试验的目的是证明受试物能为靶动物提供营养素时，应设置一个该营养素水平低于动物需求、但又不至严重缺乏的对照饲料。

6.5 试验期

6.5.1 试验方案应根据靶动物的不同养殖阶段明确相应的试验期，同时对预饲期作出说明。

6.5.2 长期有效性评价试验的试验期应符合附录A的规定；附录A中没有列出的其他水产动物品种，应参照生理和养殖阶段相似物种的要求进行。

6.6 饲养管理

6.6.1 试验方案应明确饲养条件、投喂方式、养殖设施的形状和规格、水体体积、光照条件、水温、水质(如溶氧、氨氮、亚硝酸盐、pH、盐度等)、养殖系统的运行状态、预饲期的条件要求以及预处理措施。

6.6.2 应选择适宜的饲养环境,使其对试验结果不造成影响;预处理措施不应干扰受试物的作用模式。

6.7 观察与检测指标

6.7.1 试验方案应明确各观察和检测指标的名称、频次以及检测样本的采集时间、采集方法和保存条件。

6.7.2 长期有效性评价试验的检测指标包括:试验开始和结束体重、饲料摄食量、死亡率;同时应根据受试物的作用特点和用途,增加相应的特异性观察与检测指标。

6.8 检测方法

6.8.1 试验方案应明确各检测指标相对应的检测方法。

6.8.2 检测方法应采用国家标准、行业标准、国际标准或国际公认方法。如果采用文献报道方法或新建方法,应提供方法确证的数据资料,说明其合理性。

6.9 统计分析

6.9.1 试验方案应明确具体的统计分析方法。

6.9.2 试验结果的统计分析应以重复为单位,统计显著性差异水平应达到 $P<0.05$。

7 试验实施

7.1 试验应按确定的试验方案实施。

7.2 试验实施过程中,试验方案所涉及的内容均应逐一记录,并由记录人签字。记录应真实、准确、完整、规范,并妥善保管。

7.3 动物个体和各试验组发生的所有非预期的突发情况,都应记录其发生的时间和波及范围。

7.4 试验过程中如果动物出现疾病,治疗措施不应干扰受试物的作用模式,并逐一记录,如疾病类型、解剖观察结果(如照片等)及其发生时间等。

7.5 试验过程中获取的检测样本应注明其属性和采集时间,并妥善保存,以便进一步分析研究。

7.6 采集的样本应根据其特性和要求在适宜的时间内完成检测,以保证检测结果的科学性。数据的有效数字以所用仪器的精度为准,并采用国家法定计量单位。

8 试验报告

8.1 靶动物有效性评价试验结束后应编制完整的试验报告。试验报告应准确、客观地陈述试验过程及试验结果。

8.2 试验报告应包含封面(见附录 B)、试验概述表(见附录 C)和报告正文三部分。

8.3 报告正文至少应包括:

a) 试验名称。

b) 摘要。

c) 试验目的。

d) 受试物信息,至少应包括 6.2.1 中规定的内容。

e) 试验机构名称和地点,试验起始和持续时间,同时明确预饲期。

f) 材料和方法:

 1) 至少应包括:试验设计与处理、试验饲料、试验动物与分组、饲养管理、观察与检测指标、检测方法、统计分析。

 2) 对于检测方法,采用国家标准、行业标准或国际标准的,应提供对应的标准编号;采用文献报道方法或新建方法的,需附方法确证的数据资料及其合理性说明;对于样本委托其他单位检测的,还应注明受托单位的名称。

g) 结果与分析:检测数据应以平均值和标准误表示,并给出各项指标统计显著性的 P 值。

h) 结论:应归纳总结受试物的使用效果(正效果/负效果)、明确推荐添加量(或范围)和注意事项。

i) 参考文献。

j) 统计分析中未采用的数据及其在各组别中的分布情况说明,或由于数据缺乏、数据丢失而无法评价的具体情况说明。

k) 受试物委托其他单位检测的,应提供受托检测机构出具的受试物样品的检测报告。

8.4 应对试验报告每页进行编码,格式为"第 页,共 页"。

8.5 报告签发:试验操作人员、试验负责人和报告签发人应分别在试验概述表相应栏目内逐一签名,并由报告签发人注明签发时间;报告应加盖试验机构骑缝章,确保报告的完整性。

9 资料存档

试验方案、试验报告(包括阶段性报告和最终报告)、原始记录、图表和照片、受试物样品及其检测报告等原始资料应于试验机构存档备查,受试物样品保存时间不得少于5年,其他资料不得少于10年。

附　录　A
（规范性附录）
试验期和动物数量

表 A.1　水产靶动物种类、试验期和动物数量[a]

大类	亚类	试验起始至结束动物所处的养殖阶段		最短试验期[b]	最少试验重复和动物数量
		起始体重	结束体重		
鱼类	淡水鱼类（代表物种：鲤、鲫、草鱼、青鱼、团头鲂、罗非鱼、斑点叉尾鮰、虹鳟、鲟、鳗鲡、大口黑鲈）	1 g～50 g	—	至少增重 5 倍，且不少于 10 周	每个处理 6 个有效重复，每个重复 30 尾
	海水鱼类（代表物种：鲈、鲷、大黄鱼、大菱鲆、石斑鱼、军曹鱼）	1 g～50 g	—	至少增重 5 倍，且不少于 10 周	每个处理 6 个有效重复，每个重复 30 尾
甲壳类	虾（代表物种：日本沼虾、罗氏沼虾、凡纳滨对虾、斑节对虾）	0.1 g～1.0 g	—	至少增重 5 倍，且不少于 8 周	每个处理 6 个有效重复，每个重复 50 尾
	蟹（代表物种：中华绒螯蟹、三疣梭子蟹、拟穴青蟹）	0.5 g～5 g	—	至少增重 5 倍，且不少于 8 周	每个处理 6 个有效重复，每个重复 30 只
爬行类	龟鳖类（代表物种：中华鳖、乌龟）	5 g～10 g	—	至少增重 5 倍，且不少于 10 周	每个处理 6 个有效重复，每个重复 30 只
两栖类	蛙类（代表物种：牛蛙、虎纹蛙、棘胸蛙）	5 g～10 g	—	至少增重 5 倍，且不少于 10 周	每个处理 6 个有效重复，每个重复 30 只
水产养殖动物亲本		繁殖前期	繁殖期	12 周	每个处理 15 个有效重复，每个重复 1 尾（只）

[a] 以“亚类”中的任意代表物种进行的试验，其结果可结合具体情况推广至该亚类中的同科动物。

[b] 试验起始至结束动物均应处于所对应的养殖阶段内。

附 录 B
（规范性附录）
试验报告封面

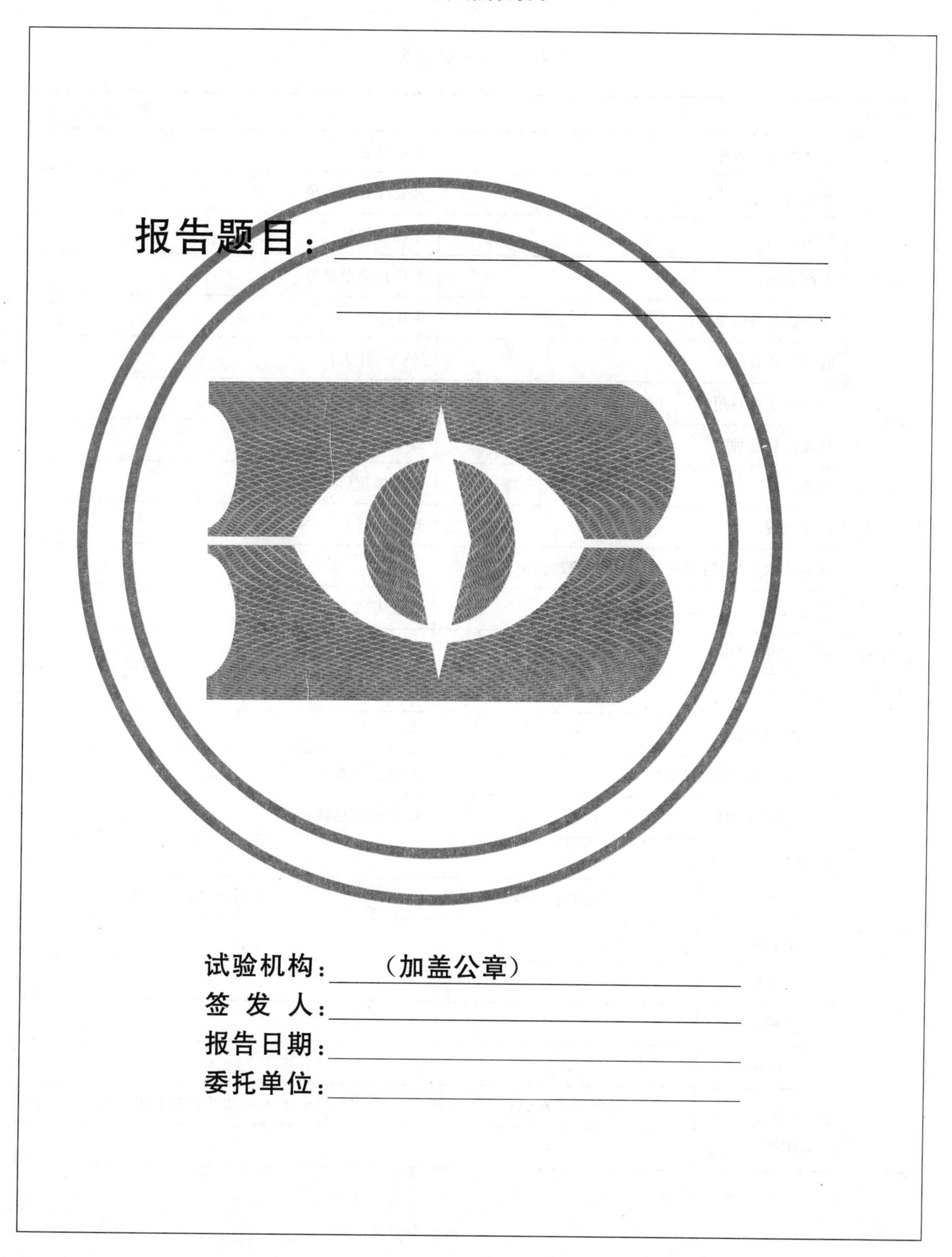

报告题目：
试验机构：（加盖公章）
签 发 人：
报告日期：
委托单位：

附　录　C
（规范性附录）
试验概述表

表 C.1　试验概述表

<table>
<tr><td colspan="2">试验编号：</td><td colspan="2">第　页，共　页</td></tr>
<tr><td rowspan="7">受试物</td><td colspan="2">受试物通用名称：</td><td>有效成分：</td></tr>
<tr><td colspan="2">有效成分标示值：</td><td>有效成分实测值：</td></tr>
<tr><td colspan="2">产品类别：</td><td>外观与性状：</td></tr>
<tr><td colspan="2">生产单位：</td><td>生产日期及批号：</td></tr>
<tr><td colspan="2">样品数量及包装规格：</td><td>保质期：</td></tr>
<tr><td colspan="2">收(抽)样日期：</td><td>送(抽)样人：</td></tr>
<tr><td colspan="2">抽样地点：(适用时)</td><td>抽样基数：(适用时)</td></tr>
<tr><td rowspan="5">试验动物</td><td colspan="2">试验动物品种：</td><td>拉丁名：</td></tr>
<tr><td colspan="2">性别：</td><td>起始体重(体长)：</td></tr>
<tr><td colspan="2">健康状况：</td><td>光照条件：</td></tr>
<tr><td colspan="3">水温和水质(包括溶氧、氨氮、亚硝酸盐、pH、盐度)：</td></tr>
<tr><td colspan="2">养殖设施</td><td>投喂方式</td></tr>
<tr><td rowspan="2">时间与场所</td><td colspan="2">试验起始时间：</td><td>试验持续时间：</td></tr>
<tr><td colspan="3">试验场所：</td></tr>
<tr><td rowspan="12">设计与分组</td><td colspan="3">试验设计方法：</td></tr>
<tr><td colspan="2">试验组数量(含对照组)：</td><td>每组重复数：</td></tr>
<tr><td colspan="2">每个重复动物数：</td><td>试验动物总数：</td></tr>
<tr><td colspan="3">受试物添加途径：</td></tr>
<tr><td></td><td>饲料中有效成分添加量</td><td>饲料中有效成分含量</td></tr>
<tr><td>试验组 1</td><td></td><td></td></tr>
<tr><td>试验组 2</td><td></td><td></td></tr>
<tr><td>试验组 3</td><td></td><td></td></tr>
<tr><td>……</td><td></td><td></td></tr>
<tr><td rowspan="2">对照物质名称：
(适用时)</td><td>对照物质在饲料中添加量</td><td>对照物质在饲料中含量</td></tr>
<tr><td></td><td></td></tr>
</table>

表 C.1(续)

试验编号：			第 页,共 页
试验饲料	饲料组成(营养素和能值)		
		计算值	实测值
	成分 1		
	成分 2		
	成分 3		
试验饲料	……		
	饲料形态	粉料□ 颗粒□ 膨化□ 活饵料□ 其他	
检测项目和实施时间			
治疗和预防措施(原因、时间、种类、持续时间等)			
数据统计分析方法			
突发事件的处理、不良后果发生的时间及发生范围			
结论			
原始记录保管			
备注			
试验人员签名：	项目负责人签名：	报告签发人签名： 签发时间： 年 月 日	

ICS 65.120
B 46

中华人民共和国国家标准化指导性技术文件

GB/Z 31813—2015

饲料原料和饲料添加剂畜禽靶动物有效性评价试验技术指南

Technical guidelines for efficacy studies of feed material and feed additive in livestock and poultry target animals

2015-07-03 发布

2015-10-01 实施

中华人民共和国国家质量监督检验检疫总局
中国国家标准化管理委员会 发布

前　言

本指导性技术文件按照 GB/T 1.1—2009 给出的规则起草。

本指导性技术文件由全国饲料工业标准化技术委员会(SAC/TC 76)提出并归口。

本指导性技术文件起草单位：全国饲料评审委员会、中国农业大学。

本指导性技术文件主要起草人：王黎文、丁健、张丽英、杜伟、武玉波、龚丽敏、佟建明、吴卉。

饲料原料和饲料添加剂畜禽靶动物有效性评价试验技术指南

1 范围

本指导性技术文件规定了饲料原料和饲料添加剂畜禽靶动物有效性评价试验的基本原则、试验类型、受试物、试验方案设计、试验实施、试验报告和资料存档要求。

本指导性技术文件适用于以畜禽为靶动物的饲料原料、饲料添加剂的有效性评价试验。

2 术语和定义

下列术语和定义适用于本文件。

2.1

靶动物　target animal

饲料原料或饲料添加剂所适用的特定动物。

2.2

受试物　test substance

被评价的饲料原料或饲料添加剂样品。

2.3

长期有效性评价试验　long-term efficacy study

在接近实际生产条件下，以能够代表靶动物适用生产阶段的饲喂时限为试验期，通过观测靶动物生产性能、生理生化指标、健康状况等，评价特定适用阶段内受试物饲喂效果的试验。

2.4

短期有效性评价试验　short-term efficacy study

在较短时间内可以评价受试物特定功效的试验，包括但不限于生物有效性试验、生物等效性试验、体内消化试验、平衡试验、适口性试验。

2.5

生物有效性　bioavailability

受试物中的活性物质或其代谢产物被吸收、转运到靶组织或靶细胞并表现出典型功能或效应。

2.6

生物等效性　bioequivalence

两种受试物在靶动物上具有相同的生物功能或效应。

2.7

体内消化试验　*in vivo* digestion study

通过测定靶动物对某种营养素或能量的摄入量以及粪排出量，进而评价营养素或能量在动物消化道内被消化吸收程度的试验。

2.8

平衡试验　balance study

通过测定和比较靶动物对某种营养素或能量的摄入量和排出量之间的关系，进而评价营养素或能量的摄入、排出和体内沉积间的数量平衡关系的试验。

2.9

适口性试验　palatability study

在对不同日粮采食机会均等的前提下评价靶动物对受试物偏好的试验。

2.10

试验持续时间　study duration

有效性评价试验从靶动物饲喂开始至结束的时间，不包括预饲期和饲养试验结束后对样本的检测时间。

2.11

最短试验期　minimum study duration

对长期有效性评价试验持续时间的最低要求。

3　基本原则

3.1　靶动物有效性评价试验应对受试物所适用的每一种靶动物分别进行评价，但本指导性技术文件以及其他另有规定的特殊情况除外。

3.2　靶动物有效性评价试验应与我国的畜牧业生产水平相一致，以保证评价结果的科学性和客观性。

3.3　靶动物有效性评价试验应由具备专业知识和试验技能的人员在适宜的试验场所、使用适宜的设施仪器、按照规范的操作程序进行，并且由试验机构指定的人员负责。

3.4　当试验条件和受试物特性受限时，可以进行多个有效性评价试验，但每次试验应采用相同的设计并在相似的试验条件下进行，以保证试验数据的可比性。当试验次数超过3次时，推荐采用整合分析法(meta-analysis)进行数据统计。

4　试验类型

4.1　短期有效性评价试验

4.1.1　评价受试物中的活性物质或其代谢产物被吸收、转运到靶组织或靶细胞的程度，可采用生物有效性试验；评价两种受试物是否在靶动物体内具有相同生物学作用，可采用生物等效性试验；评价受试物对靶动物体内某种营养素或能量消化率(如表观消化率、真消化率、回肠消化率)的影响，可采用体内消化试验；评价受试物对某种营养素或能量在靶动物体内沉积和排出的影响，可采用平衡试验；评价受试物对靶动物采食偏好的影响，可采用适口性试验。

4.1.2　平衡试验除了可以获得消化试验的数据外，还可获得营养素或能量在靶动物体内沉积和排出等数据，故推荐优先采用。

4.1.3　适口性试验中，为避免食槽位置对采食的影响，应在一定时间内互换对照组和试验组食槽位置。其他所有可能潜在影响采食的因素应保持一致。试验至少进行2次，每次5 d；2次试验间隔期5 d～7 d，间隔期只饲喂对照组日粮。采食量至少应每日记录1次。

4.2　长期有效性评价试验

生长性能、饲料转化效率、产奶量、产蛋性能、胴体组成和繁殖性能等常规指标，应通过长期有效性评价试验进行测定。

5　受试物

受试物应来自保质期内的符合既定质量标准的规格化产品。

6 试验方案设计

6.1 总体要求

每个试验开始前，应针对受试物的作用功效，对试验进行系统设计，明确试验设计方法，形成书面的试验方案，并由试验负责人签字确认。

6.2 受试物信息

6.2.1 试验方案应明确受试物及其有效成分的通用名称、生产单位、含量规格、生产批号、有效成分含量的测试方法及测试结果、测试机构。

6.2.2 受试物有效成分含量可以由评价机构自行检测，也可委托国家或饲料行业主管部门认可的质检机构进行检测。

6.3 试验日粮

6.3.1 试验方案应描述日粮的加工方法、日粮配方及相关的营养成分含量(实测值)和能量水平。

6.3.2 应根据受试物特点、使用方法和靶动物营养需要配制日粮，使用的饲料原料和饲料添加剂 应符合我国法规和相关标准要求；日粮不得受到污染。

6.3.3 各试验处理组试验因子以外的其他因素，如料型、粒度、加工工艺等应一致。

6.4 试验动物与分组

6.4.1 试验方案应明确所用动物的信息，包括品种、年(日)龄、性别、生产阶段和健康状况、动物来源和种群规模、试验组和对照组数量、每组重复数和每个重复的动物数、受试物有效成分在各试验组日粮中的添加量和含量实测值。

6.4.2 试验动物应健康并且具有相同的遗传背景，试验分组应遵循随机、重复和局部控制的原则；对于短期有效性评价试验，动物数量应满足统计学要求；对于长期有效性评价试验，每组重复数和每个重复的动物数应按照附录 A 中的规定执行。

6.4.3 试验应证明受试物最低推荐添加量的有效性，一般通过设定对照和选择敏感靶指标进行。必要时可设正负两个对照。

6.4.4 长期有效性评价试验应采用梯度剂量法为受试物推荐添加量或添加量范围的确定提供依据。饲料添加剂的梯度水平(含负对照)奶牛不得少于 4 个，其他动物不得少于 5 个；饲料原料的梯度水平(含负对照)不少于 3 个。

6.4.5 当有效性评价试验的目的是证明受试物能为靶动物提供营养素时，应设置一个该营养素水平低于动物需求、但又不至严重缺乏的对照日粮。

6.5 试验期

6.5.1 试验方案应根据靶动物的不同生产阶段明确相应的试验期，若需预饲期应一并说明。

6.5.2 长期有效性评价试验的试验期应符合附录 A 的规定；附录 A 中没有列出的其他畜禽动物品种，应参照生理和生产阶段相似物种的要求进行。

6.5.3 如果受试物仅适用于动物的特定生产阶段，并且该生产阶段短于附录 A 中所规定的最短试验期，长期有效性评价试验的试验期应根据具体情况进行调整，但不得少于 28 d(哺乳仔猪除外)。

6.6 饲养管理

6.6.1 试验方案应明确饲养条件、饲喂方式、预饲期的条件要求以及免疫措施。

6.6.2 应选择适宜的饲养环境，使其对试验结果不造成影响；免疫措施不应干扰受试物的作用模式。

6.7 观察与检测指标

6.7.1 试验方案应明确各观察和检测指标的名称、频次以及检测样本的采集时间、采集方法和保存条件。

6.7.2 长期有效性评价试验的检测指标应包括：试验开始和结束体重（适用于生长动物）、产奶性能和体况（适用于泌乳动物）、产蛋性能（适用于产蛋家禽）、繁殖性能（适用于繁殖动物）、饲料采食量和死亡率；同时应根据受试物的作用特点和用途，增加相应的特异性观察与检测指标。

6.7.3 如果测定产奶或产蛋性能，还应提供相应的奶品质或蛋品质数据。

6.8 检测方法

6.8.1 试验方案应明确各检测指标相对应的检测方法。

6.8.2 检测方法应采用国家标准、行业标准、国际标准或国际公认方法。如果采用文献报道方法或新建方法，应提供方法确证的数据资料，说明其合理性。

6.9 统计分析

6.9.1 试验方案应明确具体的统计分析方法。

6.9.2 试验结果的统计分析应以重复为单位，统计显著性差异水平应达到 $P<0.05$。

7 试验实施

7.1 试验应按确定的试验方案实施。

7.2 试验实施过程中，试验方案所涉及的内容均应逐一记录，并由记录人签字。记录应真实、准确、完整、规范，并妥善保管。

7.3 动物个体和各试验组发生的所有非预期的突发情况，都应记录其发生的时间和波及范围。

7.4 试验过程中如果动物出现疾病，治疗措施不应干扰受试物的作用模式，并逐一记录，如疾病类型、解剖观察结果（如照片等）及其发生时间等。

7.5 试验过程中获取的检测样本应注明其属性和采集时间，并妥善保存，以便进一步分析研究。

7.6 采集的样本应根据其特性和要求在适宜的时间内完成检测，以保证检测结果的科学性。数据的有效数字以所用仪器的精度为准，并采用国家法定计量单位。

8 试验报告

8.1 靶动物有效性评价试验结束后应编制完整的试验报告。试验报告应准确、客观地陈述试验过程及试验结果。

8.2 试验报告应包含封面（见附录 B）、试验概述表（见附录 C）和报告正文三部分。

8.3 报告正文至少应包括：

a） 试验名称。

b） 摘要。

c） 试验目的。

d） 受试物信息，至少应包括 6.2.1 中规定的内容。

e） 试验机构名称和地点，试验起始和持续时间，如有预饲期应单独明确。

f） 材料和方法：

1) 至少应包括:试验设计与处理、试验日粮、试验动物与分组、饲养管理、观察与检测指标、检测方法、统计分析;
2) 对于检测方法,采用国家标准、行业标准或国际标准的,应提供对应的标准编号;采用文献报道方法或新建方法的,需附方法确证的数据资料及其合理性说明;对于样本委托其他单位检测的,还应注明受托单位的名称。

g) 结果与分析:检测数据应以平均值和标准误表示,并给出各项指标统计显著性的 P 值。
h) 结论:应归纳总结受试物的使用效果(正效果/负效果)、明确推荐添加量(或范围)和注意事项。
i) 参考文献。
j) 统计分析中未采用的数据及其在各组别中的分布情况说明,或由于数据缺乏、数据丢失而无法评价的具体情况说明。
k) 受试物委托其他单位检测的,应提供受托检测机构出具的受试物样品的检测报告。

8.4 应对试验报告每页进行编码,格式为"第　页,共　页"。

8.5 报告签发:试验操作人员、试验负责人和报告签发人应分别在试验概述表相应栏目内逐一签名,并由报告签发人注明签发时间;报告应加盖试验机构骑缝章,确保报告的完整性。

9 资料存档

试验方案、试验报告(包括阶段性报告和最终报告)、原始记录、图表和照片、受试物样品及其检测报告等原始资料应于试验机构存档备查,受试物样品保存时间不得少于5年,其他资料不得少于10年。

附　录　A
（规范性附录）
试验期和动物数量

表 A.1　猪试验期和动物数量

适用动物	试验起始至结束动物所处的生产阶段			最短试验期[a] d	最少试验重复和动物数量
	起始日龄或体重	结束日龄 d	结束体重 kg		
哺乳仔猪	出生	21～42	6～11	14	每个处理6个有效重复，每个重复6头，性别比例相同
断奶仔猪	21 d～42 d	70～100	25～35	28	
哺乳和断奶仔猪	出生	70～100	25～35	42	
生长育肥猪	≤35 kg	120～250 （或根据当地习惯）	80～150 （或根据当地习惯直至屠宰体重）	70	
繁殖母猪	初次受精	—	—	受精至断奶。测定繁殖指标时至少两个繁殖周期	每个处理20个有效重复，每个重复1头
泌乳母猪	—	—	—	分娩前两周至断奶	

[a] 试验起始至结束动物均应处于所对应的生产阶段内。

表 A.2　家禽试验期和动物数量

适用动物	试验起始至结束动物所处的生产阶段			最短试验期[a] d	最少试验重复和动物数量
	起始日龄或体重	结束日龄	结束体重 kg		
肉仔鸡	出壳	35 d	1.6～2.4	35	每个处理6个有效重复，其中产蛋鸡每个重复15只，其余每个重复18只，性别比例相同
蛋用、种用母雏鸡	出壳	16周～20周	—	112[b]	
产蛋鸡	16周～21周	52周～72周	—	168	
肉鸭	出壳	35 d	—	35	
产蛋鸭	25周	50周	—	168	
育肥用火鸡	出壳	母：14周～20周 公：16周～24周	母：7～10 公：12～20	84	
种用火鸡	开始产蛋或30周	60周	—	180	
后备种用火鸡	出壳	30周	母：15 公：30	全程[c]	

[a] 试验起始至结束动物均应处于所对应的生产阶段内。

[b] 仅当肉仔鸡的有效性评价试验数据无法提供时进行。

[c] 仅当育肥用火鸡的有效性评价试验数据无法提供时进行。

表 A.3 牛(包括水牛)试验期和动物数量

适用动物	试验起始至结束动物所处的生产阶段			最短试验期[a] d	最少试验重复和动物数量
	起始日龄或体重	结束日龄	结束体重 kg		
犊牛	出生或者 60 kg~80 kg	6 个月	—	56	每个处理 15 个有效重复,每个重复 1 头,性别比例相同
生产白肉的肉用犊牛	出生	6 个月	180~250	84	
生产粉(红)肉的肉用犊牛	出生	12 个月	400~500	126	
育肥牛 (直线育肥)	完全断奶	10~36 个月	350~700	168	
育肥牛 (架子牛育肥)	350 kg	—	450~700	126	
围产期奶牛	产前 3 周	产后 3 周	—	42	
泌乳奶牛	—	—	—	84[b]	
繁殖母牛	初次受精	—	—	受精至断奶。 测定繁殖指标时至少两个繁殖周期	

[a] 试验起始至结束动物均应处于所对应的生产阶段内。

[b] 应报告整个泌乳期情况。

表 A.4 绵羊试验期和动物数量

适用动物	试验起始至结束动物所处的生产阶段			最短试验期[a] d	最少试验重复和动物数量
	起始日龄或体重	结束日龄	结束体重 kg		
羔羊	出生	3 个月	17~22	56	每个处理 15 个有效重复,每个重复 1 只,性别比例相同
育肥羔羊	出生	6 个月	35~45	56	
育肥绵羊	17 kg~22 kg	—	50 或直至屠宰体重	42	
泌乳奶用绵羊	—	—	—	84[b]	
繁殖绵羊	初次受精	—	—	受精至断奶。 测定繁殖指标时至少两个繁殖周期	

[a] 试验起始至结束动物均应处于所对应的生产阶段内。

[b] 应报告整个泌乳期情况。

表 A.5 山羊试验期和动物数量

适用动物	试验起始至结束动物所处的生产阶段			最短试验期[a] d	最少试验重复和动物数量
	起始日龄或体重	结束日龄	结束体重 kg		
羔羊	出生	3个月	15～20	56	每个处理15个有效重复，每个重复1只，性别比例相同
育肥羔羊	出生	6个月	40或直至屠宰体重	56	
育肥山羊	15 kg～20 kg	—	—	42	
泌乳奶用山羊	—	—	—	84[b]	
繁殖山羊	初次受精	—	—	受精至断奶。测定繁殖指标时至少两个繁殖周期	

[a] 试验起始至结束动物均应处于所对应的生产阶段内。

[b] 应报告整个泌乳期情况。

表 A.6 家兔试验期和动物数量

适用动物	试验起始至结束动物所处的生产阶段		最短试验期[a] d	最少试验重复和动物数量
	起始日龄或体重	结束日龄		
哺乳和断奶兔	出生后一周	—	56	每个处理6个有效重复，每个重复4只，性别比例相同
育肥兔	断奶后	8周～11周	42	
繁殖母兔	受精	—	受精至断奶。测定繁殖指标时至少为两个繁殖周期	
泌乳母兔	初次受精	—	分娩前2周至断奶	

[a] 试验起始至结束动物均应处于所对应的生产阶段内。

附 录 B
（规范性附录）
试验报告封面

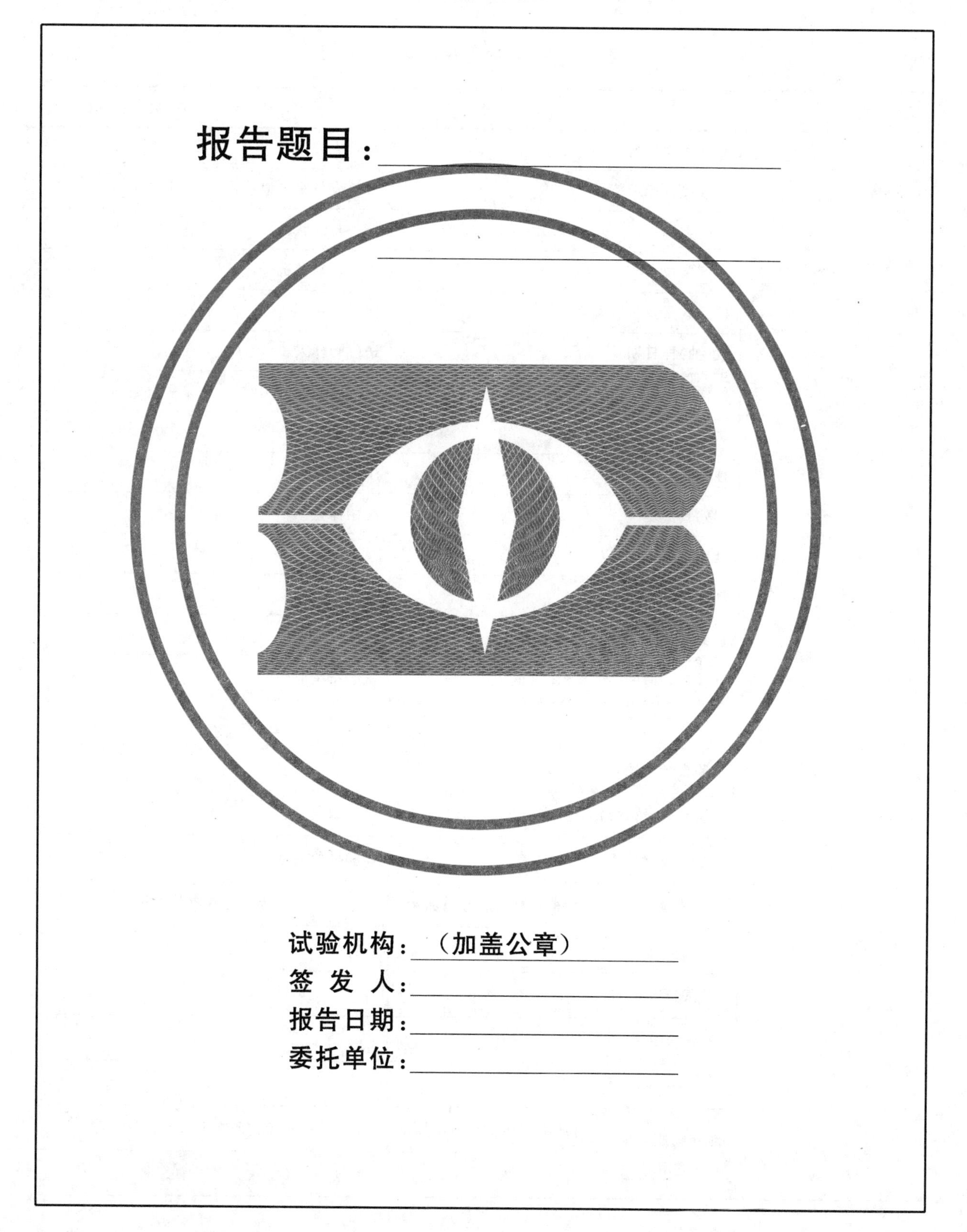

报告题目：
试验机构：（加盖公章）
签 发 人：
报告日期：
委托单位：

附 录 C
（规范性附录）
试验概述表

表 C.1 试验概述表

<table>
<tr><td colspan="3">试验编号：</td><td>第 页，共 页</td></tr>
<tr><td rowspan="7">受试物</td><td colspan="2">受试物通用名称：</td><td>有效成分：</td></tr>
<tr><td colspan="2">有效成分标示值：</td><td>有效成分实测值：</td></tr>
<tr><td colspan="2">产品类别：</td><td>外观与性状：</td></tr>
<tr><td colspan="2">生产单位：</td><td>生产日期及批号：</td></tr>
<tr><td colspan="2">样品数量及包装规格：</td><td>保质期：</td></tr>
<tr><td colspan="2">收(抽)样日期：</td><td>送(抽)样人：</td></tr>
<tr><td colspan="2">抽样地点：(适用时)</td><td>抽样基数：(适用时)</td></tr>
<tr><td rowspan="6">试验动物</td><td colspan="3">试验动物品种：</td></tr>
<tr><td colspan="2">性别：</td><td>生产阶段：</td></tr>
<tr><td colspan="2">起始日龄：</td><td>起始体重：</td></tr>
<tr><td colspan="3">健康状况：</td></tr>
<tr><td colspan="2">动物来源和种群规模：</td><td>饲喂方式：</td></tr>
<tr><td colspan="3">饲养条件：</td></tr>
<tr><td rowspan="2">时间与场所</td><td colspan="2">试验起始时间：</td><td>试验持续时间：</td></tr>
<tr><td colspan="3">试验场所：</td></tr>
<tr><td rowspan="11">设计与分组</td><td colspan="3">试验设计方法：</td></tr>
<tr><td colspan="2">试验组数量(含对照组)：</td><td>每组重复数：</td></tr>
<tr><td colspan="2">每个重复动物数：</td><td>试验动物总数：</td></tr>
<tr><td>试验组</td><td>日粮中有效成分添加量</td><td>日粮中有效成分含量</td></tr>
<tr><td>试验组 1</td><td></td><td></td></tr>
<tr><td>试验组 2</td><td></td><td></td></tr>
<tr><td>试验组 3</td><td></td><td></td></tr>
<tr><td>……</td><td></td><td></td></tr>
<tr><td rowspan="2">对照物质名称：
(适用时)</td><td>对照物质在日粮中添加量</td><td>对照物质在日粮中含量</td></tr>
<tr><td></td><td></td></tr>
</table>

表 C.1(续)

<table>
<tr><td colspan="4">试验编号:　　　　　　　　　　　　　　　　第　页,共　页</td></tr>
<tr><td rowspan="7">试验日粮</td><td colspan="3">日粮组成(营养素和能值)</td></tr>
<tr><td>成分</td><td>计算值</td><td>实测值</td></tr>
<tr><td>成分 1</td><td></td><td></td></tr>
<tr><td>成分 2</td><td></td><td></td></tr>
<tr><td>成分 3</td><td></td><td></td></tr>
<tr><td>……</td><td></td><td></td></tr>
<tr><td>日粮形态</td><td colspan="2">粉料□　　颗粒□　　膨化□　　其他________</td></tr>
<tr><td colspan="2">检测项目和实施时间</td><td colspan="2"></td></tr>
<tr><td colspan="2">治疗和预防措施(原因、时间、种类、持续时间等)</td><td colspan="2"></td></tr>
<tr><td colspan="2">数据统计分析方法</td><td colspan="2"></td></tr>
<tr><td colspan="2">突发状况的处理、不良后果发生的时间及发生范围</td><td colspan="2"></td></tr>
<tr><td>结论</td><td colspan="3"></td></tr>
<tr><td>原始记录保管</td><td colspan="3"></td></tr>
<tr><td>备注</td><td colspan="3"></td></tr>
<tr><td>试验人员签名:</td><td colspan="2">项目负责人签名:</td><td>报告签发人签名:

签发时间:　年　月　日</td></tr>
</table>

广告目录

《饲料工业标准汇编》（上册）（第六版）

正文前

正文后

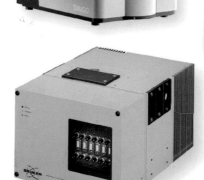

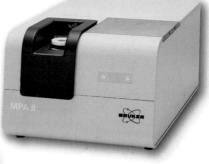

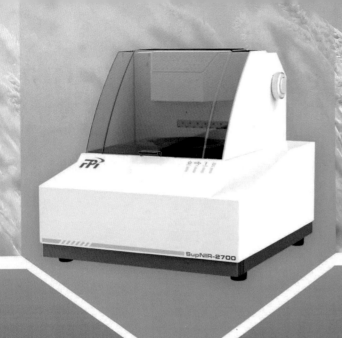

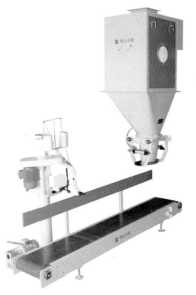

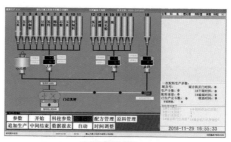

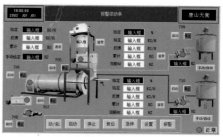

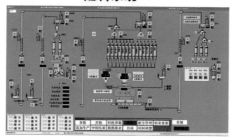

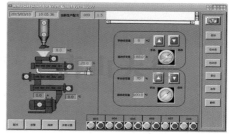

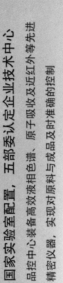